没有网络安全就没有国家安全

——习近平

信息安全保障实务

冯前进 等◎编著

中国政法大学出版社

2014·北京

图书在版编目（CIP）数据

信息安全保障实务/冯前进等编著. —北京：中国政法大学出版社，2014.8
ISBN 978-7-5620-5460-3

Ⅰ.①信…　Ⅱ.①冯…　Ⅲ.①信息安全－安全技术　Ⅳ.①TP309

中国版本图书馆CIP数据核字(2014)第162927号

出 版 者　　中国政法大学出版社

地　　址　　北京市海淀区西土城路 25 号

邮寄地址　　北京 100088 信箱 8034 分箱　邮编 100088

网　　址　　http://www.cuplpress.com（网络实名：中国政法大学出版社）

电　　话　　010-58908285(总编室)　58908334(邮购部)

承　　印　　固安华明印业有限公司

开　　本　　720mm×960mm　1/16

印　　张　　23

字　　数　　388 千字

版　　次　　2014 年 8 月第 1 版

印　　次　　2014 年 8 月第 1 次印刷

定　　价　　49.80 元

前　言

随着信息技术的迅猛发展，计算机网络的应用领域已从传统的数学运算、文件处理、基于简单连接的内部网络业务处理、办公自动化等小型业务系统，逐渐向大型关键业务系统扩展。随着政府上网、企业上网、教育上网、家庭上网……互联网在经济、军事、文教、金融、商业等诸多领域得到广泛应用，可以说网络无处不在，它正在改变我们的工作方式和生活方式。计算机网络在给人们提供便利、带来效益的同时，也使信息安全面临着前所未有的巨大挑战，这就是信息安全问题。

党中央、国务院高度重视信息化及信息安全保障工作。江泽民同志多次强调，"四个现代化，哪一化也离不开信息化"。胡锦涛同志指出，"信息安全是个大问题。必须把安全问题放到至关重要的位置上，认真加以考虑和解决"。习近平总书记强调，"没有网络安全就没有国家安全"。2014 年 2 月 27 日，中央网络安全和信息化领导小组成立，习近平总书记亲自担任领导小组组长。由国家最高领导人担任主持网络安全和信息化工作的领导小组的组长，这在我国历史上还是第一次。

2003 年 7 月 22 日，国家信息化领导小组第三次会议在北京召开。会议讨论通过了我国信息安全保障工作的重要政策性指导文件——《关于加强信息安全保障工作的意见》（中办发［2003］27 号文），文中强调，要建立健全信息安全管理责任制，要始终坚持一手抓信息化发展，一手抓信息安全保障。文件明确提出了"积极防御、综合防范"的安全方针。

本书以信息安全保障为主线，分别从法律法规标准、管理、技术三个层面阐述如何构建信息安全保障体系。

本书由浙江警官职业学院冯前进副教授策划，并主持编著。全书框架和内容由冯前进制定、审核与修改。全书由冯前进统稿，由杭州电子科技大学赵泽茂教授主审。参加本书编著的有浙江警官职业学院冯前进、吕韩飞、孙培梁、冯卓慧、郝晋霞，海南政法职业学院范一乐、郭毅，湖南安全技术职业学院匡芳君，河南职业技术学院王爱强，以及宁夏司法警官职业学院刘东昌等老师。浙江省公安厅网监总队总工程师蔡林教授对本书的编著提出了宝贵的意见和建议，在此谨表谢意。

各教学模块撰稿人分别是（以撰写学习单元先后为序）：

学习单元 1~3：冯前进；　　　　　学习单元 4：刘东昌、冯前进；

学习单元 5~6：孙培梁；　　　　　学习单元 7：王爱强；

学习单元 8：范一乐；　　　　　　学习单元 9：匡芳君；

学习单元 10：郭毅；　　　　　　　学习单元 11：郝晋霞；

学习单元 12~14：吕韩飞；　　　　学习单元 15~16：冯卓慧。

由于作者水平有限，书中难免有疏漏和欠缺之处，敬请读者提出宝贵意见。

作　者

2014 年 5 月

目　录

第一部分　信息安全保障概述

学习单元1　信息化与信息安全 ·· 3

　第一节　信息化的发展和信息安全现状 ···································· 3

　第二节　信息安全概念的认识和深化 ······································ 16

学习单元2　我国信息安全保障工作介绍 ···························· 25

　第一节　我国信息安全保障体系建设的含义 ························ 26

　第二节　我国信息安全保障工作发展阶段 ···························· 26

　第三节　我国信息安全保障体系建设现状 ···························· 27

　第四节　我国信息安全保障体系建设规划 ···························· 28

　第五节　国家信息安全保障体系工作的实践 ························ 29

　第六节　我国信息安全保障工作的思考 ································ 31

第二部分　信息安全标准与法律法规

学习单元3　信息安全标准 ·· 37

　第一节　标准化概述 ·· 37

　第二节　信息安全国际标准 ··· 45

　第三节　我国信息安全标准化建设概况 ····································· 168

学习单元 4　信息安全法律法规 ································· 180

第一节　信息安全法律法规概述 ··························· 180

第二节　信息系统安全保护法律规范的基本原则 ··········· 183

第三节　我国现有主要的信息安全法律法规简介 ··········· 184

第三部分　信息安全技术应用

学习单元 5　信息安全技术应用概述 ······················· 213

学习单元 6　常见的网络攻击手段 ························· 217

第一节　网络面临的主要威胁 ··························· 217

第二节　常见的网络攻击手段 ··························· 221

第三节　网络攻击的一般过程 ··························· 226

学习单元 7　数据加密技术与应用 ························· 229

第一节　引言 ······································· 229

第二节　数据加密基本概念 ····························· 230

第三节　现代加密算法 ································· 231

第四节　数字签名和 PKI ······························· 233

第五节　数据加密技术的新发展 ························· 235

学习单元 8　无线网络安全防护技术和应用 ················· 239

第一节　无线网络标准 ································· 239

第二节　无线网络中的安全威胁 ························· 244

第三节　常见无线网络安全防护技术 ····················· 247

第四节　无线网络安全配置实例 ························· 252

学习单元 9　数据灾备技术和应用 ························· 257

第一节　数据备份的方式与策略 ························· 257

第二节　用 GHOST 软件备份与恢复系统实例 ··············· 260

第三节　用 Second Copy 软件备份用户数据实例 ············· 263

学习单元 10　C2C 电子商务网站数据库安全技术应用实例 ·············· 269

第一节　C2C 电子商务网站系统分析 ·················· 269

第二节　SQL Server 2005 数据库的安全问题 ········ 271

第三节　网站数据库的安全规划 ····················· 272

第四节　网站数据库的访问安全 ····················· 273

第五节　数据库的数据操作安全 ····················· 282

第六节　网站数据库的管理安全 ····················· 287

学习单元 11　可信计算技术介绍 ····················· 291

第四部分　信息安全管理实务

学习单元 12　信息安全管理体系概述 ················· 301

学习单元 13　信息安全管理体系构建 ················· 303

学习单元 14　某银行业信息安全管理体系建设实例 ···· 306

第一节　某银行业信息安全管理体系建设流程 ········ 306

第二节　某银行业信息安全管理体系手册 ············ 312

第五部分　网络舆情处置概述

学习单元 15　网络舆情处置方案 ····················· 329

第一节　引言 ···································· 329

第二节　网络舆情的定义 ··························· 330

第三节　网络舆情的特点 ··························· 331

第四节　网络舆情的形成 ··························· 333

第五节　网络舆情的传播渠道 ······················· 334

第六节　网络舆情关注的主要热点 ··················· 337

第七节　网络舆情的处置方案 ······················· 338

学习单元16　网络舆情处置措施 ·············· 341

第一节　网络舆情的收集整理 ·············· 341

第二节　网络舆情的分析研判 ·············· 343

第三节　网络舆情的评估指标 ·············· 345

第四节　网络舆情的评估方法 ·············· 350

第五节　网络舆情的分析报告 ·············· 351

第六节　网络舆情的监控系统介绍 ·············· 352

参考文献 ·············· 354

第一部分　信息安全保障概述

学习单元 1

信息化与信息安全

☞ 【学习目的与要求】

了解信息化的发展和信息安全现状，了解信息安全的概念。

第一节　信息化的发展和信息安全现状

21 世纪，随着全球信息化趋势的不可避免，信息安全问题日渐成为世界各国所面临的主要问题之一。在我国接连发生了多起重大信息安全事件后，人们开始逐渐认识到国家的信息化程度越高，所面临的信息安全挑战也会越多。

一、信息化迅猛发展，信息技术广泛应用，我国步入信息化时代

据 2014 年 1 月中国互联网络信息中心（CNNIC）发布的《第 33 次中国互联网络发展状况统计报告》统计：截止到 2013 年 12 月 31 日，我国网民人数达到了 6.18 亿，互联网普及率为 45.8%，网民规模为世界第一位；中国拥有的 IPv4 地址数达到 3.30 亿个，拥有 IPv6 地址 16670 块/32，排名世界第二；网站总数达到 320 万个，域名总数达到 1844 万个；网络国际出口带宽总量则达到 3 406 824Mbps。

根据调查统计，有 4.89 亿人使用搜索引擎，有 4.91 亿人阅读网络新闻，有 5.32 亿人经常使用即时通信工具，3.38 亿人经常参与网络游戏，2.59 亿人经常使用电子邮件，4.37 亿人拥有个人博客/个人空间，3.02 亿人利用网络购物，2.50 亿人使用网络银行，2.60 亿人使用网上支付，这些数据表明互联网已经深入到人们衣食住行的方方面面。[1]

另据《2013 年度中国电子商务市场数据监测报告》显示，2013 年中国电子商务市场交易额已达 10.2 万亿元，同比增长 29.9%；2013 年电子商务企业数量已达 29 303 家；2013 年个人网店的数量已经达到了 1120 万家；截至 2013 年 12 月，电子商务服务企业直接从业人员超过 235 万人。目前由电子商务间接带动的就业人数，已超过 1680 万人。

进入 21 世纪，中国的信息化步入快速发展的新阶段。国民经济与社会信息化水平不断提高，信息化在促进经济与社会协调、稳定、持续的发展过程中，发挥着越来越重要的作用。政府主导的人民网、新华网等新闻网站和新浪、搜狐等商业性综合网站的设立和稳步发展，在传播重要信息、反映社情民意、引导社会舆论等方面发挥了极其重要的影响和作用。信息化所带来的好处日益呈现，广大民众对信息化的前景和潜在价值的认识也越来越深刻。这些都充分说明，我国信息化建设已顺利迈入了一条适合本国国情、快速发展的道路，信息化进程良好，前景喜人。

互联网的飞速发展，改变了我们的生活、工作和学习方式，促进了经济和社会的发展，互联网在给人们带来了巨大的便利的同时，也使人类面临着信息安全方面的巨大挑战。近年来，网络安全隐患此起彼伏，计算机病毒和"黑客"攻击网络事件屡有发生，计算机（网络）犯罪也随之滋生，计算机犯罪不仅形式、手段新颖，而且发展速度迅猛、危害严重，从而对国家的主权、安全和社会稳定构成了威胁。

二、信息安全问题日益突出，信息安全现状面临严峻考验

据《2008 年全国信息网络安全状况与计算机病毒疫情调查分析报告》[2]，2008 年信息网络安全事件发生比例为 62.7%，计算机病毒感染率为 85.5%。而据 2011 年 7 月中国互联网络信息中心（CNNIC）发布的《第 28 次中国互联网络发展状况统计报告》统计，2011 年上半年，遇到过病毒或木马攻击的网民人数为 2.17 亿人，占网民总人数的 44.7%。有过账号或密码被盗经历的网民人数达到 1.21 亿人，占网民总人数的 24.9%，较 2010 年底增加了 3.1 个百分点。商务应用的发展也滋生了网上诈骗等问题，有 8% 的网民最近半年

---

〔1〕 数据来源：《CNNIC：第 33 次中国互联网络发展状况统计报告》。

〔2〕 调查内容为 2007 年 5 月至 2008 年 5 月我国联网单位发生网络安全事件以及计算机用户感染病毒情况。

在网上遇到过消费欺诈，该群体网民规模达到 3880 万。

所面临的信息安全问题，具体来说主要包括以下八个方面：

（一）网络安全事件屡屡发生，信息安全保障工作面临挑战

【案例 1】跨行交易中断 8 小时

2006 年 4 月 20 日上午 10 时 56 分，中国银联系统通信网络和主机出现故障，ATM 机不能跨行取款，POS 机不能刷卡消费，网上跨行交易无法顺利进行。

故障发生后，中国银联启动紧急应对预案，召集相关设备厂商共同努力。同时，银联及时告知各成员银行进展状况，通过全国分支机构和 95516 客服热线向商户和持卡人说明故障情况，并通过官方网站和新闻媒体通报事件与致歉。到下午 5 点左右，大部分机构和商户已基本恢复正常。晚 8 点，在银联与设备厂商的共同努力下，银联网络已经全面恢复正常。

【案例 2】民航离港系统瘫痪

2006 年 10 月 10 日，北京，一连串急促的电话声打破了中国民航信息网络股份公司（简称"中航信"）的平静：首都机场，13 时 28 分起，由于离港系统的主机文件损坏，造成操作系统的核心文件无法使用，机场和航空公司无法在前端提取旅客信息数据，导致 33 个航班延误，近千名旅客滞留。

然而，受影响的机场并没有止步于首都机场。13 时 33 分起，深圳宝安机场离港系统瘫痪 44 分钟，25 个航班不能正常办理登机手续；13 时 35 分起，广州新白云机场离港系统瘫痪 45 分钟，7 个航班直接受影响，乘机手续只能改为手工办理……

【案例 3】证券交易系统大面积拥堵

2007 年 1 月 15 日，申银万国公司交易系统全线拥堵；1 月 17 日，建设银行一个营业部基金销售系统发生瘫痪；1 月 18 日，招商证券交易系统发生瘫痪；1 月 19 日，光大银行在销售国投瑞银基金公司基金时，注册登记系统陷入瘫痪。随着牛市的来临，网络梗阻、系统罢工、电话无效导致的大面积"堵单"事件让股民忧心，更让券商面临严峻的考验。

【案例 4】最高人民检察院举报网站开通首日因点击率过高遭瘫痪

检察机关全国统一举报电话"12309"自 2009 年 6 月 22 日起在最高人民检察院和部分省级检察院正式投入使用，其余省份将在年内陆续开通。同时，为方便群众记忆和使用，最高检举报网站的新域名

www. 12309. gov. cn 于 6 月 22 日起正式启用。但因点击率过高，最高检举报网站开通首日就遭瘫痪。

【案例 5】国防部网站开通首月遭 230 多万次攻击

2009 年 8 月 20 日零时，中国国防部网站上线试运行，开通第一日点击量达 7000 多万，第二天就冲到 1.3 亿，网站试运行 3 个月以来总点击量已经达到 12.5 亿次。而开通首月，网站受到的攻击达 230 多万次。

（二）网络犯罪形势严峻

根据公安部统计，1988 年~1989 年，仅发生计算机犯罪案件 9 起，1989 年~1990 年发生计算机犯罪案件上百起，1993 年发生计算机犯罪案件 1000 多起，1994 年为 1450 起，2000 年公安机关立案侦查的计算机违法犯罪案件达到 2700 余起，2001 年又涨到 4500 余起，2003 年高达 10 000 多起，到了 2005 年，又上升至 21 000 余起。由此可以看出，计算机犯罪的发案率呈直线上升趋势。如何有效地发现、打击和预防计算机犯罪，成为公安、司法机关在新世纪亟待解决的重大课题。

尤其是我国网络金融安全隐患巨大，我国银行网络每年因安全问题，包括外部攻击、内外勾结、内部人员违法犯罪和技术缺陷，引起的经济损失数以亿计。

【案例 6】1986 年 7 月，中国银行深圳市蛇口支行电脑主管陈新义伙同苏庆忠通过计算机骗取银行巨款，共计人民币 2 万余元，港币 3 万元，成为中国大陆第一例计算机犯罪案件。

【案例 7】1995 年 6 月，桂林市工商银行解东办事处微机操作员李波擅自修改计算机程序和数据，将储户存入的款项改存到自己的账号上，先后作案 6 起，总金额达到人民币 2110 万元，成为我国国内涉案金额最大的一起计算机犯罪。

【案例 8】2004 年 9 月 5 日，我国首例利用木马程序犯罪案在江西省南昌市中级人民法院开庭审理。公诉机关指控，三名被告张勇、王浩、邹亮（"黑客"）以自己制作的仿冒网站为平台，利用木马程序非法窃取了全国各地 50 多名股民的股票账号与密码，在不到 2 个月的时  间里，盗买、盗卖价值 1141.9 万元的股票，非法获利 38.6 万元。9 月 9 日下午，南昌市中级人民法院一审以盗窃罪判处张勇无期徒刑，王浩、邹亮分别被判 13 年和 12 年有期徒刑。

【案例 9】2005 年 9 月，天津市商学院校园发生银行卡盗窃案。经查该校在学生入学时统一为学生办理了农业银行信用卡，反映失窃的学生均为该校 03 级高职学生，共有 50 多人，共失窃 10 余万元。专案组确定应为嫌疑人窃取了受害人的银行卡资料后，用互联网上淘宝网下属的"支付宝公司（网上银行代理）"采用支取、转账或购物的方式盗取银行卡内现金。在犯罪嫌疑人宗徽辉（浙江东阳人）作案的 3 天里，共窃取 42 名学生信用卡内人民币 71000 元，并先后 72 次转账至其在"支付宝"上申请的 7 个账户内，后被法院以盗窃罪依法判处有期徒刑 7 年，并处罚金人民币

1 万元；本案另一犯罪嫌疑人邹磊（03 级工业设计专业学生，20 岁，安徽人）系该校校园网站负责人，警方将其抓获后在其宿舍起获了"代如亮"等 5 张身份证、10 余张银行卡，以及用赃款购置的笔记本电脑、MP3 等，涉及金额 1.6 万余元。

（三）网上有害信息污染严重

计算机有害信息主要是指计算机网络及计算机信息系统及其存储介质中存在、出现的，以计算机程序、图像、文字、声音等多种形式表示的，含有攻击人民民主专政、社会主义制度，攻击党和国家领导人，破坏民族团结等危害国家安全内容的信息；含有宣扬封建迷信、淫秽色情、凶杀、教唆犯罪等危害社会治安秩序内容的信息，以及危害计算机信息系统运行和计算机功能发挥，影响应用软件的数据可靠性、完整性和保密性，用于违法活动的计算机程序（含计算机病毒）。

有害信息在网络上传播的主要表现形式有：

1. 在校园网电子公告栏、留言板、聊天室、QQ 等交互式栏目和一些网站、网页、个人主页中张贴、传播有害信息。

2. 通过电子邮件和短信息服务发送有害信息及网上泄密等。

3. 境外敌对势力、民族分裂势力、宗教极端势力、"法轮功"邪教和"民运"组织等网站和论坛。

4. 在互联网上下载、传播含有色情、赌博、暴力、封建迷信等的不健康信息。

5. 制造计算机病毒并将其在互联网上传播，且计算机病毒已经严重威胁人们正常的工作与生活。

据公安部统计，仅 2007 年 1 月 1 日 ~5 月 15 日，全国各地共清理、删除网上淫秽色情信息等有害信息 16 万余条，其中淫秽色情信息 9 万余条，诈骗、六合彩赌博和销售违禁品等有害信息 7 万余条；关闭违法网站和网上信息服务栏目 4800 余个；各级公安机关立案侦查网络淫秽色情违法犯罪案件 1170 余起，侦破案件 244 起，抓获涉案违法犯罪嫌疑人 270 余名。

（四）网络黑客无孔不入

2007 年，在地下黑色产业链的推动下，网络犯罪行为趋利性表现得更加明显，追求经济利益依然是其主要目标。黑客往往利用仿冒网站（俗称网络钓鱼）、伪造邮件、盗号木马、后门病毒等方式，并结合社会工程学，窃取大量用户数据牟取暴利。用户数据包括网游账号、网银账号和密码、网银数字证书等。木马、病毒等恶意程序的制作与传播、窃取用户信息、第三方平台销赃、洗钱等各环节的流水作业构成了完善的地下黑色产业链条，为各种网络犯罪行为带来了利益驱动，加之黑客攻击手法隐蔽性更强，使得对这些网络犯罪行为的取证、追查和打击都非常困难。

2010 年 CNCERT 共接到网页仿冒事件报告 1566 起，其中被仿冒的大多是电子商务网站、金融机构网站、第三方在线支付站点、社区交友网站等。表 1-1 列出了 CNCERT 又称 CNCERT/CC 接收到的按事件次数排名的前十位被仿冒网站。

表 1-1　2010 年 CNCERT 接收到被仿冒网站 TOP10

被仿冒网站	次数
bbva. com（毕尔巴鄂比斯开银行）	170
ebay. com（美国电子商务网站）	134
bradesco. com. br（巴西布拉德斯科银行）	127
hsbc. com. cn（中国香港汇丰银行）	115
irs. gov（美国国家税务局）	73
wachovia. com（美国瓦霍维亚银行）	71
alliance - leicester. co. uk（英国联合莱斯特银行）	57
icbc. com. cn（中国工商银行）	51
cctv. com（中国中央电视台）	51
ceca. es（西班牙储蓄银行联盟）	37

据统计，2010 年 CNCERT/CC 监测到中国大陆被篡改网站总数累积达 3.5 万个，其中政府网站被篡改数量达 4635 个，政府网站被篡改的比例达 10.3%，即 1/10 的政府网站遭受黑客篡改；有些政府网站被篡改后长期无人过问，有些网站虽然在接到报告后能够恢复，但并没有根除安全隐患，因而此后又遭到多次篡改。

2010 年境内被篡改网站按地域统计，排行前 5 位的分别是：北京、江苏、广东、福建和上海。

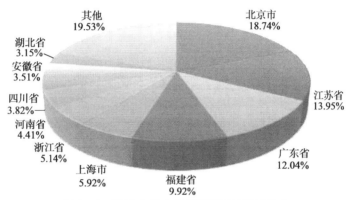

图 1 - 1　2010 年境内被篡改网站按地域分布

表 1 - 2　2010 年 CNCERT 监测发现被篡改的部分省部级政府网站列表 [1]

网站所属部门	被篡改页面 URL	监测时间
国家广播电影电视总局电影数字节目管理中心	http：//www. dmcc. gov. cn	2010 年 2 月 7 日
福建省财政厅	http：//rc. fjkj. gov. cn/ndh. htm	2010 年 2 月 15 日
四川省民政厅	http：//scmz. gov. cn/index. htm	2010 年 2 月 24 日
中国气象局	http：//training. cma. gov. cn	2010 年 2 月 25 日
最高人民检察院	http：//fdzqq. spp. gov. cn	2010 年 5 月 8 日

［1］　数据来源：国家计算机网络应急技术处理协调中心 CNCERT/CC《2010 年中国互联网网络安全报告》。

续表

网站所属部门	被篡改页面 URL	监测时间
中华人民共和国商务部对外贸易司	http：// ibdaily. mofcom. gov. cn	2010 年 5 月 8 日
国家发改委宏观经济发展研究院	http：// www. amr. gov. cn	2010 年 5 月 26 日
安徽省交通厅	http：// shangbao. ahjt. gov. cn/ index. htm	2010 年 6 月 1 日
福建省安全生产监督管理局	http：// www. fjsafety. gov. cn/ ImageUpload/agresif. htm	2010 年 6 月 10 日
河北省气象局	http：// www. heblp. gov. cn/ index. htm	2010 年 7 月 13 日
中华人民共和国水利部	http：// www. mwr. gov. cn/ wasdemo/test. jsp	2010 年 7 月 22 日
中华人民共和国国土资源部	http：// wcm. mlr. gov. cn/ mail/test. jsp	2010 年 7 月 22 日
中华人民共和国国防部	http：// search. mod. gov. cn/ wasdemo/test. jsp	2010 年 7 月 22 日
贵州省林业厅	http：// www. gzforestry. gov. cn /index. htm	2010 年 8 月 13 日
中国人寿保险公司	http：// dgmsa. gov. cn/ index. php	2010 年 8 月 23 日
新疆维吾尔自治区粮食局	http：// www. xjgrain. gov. cn/ index. htm	2010 年 9 月 1 日
宁夏回族自治区商务厅	http：// www. nxdofcom. gov. cn/ indonesia. htm	2010 年 9 月 30 日

美国著名的大型门户网站、美国五角大楼情报网络、美国海军研究室、美国中央情报局、美国联邦调查局、许多贸易及金融机构都有被黑客攻击的历史。

【案例10】美国头号电脑黑客凯文·米特尼克（1964 年出生），在他 15 岁的时候，仅凭一台电脑和一部调制解调器就闯入了北美空中防务指挥部的计算机系统主机。他和他的一些朋友翻遍了美国指向苏联及其盟国的所有核弹头的数据资料，然后又悄无声息地溜了出来。

1988 年他再次被执法当局逮捕，原因是 DEC 美国数字设备公司指控他从公司网络上窃取了价值 100 万美元的软件并造成了 400 万美元的损失。米特尼克先后成功地入侵了美国摩托罗拉、Novell、芬兰的诺基亚、美国的 Sun Microsystems 等高科技公司的计算机，盗走了各式程序和数据。根据这些公司的报案资料，FBI 推算的实际损害总额达至 4 亿美元。1995 年，米特尼克第三次被逮捕。这次他被指控闯入多个电脑网络，偷窃了 2 万个信用卡号和复制软件。

【**案例 11**】英国"最黑"黑客麦金农可能面临 60 年监禁

英国人麦金农（Gary McKinnon）因成功侵入美国政府和军方将近百台电脑，被称为英国史上"最黑"黑客。麦金农 2002 年遭英国警方逮捕，随后多次出庭受审。美方 2004 年要求引渡麦金农以儆效尤，英国高等法院 2006 年作出裁决，赞成引渡，麦金农随后提出上诉。2008 年 7 月 30 日英国议会上院作出决定，驳回麦金农有关反对引渡的上诉。如果麦金农遭引渡且美方指控的罪名成立，他可能面临 60 年监禁，而麦金农现年已经 42 岁。他被控于 2001 年至 2002 年 3 月间，非法侵入美国国防部、美国武装部队、美国国家航空和航天局等多个部门的 97 台计算机，给美方造成约 140 万美元的损失。麦金农表示将向欧洲法院提起上诉。

【**案例 12**】美国计算机紧急反应组织（CERT – Computer Emergency Response Team）关于信息安全攻击事件的统计：

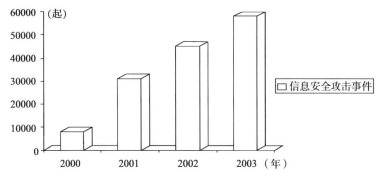

（五）网络病毒的蔓延和破坏

【**案例 13**】1988 年，美国康奈尔大学研究生罗伯特·莫里斯（22 岁）向互联网上传了一个"蠕虫"程序。这个程序是他为攻击 UNIX 系统的缺陷而设计的，能够进入网络中的其他电脑并自我繁衍。当时使得美国 6000 多个系统（几乎占当时互联网的 1/10）陷入瘫痪。专家称他设计的"蠕虫"程序造成了 1500 万～1 亿美元的经济损失。

【案例 14】1998 年 2 月，台湾地区的陈盈豪编写出了破坏性极大的恶性病毒 CIH－1.2 版，并定于每年的 4 月 26 日发作破坏。1998 年 4 月 26 日，该病毒在台湾少量发作，1999 年 4 月 26 日，该病毒在全球发作，破坏主板 BIOS。据不完全统计，全球有超过 6000 万台的机器感染 CIH 病毒，造成直接经济损失超过 10 亿美元。

【案例 15】2000 年 5 月 4 日开始发作的"I Love You"电脑病毒（编写者为菲律宾一名已辍学的计算机系大学生奥尼尔·德·古斯曼）如野火一般肆虐美国公司，进而袭击全球，在"爱虫"大爆发两天内，全球约有 4500 万台电脑被感染，致使微软、Intel 等在内的大型企业的网络系统瘫痪，造成的损失达到 26 亿美元，而最终损失甚至达 100 亿美元。

【案例 16】2006 年 12 月，李俊制作的"熊猫烧香"病毒曾造成全国上千万台电脑瘫痪，震动全国。主犯李俊因犯破坏计算机信息系统罪，被判处有期徒刑 4 年。

（六）恶意代码的攻击防不胜防

恶意代码是一种程序，指黑客通过外部设备和网络，把代码在不被察觉的情况下镶嵌到另一段程序中，从而达到破坏系统、运行具有入侵性或破坏性的程序、破坏被感染电脑数据的安全性和完整性的目的。恶意代码是最近几年才有的概念，可以说它是系统缺陷、计算机病毒和特洛伊木马的有机结合。按传播方式的不同，恶意代码可以分成五类：病毒、木马、蠕虫、移动代码和复合型病毒。其中以木马、僵尸网络攻击（实际上也是通过木马、僵尸程序控制的）最为猖獗，危害最大。

木马在互联网上的泛滥导致大量个人隐私和重要数据的失窃，给人们带来严重的名誉伤害和经济损失；此外，木马还越来越多地被用来窃取国家秘密和工作秘密，给国家和企业带来无法估量的损失。而僵尸网络仍然是网络攻击的基本手段和资源平台。僵尸网络主要被用来发起拒绝服务（DDoS）攻击、发送垃圾邮件、传播恶意代码，以及窃取受感染主机中的敏感信息，而由僵尸网络发出的大流量、分布式 DDoS 攻击是目前公认的世界难题，不仅严重影响互联网企业的运作，而且严重威胁着我国互联网基础设施的运行安全。

2010 年 CNCERT/CC 对常见的木马程序活动状况进行抽样监测，发现我国大陆地区有 451 万个 IP 地址的主机被植入木马，我国大陆地区被木马程序控制的计算机 IP 地址分布情况如图 1-2 所示，受控于木马的主机数量最多的地区分别为广东、湖南、浙江、江苏和山东。

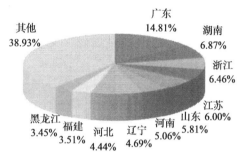

图 1-2　2010 年境内木马受控主机 IP 按地区分布

监测还发现大陆地区以外有 22 万个木马控制服务器 IP 参与控制我国大陆被植入木马的计算机。境外木马控制服务器 IP 数量前 10 位按国家和地区分布如图 1-3 所示，其中：美国、印度、中国台湾地区居于木马控制服务器 IP 数量前 3 位。

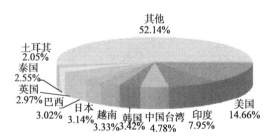

图 1-3　2010 年境外木马控制服务器 IP 按国家和地区分布

此外，2010 年 CNCERT/CC 抽样监测还发现，僵尸网络受控主机 IP 地址总数为 562 万个，僵尸网络控制服务器 IP 为 1.4 万个，其中境外僵尸网络控制服务器 IP 数量为 6531 个，境外僵尸网络控制服务器 IP 数量前 10 位按国家和地区分布如图 1-4 所示，其中美国、印度、土耳其居于僵尸网络控制服务器 IP 数量前 3 位。

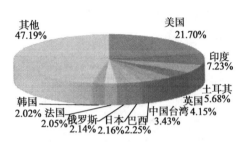

图 1－4　2010 年境外僵尸网络控制服务器 IP 按国家和地区分布

（七）网络信息战的阴影不可忽视

计算机网络已开始向全球的各个角落辐射，其应用也扩展到社会的很多领域，是当今和未来信息社会的联结纽带，军事领域也不例外。以计算机为核心的信息网络已经成为现代军队的神经中枢，一旦信息网络遭到攻击并被摧毁，整个军队的战斗力亦会大幅度降低甚至完全丧失，国家军事机器就会处于瘫痪状态，国家安全也将受到严重威胁。正是因为信息网络的重要性，网络战争必将成为现代战争的重要组成部分。网络信息战主要是指利用互联网打入敌方电脑系统中的秘密程序，获取敌方情报，散发病毒破坏敌方系统或使之瘫痪，从而利用己方优势的电子信息技术和设备获得"制网权"、"制信息权"，同时维护自己的"信息疆界"和"信息主权"。

【案例 17】1991 年的海湾战争被称为"世界上首次全面信息战"。美军通过向带病毒芯片的打印机设备发送指令，致使伊拉克军队系统瘫痪，轻易地摧毁了伊军的防空系统。多国部队运用精湛的信息技术，仅以伤亡百余人的代价取得了重创敌军十多万的成果。

1991 年 1 月 17 日凌晨 2 时 40 分，停泊在海湾地区的美国军舰向伊拉克防空阵地、雷达基地发射了百余枚"战斧"式巡航导弹。以美国为首的多国部队开始实施"沙漠风暴"行动，海湾战争爆发。1 月 17 日～2 月 24 日，以美国为首的多国部队利用自己的海空优势和高技术优势，对伊拉克进行持续 38 天的空中突击，使伊拉克的指挥和控制系统瘫痪，严重削弱了伊军的战斗力。伊军全线溃败，29 个师丧失作战能力。美国总统布什宣布多国部队于 28 日 8 时停止战斗，海湾战争结束。伊军伤亡约 10 万人（其中 2 万人死亡），17.5 万人被俘，损失了绝大多数的坦克、装甲车和飞机。而美军只有 148 人阵亡（非战斗死亡 138 人），458 人受伤（非战斗受伤 2978 人）。其他国家阵亡 192 人，受伤 318 人。

海湾战争（"沙漠风暴"）是机械化战争时代向信息化战争时代发展的重大转折点，是"信息化的第一场战争"，使网络信息战开始走向战争的舞台。

2010 年 5 月 21 日，美国国防部宣布：为了"打击敌对国家和黑客的网络攻击"，美军"网络司令部"于当天正式启动，将于 10 月 1 日开始战斗值班。据美国《华盛顿邮报》9 月 23 日报道，网络司令部位于马里兰州的米德堡陆军基地，目前约有 1000 人，拥有一个全天候战备值班的作战中心，严密监控美军各个网络的运行情况，防范可能的黑客攻击。其前身是 24 人的计算机网络防御联合特遣部队。

（八）网络安全产品缺少自控权

大量外购安全产品缺少自控权，我国缺少配套的安全产品控制政策和机制，我国安全产业还比较稚嫩，是重大安全隐患之一。

我国信息化建设过程中缺乏自主技术支撑，这就导致目前及今后相当长一段时间里，我国信息通信网络核心技术在自主研发、信息化应用创新能力和信息内容的总体投入等方面，一定程度上将受到国内外条件和环境的制约，在提高信息网络技术应用和管控能力上仍有诸多难题需要加以解决。目前，计算机安全存在三大黑洞：CPU 芯片、操作系统和数据库、网关软件大多依赖进口。我国计算机网络所使用的网管设备和软件基本上是舶来品，这些因素使我国计算机网络的安全性大大降低，被认为是易窥视和易打击的"玻璃网"。由于缺乏自主技术，我国的网络处于被窃听、干扰、监视和欺诈等多种信息安全威胁中，网络安全处于极脆弱的状态。

没有信息安全，就没有完全意义上的国家安全，也就没有真正的政治安全、军事安全和经济安全。信息安全的保障能力是 21 世纪综合国力、经济竞争实力和生存发展能力的重要组成部分，我们应将其上升到国家和民族利益的高度，作为一项基本国策加以重视。

三、我国信息安全环境特点

我国信息安全问题的出现和演变，与国际政治斗争和国际安全环境变化密切相关。与发达国家相比，我国信息安全环境具有四个特点。

1. 我国虽是一个信息大国，但不是一个信息强国。人口总量巨大、资源相对不足的基本国情决定了我国信息网络基础设施规模和网民数量位居世界首位。这使得我国已经成为一个信息大国，但我国在提高信息网络技术应用和管控能力上仍有诸多难题需要加以解决。

2. 我国信息化发展存在极大的不均衡性。在信息网络技术应用上，东部沿海发达地区和中西部内陆落后地区、城市与农村、工业与农业之间都存在着较大差距。受网络条件和经济投入的制约，信息化在缩小地区发展差距方面的收效并不明显，信息安全问题的严重程度和紧迫性也因这些差距而有所不同。

3. 在信息流量和信息资源上外强内弱。近年来，虽然我国的基础网络带宽和互联网络信息流量有所增加，但总体上仍处弱势状态。最新的统计数据显示，我国与发达国家的"数字鸿沟"问题日益突出，现实生活中发达国家对我国进行政治、思想、宗教、文化等信息渗透将有增无减，防范压力也将增大。

4. 我国信息安全问题具有现实的错综复杂性。从近几年出现的信息安全问题看，网络的互联性、开放性和信息传播性使得信息安全问题的非传统性特征越来越明显。我国信息网络安全问题正越来越多地并日益紧密地反映出它与社会热点问题相交织、与重大国际热点问题相交织、与各种不稳定因素相交织和与信息化发展进程中的各种不确定性相交织的特点。

第二节　信息安全概念的认识和深化

信息安全是一个不断演化、动态发展的概念，因而，人们对于信息安全的认识和理解也是不断发展的。当今的信息安全工作，无论在产业环境、产业标准或是产业理论方面，还是在技术产品或市场管理方面，虽然已初显丰硕的成果，却仍是在摸索中前进。严格意义上来说，信息安全并没有明确的定义。从主机时代到微机时代，从局域网时代到互联网时代，在不同时期信息安全有着不同的模式和含义。

国际标准 ISO/IEC 17799 定义信息安全是通过实施一组控制而达到的，包括策略、措施、过程以及组织结构及软件功能，是对保密性、完整性和可用性保护的一种特性。保密性确保信息只能被授权访问方所接受，完整性即保护信息处理手段的正确与完整，可用性确保授权用户在需要时能够访问信息相关资源。《中华人民共和国计算机信息系统安全保护条例》（1994 年）第 3条规定："计算机信息系统的安全保护，应当保障计算机及其相关的和配套的设备、设施（含网络）的安全以及运行环境的安全，保障信息的安全，保障计算机功能的正常发挥，以维护计算机信息系统的安全运行。"这里所说的信息安全保护，要先对安全对象进行划分，分成计算机、设备、网络、环境、信息和运行，然后再分别保障各个部分的安全。

"信息安全"这一概念，在早期的"通信安全（保密）"阶段，以通信内容的保密为主；在中期的"信息安全"阶段，以信息自身的静态防护为主；而在近期的"信息保障"阶段，则强调动态的、纵深的、生命周期的、全信息系统资产的信息安全。我国对信息安全概念的理解和认识以及我国信息安全保障工作的范畴和重点，一方面随着国际上信息安全概念的不断演变而发展，另一方面也要结合我国信息化的实际发展状况。

一、信息安全的内涵与发展

回顾信息安全的历史，不难看出人类对信息安全的认识和观念的发展经历了通信安全阶段、（计算机）信息安全阶段和现在的信息安全保障阶段。

（一）通信安全阶段（COMSEC：Communication Security）

早在 20 世纪初期，通信技术还不发达的情况下，人们面对电话、电报、传真等信息交换过程中存在的安全问题，主要强调的是信息的保密性，对安全理论和技术的研究也只侧重于密码学。这一阶段的信息安全可以简单称为通信安全，即 COMSEC（Communication Security）。当时涉及的安全性是保密性，需要解决的问题是如何在远程通信中防止非授权用户窃取信息，在此阶段的安全威胁主要是线路窃听。

（二）（计算机）信息安全阶段（INFOSEC：Information Security）

20 世纪 70～80 年代，随着计算机技术的发展和应用的普及，尤其是军队和政府对计算机技术需求量的增大，且欧美各国出现计算机窃密和计算机犯罪的问题，因而导致计算机安全问题日益突出。这使得以"预防、消除和减少计算机系统用户的非授权行为"为核心的计算机安全概念开始逐渐流行。半导体和集成电路技术的飞速发展推动了计算机软硬件的发展，也使计算机和网络技术的应用进入了实用化和规模化阶段，人们对信息安全的关注已经逐渐扩展为以保密性、完整性和可用性为目标的信息安全阶段，即 INFOSEC（Information Security）。

20 世纪 80 年代中期，随着网络和其他相关技术的发展，国外将传统保密、通信保密和计算机安全结合在一起，统称为信息技术安全、信息系统安全或信息安全。信息安全需要解决的主要问题是确保计算机系统中硬件、软件及正在处理、存储、传输信息的保密性、完整性和可用性。保密性，即信息在一定时间内只限授权人员知悉；完整性，即防止未授权人员对信息的任何修改；可用性，即合法用户能获得预期的安全的服务和网络环境。此时，对计算机安全的威胁扩展到恶意代码（病毒）、非法访问、脆弱口令和黑客等。

20 世纪 90 年代以来，通信和计算机技术相互依存，数字化技术促进了计算机网络的发展。网络成为全球化、智能化、个人化的信息高速公路，因特网成为通信平台。随着网络的应用与发展，人类社会对网络及其信息系统的依赖程度日益增强，网络已经成为国家的重要基础设施。人们需要保护信息在存储、处理及传输过程中不被非法访问或更改，同时确保对合法用户的服务并限制对非授权用户的服务，包括必要的检测、记录和抵御攻击的措施。此时对安全性产生了可控性和不可否认性的需求。

（三）信息安全保障阶段（IA：Information Assurance）

20 世纪 80 年代开始，由于互联网技术的飞速发展，信息无论是对内还是对外都得到了极大开放，由此产生的信息安全问题也跨越了时间和空间上的限制，信息安全的焦点已经不仅仅是传统的保密性、完整性和可用性三个原则了，而是衍生出了诸如可控性、抗抵赖性、真实性等其他的原则和目标，信息安全也转化为从整体角度考虑其体系建设的信息保障（Information Assurance）阶段。

美国信息安全保障体系建设是比较完善的。美国于 1998 年 5 月 22 日颁发的《保护美国关键基础设施》总统令（PDD - 63），首次提出"信息安全保障"概念，将信息安全的观念提升到"以预防、检测和反应能力的提高来确保信息系统的可用性、完整性、可鉴别性和不可否认性的全面保障阶段"，以确保整个网络空间的安全性；1998 年 5 月美国国家安全局制定了《信息保障技术框架》（IATF），提出"深度防御（Defense - in - Depth）策略"，把信息安全上升到信息保障的高度，并提出了人（People）、技术（Technology）、操作（Operation）三方面并举的核心策略，基于这个核心策略，IATF 定义了各种环境下的安全需求和技术方案的框架，确定了包括网络与基础设施防御、区域边界防御、计算环境防御和支撑性基础设施的深度防御战略目标；2000 年 1 月，美国又发布了《保卫美国的计算机空间——保护信息系统的国家计划》，该计划分析了美国关键基础设施所面临的威胁，确定了保护的目标和范围，制定出联邦政府关键基础设施保护计划（其中包括民用机构的基础设施保护计划和国防部基础设施保护计划）以及私营部门、州和地方政府的关键基础设施保障框架；2002 年 9 月美国国家安全局颁布了 IATF 3. 1 版，2002 年 10 月 24 日和 2003 年 2 月 6 日，美国国防部颁布了信息保障训令 8500. 1 和

8500.2，信息保障已成为美军组织实施信息化作战的指导思想；2002 年 7 月 16 日美国公布了《国土安全国家战略》，并于 2003 年 2 月 14 日配套出台《保护网络空间的国家战略》，以实现"保护美国关键基础设施免遭网络攻击、降低网络的脆弱性、缩短网络攻击发生后的破坏和恢复时间"三大战略目标；2005 年 3 月美国国防部公布《国防战略报告》，明确将网络空间和陆、海、空及太空定义为同等重要的、需要美国维持决定性优势的五大空间。

此外，随着互联网上有害信息的传播，制作、复制、发布、传播有害信息也被纳入信息安全的内涵。信息安全保障就是把信息系统安全从技术扩展到管理，从静态扩展到动态，通过将各种安全保障技术和安全管理措施融合至信息化中，形成对信息、信息系统乃至应用服务及其使命的保障。

（四）信息安全保障的内涵

信息安全保障就是对信息和信息系统的安全属性及功能、效率进行保障的动态行为过程。它通过运用源于人、管理、技术等因素所形成的预警能力、保护能力、检测能力、反应能力、恢复能力和反击能力，在信息和信息系统生命周期全过程的各个状态下，保证信息内容、计算环境、边界与连接、网络基础设施的真实性、可用性、完整性、保密性、可控性和不可否认性等安全属性，从而保障应用服务的效率和效益，促进信息化的可持续的健康的发展。

随着信息技术的发展与应用，信息安全的内涵在不断地延伸，从最初的信息保密性发展到信息的完整性、可用性、可控性和不可否认性，进而又发展为"攻（攻击）、防（防范）、测（检测）、控（控制）、管（管理）、评（评估）"等多方面的基础理论和实施技术。信息安全逐渐演变成一个综合、交叉的学科领域，不再仅仅限于对传统意义上的网络和计算机技术进行研究，而是必须要综合利用数学、物理、通信、计算机以及经济学等诸多学科的长期知识积累和最新发展成果，进行自主创新研究，并提出系统的、完整的、协同的解决方案。例如防电磁辐射、密码技术、数字签名、信息安全成本和收益等方面的研究都有涉及，而且还综合了计算机、物理学、数学以及经济学上的一些原理。

二、信息安全的特征与范畴

信息技术的跨国性、信息网络的无国界性，信息安全依托于全球网络，其本身并不是一成不变，而是处于不断发展变化之中，不同时期各个特点的突出程度不同，从信息安全的开发性、动态性、系统性和不对称性等方面分析信息安全的本质。

信息安全是整体的、发展的、无边界的、非传统的安全。信息安全涉及多个领域，是一个系统问题，需要全社会的共同努力和承担相应的责任和义务；信息安全不是绝对的，它是动态的和相对的；信息安全不是单独一个国家能完全控制的问题，具有全球化特点，应从全球化角度来考虑和布局；信息安全属于非传统安全问题，已经不能用传统的办法来解决，而要用新的思路和手段，具体来说，就是需要综合运用政策、法律、管理和技术等各种手段。

（一）信息安全是系统的安全

信息安全是一个系统问题。一个安全的信息系统不仅仅要考虑环境安全和技术安全，还有考虑管理安全的问题；一个安全的信息系统不仅仅要能够提供静态的保护能力，包括防止和降低故障、损害，还需要具备主动防御的能力，能够及时发现攻击，并能够在受到破坏后及时恢复。

（二）信息安全是动态的安全

信息安全不是绝对的，相反，它是一个动态的、相对的概念。它随着信息技术的发展、普及以及产业基础、用户认识、投入与产出的发展而发展。信息安全从通信安全，到计算机安全，到网络信息安全，再到信息保障，其概念的发展本身就是一个动态的演进过程。区别于传统的加密、身份认证、访问控制、防火墙、安全路由等静态技术，信息安全保障强调信息系统整个生命周期的防御和恢复，其内容是保护（Protection）、检测（Detection）、反应（Reaction）和恢复（Restore）的有机结合。保护、检测、反应构成一个循环的闭环控制系统。该模型中既有被动的静态保护部分，又有主动的检测等动态部分，因而构成一个被动与主动相结合的动态防御安全体系。

（三）信息安全是无边界的安全

信息安全是广泛的、无国界的。网络的互联使得网络的边界越来越模糊，传统意义上的国界、前方和后方正在消失，人们几乎可以从任何地点、任何时间对任何对象发起网络攻击。信息安全不是单独一个国家能完全控制的问题，因其具有全球化特点，故应从全球化角度考虑和布局。作为人类彼此沟通，包括社会生产活动和社会生活活动，的一种重要载体和手段，以计算机为主体构成的信息网络系统，正以前所未有的"爆炸"方式向前发展，并成为人类社会走向信息时代的主要特征。因特网在全球的爆炸性发展是和经济的加速全球化趋势相呼应的，因特网作为一种自发的力量，推动着资本、金融、贸易、科技的全球化进程，其作用超越了国家、民族、文化体系的界限。

因特网本身具有两重性。一方面，它是一个全球性的网络，在全球化的大环境和大气候下存在和运行着，在促进世界科技交流、民族文化交融和发展生产力方面起着积极作用。但另一方面，因特网的消极作用也体现了世界性和国际性，诸如病毒泛滥、网络攻击、电子金融诈骗、垃圾电子邮件、网络窃密、网上国际恐怖活动和不良信息扩散等，均已成为各国政府共同面临和关注的信息安全的焦点问题。

（四）信息安全是非传统的安全

关于非传统安全，是针对冷战后人们对除军事威胁以外的各种安全威胁的关注和研究而提出的一种说法。非传统安全是相对于传统安全而言的，是指除军事、政治和外交冲突以外的其他对主权国家生存与发展构成重大威胁的安全问题。它所涵盖的内容十分广泛，如经济安全、信息安全、生态安全、恐怖主义、环境污染、民族宗教冲突和高危传染病疾病等。

信息安全属于非传统安全问题。各种信息网络的互联互通和资源共享，决定了信息安全具有不同于传统安全的特点。其一，与传统的国家安全威胁相比，信息安全杀伤力较强且带有突发性。有时事件看上去相当孤立，有时却"牵一发而动全身"，局部的安全问题很容易影响到整个网络安全，且其形态、边界和活动规律往往难以确定，对信息安全事件的追踪和应对变得相当困难。其二，与传统的国家安全威胁相比，信息安全发生的形态及蔓延的层次更加复杂多样。它既可以针对国家和政府，也可能瞄准社会和个人，但其蔓延却可能带来邻国区域的动荡和全球性的不安。为了对付这些威胁，需要更多地借助多边机制的努力和国际社会的参与，包括多种非政府组织和跨领域、跨学科力量的加入。其三，与传统的国家安全威胁相比，信息安全威胁多半不是发生在国家之间，而多是根植于社会体制、发作于国家内部，有着深刻的体制性、结构性根源。从国际关系角度观察，某些非传统安全的肆虐，不仅容易引发社会危机和政府失信，危及民众生命财产和国家间贸易，而且孕育出一些新的冲突源并导致国际关系紧张。

因此，在信息安全问题上，要确立新的发展观和安全观。互联网的全球性、快捷性、共享性、全天候性决定了信息安全的新特征。其一，信息基础设施本身的脆弱性和攻击技术的不断更新，使信息安全易守难攻。其二，信息网络是一种覆盖全球的新兴媒体，各国的民族文化和道德价值观将面临越来越大的侵袭和冲击。这就使得对民族文化的保护和对不良信息的控制将更为困难，给各国对网上信息的管理与控制带来巨大的经济成本和技术困难。

其三，网络具有社会化特征，"网上论坛"、"网上俱乐部"、"网上聊天室"的推出，使网络的社会凝聚力和组织能力大增，构成了"网络空间"中不容忽视的力量。为人类发展带来巨大生机和繁荣的互联网，同时也给国家管理和社会稳定带来巨大的隐患。

三、信息安全的内容

信息安全的内容包括实体安全、运行安全及信息内容传播安全三个方面的含义。实体安全是指保护设备、设施以及其他硬件设施免遭地震、水灾、火灾、有害气体和其他环境事故以及人为因素破坏的措施和过程。运行安全是指为保障系统功能的安全实现，提供一套安全措施来保护信息处理过程的安全。信息内容传播安全，是指通过互联网或信息通信工具制作、发布、复制或传播的信息内容必须符合中国已颁布的相关法律法规及规章的要求。信息安全的内容可以分为：计算机系统安全、数据库安全、网络安全、病毒防护安全、访问控制安全、加密安全以及信息内容传播安全等七个方面。

1. 计算机系统安全是指计算机系统的硬件和软件资源能够得到有效的控制，保证其资源能够被正常使用，避免各种运行错误与硬件损坏，为进一步的系统构建工作提供一个可靠安全的平台。

2. 数据库安全是指对数据库系统所管理的数据和资源提供有效的安全保护。一般采用多种安全机制与操作系统相结合的方式，实现对数据库的安全保护。

3. 网络安全是指对访问网络资源或使用网络服务的安全保护，为网络的使用提供一套安全管理机制。例如，跟踪并记录网络的使用，监测系统状态的变化，对各种网络安全事故进行定位，并在应对紧急事件或安全事故时及时采取故障排除措施。

4. 病毒防护安全是指对计算机病毒的防护能力，包括单机系统和网络系统资源的防护。这种安全主要依赖病毒防护产品来保证。病毒防护产品通过建立系统保护机制，达到预防、检测和消除病毒的目的。

5. 访问控制安全是指保证系统的外部用户或内部用户对系统资源的访问方式以及对敏感信息的访问方式符合事先制定的安全策略，主要包括出入控制和存取控制。出入控制主要是阻止非授权用户进入系统；存取控制主要是对授权用户进行安全性检查，以实现存取权限的控制。

6. 加密安全是指为了保证数据的保密性和完整性，通过特定算法完成明文与密文的转换。例如，数字签名是为了确保数据不被篡改；虚拟专用网是为了实现数据在传输过程中的保密性和完整性而在双方之间建立的唯一安全通道。

7. 信息内容传播安全是指通过互联网或信息通信工具制作、发布、复制或传播的信息内容必须遵守中国已颁布的相关法律法规及规章，不得危害社会稳定和国家安全，不得扰乱社会主义市场经济秩序和社会管理秩序，不得侵犯个人、企业和其他组织的人身、财产等合法权利。另外，信息内容传播安全还包括对个人信息的保护，即与公民个人身份相关联的信息不以违背公民意愿的方式被随意收集、传播或做其他处理，保障公民的隐私权不被侵犯。

四、信息安全的地位与作用

信息作为一种资产，是企业或组织进行正常商务运作和管理不可或缺的资源，也是企业财产和个人隐私等的重要载体。与此同时，信息安全的重要性也越发凸显：从最高层次来讲，信息安全关系到国家的安全；对组织机构来说，信息安全关系到组织机构的正常运作和持续发展；就个人而言，信息安全是保护个人隐私和财产的必然要求。无论是对个人、组织还是对国家来说，保证关键的信息资产的安全都是非常重要的。

近年来，随着我国信息化进程的加快，信息化发展进入到新阶段，党和政府也开始日益重视信息安全问题。十六届四中全会的《中共中央关于加强党的执政能力建设的决定》中明确指出，坚决维护国家安全，确保国家的政治安全、经济安全、文化安全、信息安全和国防安全。这是第一次把国家安全内容划分为相互并列的"五大安全"，即政治安全、经济安全、文化安全、信息安全和国防安全，"信息安全"成为国家安全的重要组成部分。这一划分方式从国家发展与安全的战略高度强调了认识和重视维护国家信息安全的重要性。

从我国信息化发展和全球信息化趋势看，信息安全将成为国家安全的重要"基石"和"命脉"。信息资源是重要的战略资源，信息网络和信息系统正在成为一切经济与社会活动的"基础平台"、"联系中介"。信息网络技术应用从工商业领域已逐渐扩展到国家政治与社会生活的各个领域，信息网络安全也从技术和产业的问题上升为事关国家政治、经济、社会、科技、文化等各领域安全的重大战略性问题。

信息化是当今高科技发展所带来的新潮流，给人类社会发展注入了新的活力。随着信息化的推进，国民经济和社会对信息和信息系统的依赖性越来越大，由此而产生的信息安全问题对国家安全的影响也日益增加并不断突出，国家安全也将面临新的挑战。

政治安全是主权国家存续的根本因素，主要以主权独立、领土完整、政权巩固等形式表现出来。无论是维护国家经济安全，还是维护国家文化安全、信息安全和国防安全，其效果最终都要体现到维护国家政治安全上来。就国家政治安全而言，信息安全是维护国家主权的坚实基础。信息技术的进步和全球性信息网络的建立，也为国家间进行政治渗透提供了有力的工具。某些国家利用信息网络在其他国家建立反政府组织、开展反动舆论宣传、窃取别国政治情报，或利用虚拟技术冒充政府部门散布虚假信息，达到煽动民心、颠覆他国政府的目的。另外，信息时代的国家政治呈现全球化。信息技术飞速发展，也为某些国家推行强权政治提供了更多、更经济实用的手段和途径。在这种情况下，信息安全成了保证国家政治制度和意识形态稳定的基础，失去了信息安全保障的国家政权将处于严重威胁的境地。

就国家军事安全而言，信息安全是赢得未来军事战争的重要保障。以信息技术为核心的新军事革命正在改变着现代战争与未来战争的形态，信息网络及信息系统已成为一种新的攻击武器、作战平台和打击目标，网络空间正在成为攸关国家安全的重要战场。"信息战威慑"成为与"核威慑"、"导弹防御威慑"、"太空战威慑"并列的第四种"战略威慑"。此外，信息流动与传播的高速性、广泛性和人们对信息的严重依赖性，以及信息武器攻击手段、目标和过程的多样化、远程化、自动化，使国家安全面临着"瞬间的"现实与潜在的威胁。为此，世界各主要国家的军队都在积极研究计算机网络攻击技术，一旦取得关键性突破，对其他国家的军用计算机网络系统的危害将无法估量，因此信息安全必然成为未来打赢高科技战争的关键。

就国家经济安全而言，信息安全是保障国家经济持续、稳定发展的重要条件。信息时代的全球化进程强化了国家之间的相互依存，资本、信息、劳务和商品的跨国流动十分频繁，而互联网则为这种流动推波助澜。保护国家关键基础设施、防范金融风险、避免经济情报泄密、监控经济领域的数字化犯罪都与国家经济安全息息相关。信息安全成为事关国家经济能否持续、稳定发展的关键问题。

就国家文化安全而言，保障信息安全是保持民族文化传统的必然选择。信息技术和传播媒介的发展，正在加速各种文化的传播和相互吸收、融合。但同时，西方某些发达国家借助其在信息领域的优势地位对发展中国家进行文化渗透、文化侵略，大肆宣扬西方民主制度的优越性，输出西方价值观，这无疑将使发展中国家传统的文化道德、文化准则和价值观念受到冲击。加之当前互联网上的信息存在大量迷信、暴力、色情等有害内容，已经在社会上造成严重影响。文化上的混乱，最终将会影响社会的稳定发展。

学习单元 2

我国信息安全保障工作介绍

☞ 【学习目的与要求】

　　我国信息安全保障工作从 21 世纪开始，主要经历了启动、积极推进以及深化落实等几个阶段。通过本单元的学习，了解我国信息安全保障体系建设的含义、我国信息安全保障工作的发展阶段、我国信息安全保障体系的建设现状、我国信息安全保障体系的建设规划以及我国信息安全保障体系的工作实践。

　　在经济全球化和信息全球化加速发展的大背景下，信息安全问题已经影响到国家的经济发展、政治活动、社会管理、思想舆论和民众生活等诸多领域。从最高层次来讲，信息安全关系到国家的安全；对组织机构来说，信息安全关系到组织机构的正常运作和持续发展；就个人而言，信息安全是保护个人隐私和财产的必然要求。无论是对个人、组织还是对国家来说，保证关键的信息资产的安全都是非常重要的。党中央、国务院始终将信息安全作为全面推进我国国民经济和社会信息化进程的重要环节，并做出了一系列重要决策和部署。党的十六届五中全会指出要"健全信息安全保障体系"，国家信息化领导小组明确要求"注重建设信息安全保障体系，实现信息化与信息安全协调发展"。国家网络与信息安全协调小组两次召开会议，审议了国家信息安全战略和"十一五"信息安全专项规划、科技发展规划思路，原则上通过了关于信息安全风险评估的意见和关于网络信任体系建设的若干意见。随着我国加入 WTO，与各国在政治、经济、文化和军事上的交往越来越密切，影响信息安全的因素越来越多，信息安全涉及的面也越来越宽，这就对信息安全工作提出了更高的要求。完善的信息安全保障工作成为构建全球健康、和

谐的网络秩序、促进世界和平与发展的主要手段，信息安全保障工作已逐渐
被提上了议事日程。

第一节　我国信息安全保障体系建设的含义

我国信息化发展到目前阶段，所面临的信息安全问题有的具有我国特色，
有的则具有全球的共性。所以要保证信息化进程的持续、平稳发展，既需要结
合我国信息化发展的国情，同时还要借鉴和吸取世界其他发达国家的信息安
全经验和教训。我国信息安全保障体系的含义包括：重点推动和发展基础信
息网络和重要信息系统建设；从政治、经济与技术结合的角度，采用基于风
险管理的安全范式构建信息安全保障体系，最佳的信息安全保障实际上就是
最优的风险管理方式。

第二节　我国信息安全保障工作发展阶段

我国信息安全保障工作是随着对信息安全认识的深化而逐步向前推进，
从 21 世纪开始，主要经历了启动、积极推进以及深化落实等几个阶段。

2001 年~2002 年，是我国网络与信息安全事件频发且性质严重的时期。
鉴于严峻的信息安全形势，国家信息化领导小组重组，网络与信息安全协调
小组成立，我国信息安全保障工作正式启动。这一阶段的工作重点是围绕十
六大和两会期间网络与信息安全，明确责任、强化监管、突出重点、落实预
案，加强对网络有害信息的清理、治理和推进各类重要信息网路的安全防范
和应急处置工作，以保障十六大顺利召开。

2003 年~2005 年，是国家信息安全保障体系建设逐步展开和推进阶段。
国家出台指导政策，召开第一次全国信息安全保障会议，发布国家信息安全
战略，国家网络与信息安全协调小组召开了四次会议，积极推进信息安全保
障的各项工作。

2006 年至今，国家信息安全保障体系建设已取得实质性进展，信息安全
保障工作也将迈出新的坚实步伐。信息安全法律法规的制定、标准化建设和
人才培养工作都取得了新成果。信息安全基础设施和工程建设进一步完善，
信息安全等级保护和风险评估取得了新进展。

第三节　我国信息安全保障体系建设现状

　　2003 年 9 月，中央颁布了《国家信息化领导小组关于加强信息安全保障工作的意见》（中办发［2003］27 号文），强调要建立健全信息安全管理责任制，要始终坚持一手抓信息化发展，一手抓信息安全保障，提出要在 5 年内建设中国信息安全保障体系。国民经济和社会发展"十一五"规划（2006～2010）明确提出，要积极推进信息化，坚持以信息化带动工业化，以工业化促进信息化，提高经济社会信息化水平，并强化信息安全保障工作，通过积极防御、综合防范来提高信息安全保障能力。强化安全监控、应急响应、密钥管理、网络信任等信息安全基础设施建设；加强基础信息网络和国家重要信息系统的安全防护；推进信息安全产品产业化；发展咨询、测评、灾备等专业化信息安全服务；健全安全等级保护、风险评估和安全准入等制度。

　　2006 年上半年，公安部会同国务院信息办在全国范围内开展了等级保护基础调查。2006 年下半年，13 个省区市和 3 个部委联合开展了等级保护试点工作。2007 年 7 月 20 日，"全国重要信息系统安全等级保护定级工作电视电话会议"召开，标志着信息安全等级保护工作在全国范围内的开展与实施。2006 年 9 月，科技部的《国家科技支撑计划"十一五"发展纲要》提出科技"支撑发展"的重要思想，指出要攻克一批关键技术，推动以我为主的相关国际标准、行业技术标准的制定，初步形成国家技术自主创新支撑体系，提高我国信息产业核心技术的自主开发能力和整体水平，初步建立有中国特色的信息安全保障体系。

　　2011 年 3 月，我国通过并公布了《国民经济和社会发展十二五规划纲要》（简称《纲要》）《纲要》的第十三章专门提到信息安全，强调要加强网络与信息安全保障，要健全网络与信息安全法律法规，完善信息安全标准体系和认证认可体系，实施信息安全等级保护、风险评估等制度。加快推进安全可控关键软硬件应用试点示范和推广，加强信息网络监测、管控能力建设，确保基础信息网络和重点信息系统安全。推进信息安全保密基础设施建设，构建信息安全保密防护体系。加强互联网管理，确保国家网络与信息安全。

第四节 我国信息安全保障体系建设规划

国家信息安全保障体系是国家安全建设、经济发展和精神文明建设的重要组成部分，是国家信息化基础设施建设的重要支撑，是国家信息化发展规划建设的重要内容。构建信息安全保障体系是我国在信息安全领域中实施的一项重要的战略措施。

一、国家信息安全保障体系建设的指导思想和原则

我国信息安全保障体系建设的指导思想是：坚持积极防御、综合防范的方针，坚持发展、与时俱进、加强管理、趋利避害、积极保障，全面提高信息安全防护能力，重点保障基础信息网络和重要信息系统安全，创建安全、健康的网络环境，保障和促进信息化发展，保护国家利益，保护人民群众的合法权益，维护国家安全。

根据这一指导思想，我国信息安全保障体系建设坚持的原则包括：

（一）国家主导，社会参与

信息安全保障体系建设事关国家安全，必须由国家主导，以充分体现国家利益。同时，充分调动社会各方面的积极性，综合治理，群策群力，加强行业自律，共同负责。明确国家、企业、个人的责任和义务，充分发挥各方面的积极性，共同构筑国家信息安全保障体系。

（二）统一领导，分工协作

信息安全保障体系建设事关国家安全、社会稳定和经济发展，是整个国家安全工作的有机组成部分，因此，要在国家信息化领导小组的统一领导下，各部门按各自的职责范围，各负其责，分工协作。

（三）立足国情，务求实效

立足国情，综合平衡安全成本和风险，确保重点，优化信息安全资源配置。根据我国信息化发展的不同阶段的需求逐步推进中国特色的国家信息安全保障体系的建设。

（四）突出重点，分步实施

坚持发展是硬道理，信息化的发展与安全同步建设，管理与技术并重；正确处理安全与发展的关系，以安全保发展，在发展中求安全；统筹规划，突出重点，分步实施。重点保护基础信息网络和关系国家安全、经济命脉、社会稳定的重要信息系统。

二、国家信息安全保障体系建设的主要内容

建设国家信息安全保障体系，就是要建设和完善信息安全法律法规体系，运用法律措施和手段保障国家信息化的发展；建立统一的技术标准体系，以标准化促进和带动信息安全产业的发展，以标准化解决安全互联互通问题；建立信息安全管理体制，加强信息安全管理，加大对网络、电视、电话、短信等内容监管力度，坚决抑制利用网络破坏国家安全、社会安定事件的发生，防止有害信息的传播，严厉打击利用技术进行的各种违法犯罪活动；加强关键技术研究，开发具有自主知识产权的信息安全核心技术和产品，尽快改变信息网络核心技术受制于人的状况；建设信息安全基础设施，建立和完善各种应急备份体系；建立信息安全培训和人才培养体系，实施人才战略。通过逐步实现保护、检测、预警、反应、恢复和反制等信息安全保障环节，全面提升和增强信息安全防护能力、隐患发现能力、应急反应能力和信息对抗能力，增强信息基础设施和重要信息系统的抗毁能力和灾难恢复能力，防范来自组织内部、外部和内外勾结以及灾害和系统的脆弱性所构成的对信息基础设施及信息的应用和内容等各层面的安全威胁，为国家信息安全提供全方位的保障。

第五节　国家信息安全保障体系工作的实践

纵观我国信息安全事业十余年的发展历程，我国信息安全保障体系建设得到了扎实、稳步的发展，并取得了很大成绩。信息安全保障工作的开展，为推动国民经济的发展和社会信息化的进步，促进信息产业和信息安全产业发展，维护国家安全和利益，做出了重要贡献。

从我国信息安全管理体系的构建来看，逐步确立了"多方齐抓共管、协调管理"信息安全管理体制，领导机构、专家咨询机构、综合协调机构、信息安全主管部门、基础信息网络和重要信息系统等运营、主管部门都在国家信息安全保障领域内充分发挥各自的职能作用，共同构成了我国的信息安全管理体系。

从我国信息安全法制体系建设来看，我国的信息安全立法是在我国当前国情的基础上建立起来的，包括信息安全相关条例和规章制度等。通过清理、调整和修订信息安全行政法规和部门规章，逐步确立信息安全的基本法律原则、法律责任和法律制度，明确社会各方在信息安全保障中的责任和义务，同时在政府信息公开、个人信息保护、信息网络传播权保护、广播影视传播保障等方面都建立了相关规章制度。

从我国信息安全标准化建设来看，信息安全标准化工作是我国信息安全保障工作的重要组成部分之一，也是政府进行宏观管理的重要依据，同时也是保护国家利益、促进产业发展的重要手段之一。虽然国际上有很多标准化组织都研究制定了多个信息安全标准，但是由于信息安全标准事关国家安全利益，因此不能过分依赖于国际标准，而是要在充分借鉴国际标准的前提下，通过本国组织和专家制定出符合本国国情并可以信任的信息安全技术和管理领域的标准，以保护民族利益。

从我国基础信息网络和重要信息系统保障体系建设来看，我国将信息安全提升到了一个重要位置，开始从国家的层面上关注、重视信息安全问题。全国各机构、各部门围绕其职责范围的信息安全领域的任务，积极贯彻落实，推动我国信息安全保障工作的进程，主要体现在以下几个方面：开展信息安全应急处理与信息通报工作，提高信息安全应急响应能力；推动信息系统灾难恢复工作，逐步从探讨进入实践阶段；实行信息安全等级保护，将其作为我国信息安全保障的一项重要基础性工作；开展风险评估工作，最大限度地保障网络和信息安全；推行电子政务，深化行政管理体制改革措施；加强以密码技术为基础的信息保护和网络信任体系建设，充分发挥密码在保障电子政务、电子商务和保护公民个人信息等方面的重要作用；开展信息安全认证认可工作，保证网络和信息系统安全；加快信息安全人才培养，增强全民信息安全意识。

从我国信息安全技术和产业发展来看，我国信息安全技术和产业迅速发展，初步改变了核心产品全部依赖进口的被动局面，并已形成一定的产业规模。

我国通过确定信息安全科技发展的三个重大领域、九个重要方向，实现了信息安全技术上的快速发展。其中，三个重大领域包括公钥基础设施和密钥管理（PKI/KMI）关键技术，密码算法标准研究及其关键芯片集成技术，网络安全积极防御技术。九个重要方向包括网络信息内容安全技术，计算机病毒防范技术，网络入侵检测、预警和管理技术，基础系统平台安全增强技术，宽带虚拟专用网（VPN）技术，无线网络安全技术，安全风险分析评估技术，应急响应和事故恢复技术，信息安全新技术。"十五"期间，科技部通过863计划、973计划和科技攻关计划的实施，在信息安全技术的研究、开发、应用和产业化方面取得了重大进展。

我国信息安全产业从由国家的几个研究机构主要从事数据加密和单纯计算机系统安全的研究发展到国家的一批研究机构、大学院系和一大批高科技中小企业共同从事信息、计算机系统和互联网络安全研究，再到现在，形成以企业团队为主体，全面服务于国家基础设施信息化安全的建设，我国信息安全产业逐步走向成熟阶段。

第六节 我国信息安全保障工作的思考

我国的信息安全保障工作经过几年的实践，取得了一定的成绩，也总结和提炼出了我国信息安全保障工作的经验和规律。

一、要用战略和长效的眼光思考信息安全问题，坚持以改革开放求安全，坚持用改革的思路、发展的办法解决信息安全问题

随着信息安全对国家安全的影响日益增长，必须要从整个信息化的发展和国家安全的战略角度来认识信息安全问题，必须要认清国内外信息安全的新变化、新特点、新趋势，深入分析当前形势下我国信息安全的突出问题，这样才能确保我国信息安全战略与我国国情保持一致，并不断完善和发展。要坚持以改革开放求安全，用新思路、新机制、新办法解决信息安全工作与信息化发展不相适应的问题，走出一条信息安全保障的新路子。信息安全是发展中的新问题，并随着信息化的发展变得突出。信息安全问题的解决不存在一成不变的模式，不存在普遍适用的解决方案，不存在一劳永逸的解决问题的技术和产品，这就要求在信息安全工作中必须坚持与时俱进，开拓创新。多年来，我们在信息安全工作中形成了一套行之有效的制度，积累了许多宝贵的经验。但同时我们必须认识到，一些思想观念、政策规定、管理方法还不能完全适应形势的发展，对此我们应该积极加以研究，逐步加以完善和提高。

二、研究与实践相结合，走顶层设计、总体安排、试点推广的路线

在我国近几年信息安全保障工作的实践中，电子政务的信息安全保障、风险评估、等级保护等相关工作，不仅可以对已制定的文件进行验证，而且也为下一步解决试点工作中出现的问题，对相关政策文件加以改进提供了必需的基础准备。实施这条路线的重要前提，就是信息安全工作要抓好顶层设计。具体讲就是，政策、战略、法律都是信息安全工作中非常重要的部分。目前，我国信息安全的政策框架已经基本形成。

三、实事求是，从实际出发，统筹兼顾，突出重点，推进信息安全保障工作

实事求是，一切从实际出发，是我党的思想路线，也是对信息安全保障工作的基本要求。在近几年的信息安全保障工作实践中，这是一条贯穿始终的思想路线和工作原则。信息安全保障工作要遵从信息化建设和经济社会发展的客观规律，要符合我国的当前国情和发展阶段。推进信息安全保障工作要正视现实，结合实际，区分轻重缓急，从实际需求出发，在现有的基础条件下，突出重点，按照需要，务实推进，综合平衡信息安全风险和建设成本，将有限的资源用到最急需的地方，以发挥实效，这才是信息安全保障工作的基本思路。坚持统筹兼顾、突出重点，统筹信息化发展与信息安全保障，统筹信息安全技术与管理，统筹经济效益与社会效益，统筹当前利益和长远利益，统筹中央和地方。我国的信息化发展很不平衡，各地区、各部门处于信息化发展的不同阶段，面临的信息安全形势和问题也有较大差别，必须从各自的实际出发，确定工作重点，进行信息安全建设和管理。

四、要坚持管理与技术并重，通过科学管理来弥补技术上的不足

要坚持管理与技术并重，大力发展信息安全高技术，保障坚实的物质基础和先进的技术手段，同时也要着力提高信息安全管理水平。信息安全保障是高技术的对抗，从长远来看，解决信息安全问题还是要靠信息安全高技术和相关产品，这是信息安全保障的物质基础，也为信息安全管理提供手段和支持，从而大大降低管理成本，提高管理效率。没有必要的技术支撑，没有一定的产业基础，信息安全保障就无从谈起。要花大力气发展信息安全高技术，努力掌握一批自主可控的关键技术和相关核心技术，并加快产业化进程，推动产业发展，掌握信息安全保障的主动权。

同时要看到，科学的管理是信息安全技术转化为信息安全保障能力的必要条件，也是弥补技术不足的重要途径。如果缺乏严格的管理，再好的技术和产品也难以发挥作用。特别是在核心技术和关键设备还相对落后的情况下，

我们更需要充分发挥我们的政治优势、制度优势，通过科学管理来弥补技术上的不足。

五、努力调动各方面积极性，注重群体智慧，充分发挥专家作用

网络时代的开源式开发，是集中群体智慧的办法。群体智慧能够产生巨大的商业价值，我们要善于对多数人的"潜在创造力"加以利用。然而群体中每个人的智慧如何能形成合力，这个价值如何能形成价值链，则需要主管部门发挥自己在这个价值链中的汇聚作用，必须坚持总揽全局、协调各方，充分调动社会各界参与的积极性，依靠行业、依靠产业、依靠群众，尤其要重视群众力量，充分发挥专家作用，这是我国信息安全保障实践得以保持科学性和客观性的重要保障。

六、坚持以防为主、注重应急的原则做好信息安全保障工作

信息安全应急处理是信息安全保障的关键环节，必须坚持以防为主、注重应急的原则做好信息安全保障工作。应该认识到，信息安全工作不存在绝对的安全，关键在于如何预防和控制风险，并在发生信息安全事故或事件时最大限度地减少损失，尽快使网络和系统恢复正常。实践证明，信息安全应急处置工作关键在于做好预案，明确分工，明确责任，明确操作流程，明确临机处置的权限，一旦出现事故严格按预案操作。

七、积极吸收国外经验，坚持中国特色和自主创新

发达国家的现代信息系统应用早，使用范围广，信息安全问题暴露得也多。所以，他们对这些问题的重视程度与研究都走在世界的前列。我们在实践中可以借他山之石以攻玉。我国的信息化工作起步较晚，但是互联网是没有国界的，在互联网上使用的产品是可以互联互通的。从我国接入互联网的那一天起，在互联网上产生的信息安全问题就同样在威胁着我国的网络，所以借鉴国外成熟的、先进的经验，发展我国的信息化建设事业是十分必要的。

在吸收外国经验的同时，全力提高自主创新能力是核心，也是关键。当今世界科技发展日新月异，要想在激烈的科技竞争中立于不败之地，就需要全面提高自主创新能力。"自主创新、持续发展"的主题，既是对我国建立国家创新体系战略的高度总结，同时也是对信息安全事业发展内在规律的准确把握。只有加强原始创新能力和集成创新能力，我们才可能实现跨越式发展；只有准确把握世界科技发展趋势，积极促进自主科技成果转化和产业化，我们才可能实现可持续发展。

八、重视信息安全保障的人才培养

人才是信息安全保障工作的关键。信息安全保障工作的专业性、技术性很强，没有一批政治素质高、业务能力强，具有信息网络知识、信息安全技术、法律知识和管理能力的复合型人才和专门人才，就不可能做好信息安全保障工作。应该从信息安全建设和管理对信息安全人才的实际需求出发，加快信息安全人才的培养，同时吸引并用好高素质的信息安全技术和管理人才，最大限度地发挥人才效益。要加强信息安全宣传和培训工作，提高全社会的信息安全意识，提高自觉维护网络秩序的自觉性，通过全社会的努力，共筑信息安全保障体系。

第二部分　信息安全标准与法律法规

学习单元 3

信息安全标准

☞ 【学习目的与要求】

通过本单元的学习，了解标准和标准化的基本概念及标准化的发展（特别是我国标准化的发展）；了解信息安全相关国际标准；了解我国信息安全标准体系框架；了解我国已颁布的信息安全国家标准（包括技术标准、管理标准、工程标准）。

第一节 标准化概述

一、标准和标准化的定义

（一）标准的定义

标准是"为在一定的范围内获得最佳秩序，对活动或其结果规定共同和重复使用的规则、指导原则或特性的文件。该文件经协商一致并经一个公认机构的批准"。标准是以特定形式发布，并作为共同遵守的准则或依据。

在《中华人民共和国标准化法》条文解释中，"标准"的含义是，对重复性事物和概念所作的统一规定。它以科学、技术和实践经验的综合成果为基础，经有关方面协商一致，由主管机构批准，以特定形式发布，作为共同遵守的准则和依据。

（二）标准化的定义

标准化是国民经济和社会发展的重要技术基础性工作。"十五"和"十一五"期间，我国标准化工作取得了令人瞩目的成绩，对于推动技术进步、规范市场秩序、提高产业和产品竞争力、促进国际贸易发挥了重要的作用。

所谓标准化，是指为在一定的范围内获得最佳秩序，对实际的或潜在的问题制定共同的和重复使用的规则的活动，是使标准在社会一定范围内得以推广，使不够标准状态转变成标准状态的一项科学活动。上述活动主要包括制定、发布及实施标准的过程。标准化的显著好处是改进产品、过程和服务的适用性，防止贸易壁垒，并便利技术合作。

对"标准化"的理解应该是：

1. 标准化是一项完整的活动，是一个过程。它包括制定标准，发布标准，贯彻实施标准，对标准的实施进行监督检查，并根据实施过程中产生的问题，进一步修订完善标准。

2. 标准化是贯穿入标准化全过程的信息资源。

3. 标准化的目的是取得社会效益和经济效益。

钱学森在《标准化和标准学研究》一文中指出："标准化也是一门系统工程，任务就是设计、组织和建立全国的标准体系，使它促进社会生产力的持续高速发展。"

二、标准化的分级和分类

（一）标准的分级

根据《中华人民共和国标准化法》规定，我国标准分为四级：国家标准、行业标准、地方标准和企业标准。国家标准是由全国专业标准化技术委员会负责起草、审查，并由国务院标准化行政主管部门统一审批、编号和发布，在全国范围内适用的标准，其他各级别标准不得与国家标准相抵触。行业标准是由国务院有关行政主管部门制订和审批，在国家的某个行业适用并公开发布的标准，行业标准须报国务院标准化行政主管部门备案。地方标准是由省、自治区、直辖市标准化行政主管部门制定，并报国务院标准化行政主管部门和国务院有关行政主管部门备案，在省、自治区、直辖市范围内适用并公开发布的标准。企业标准是针对企业范围内需要协调、统一的技术要求、管理要求和工作要求所制定的标准。企业标准是由企业制定，企业法人代表或法人代表授权的主管领导批准、发布，由企业法人代表授权的部门统一管理并报当地标准化行政主管部门和有关行政主管部门备案的在该企业内部适用的标准。

（二）标准的分类

关于标准的分类，目前我国比较通用的分类方法有四种：

1. 按标准发生作用的范围和审批标准的级别来分，分为国际标准、区域标准、国家标准、行业标准、地方标准和企业标准六类。

　　国际标准是由国际标准化组织或国际标准组织通过并公开发布的标准。该类标准由国际标准化组织或国际标准组织的技术委员会起草，发布后在世界范围内适用，作为世界各国进行贸易和技术交流的基本准则和统一要求。当前，国际标准制定者是指"国际标准化组织"（ISO）、"国际电工委员会"（IEC）和"国际电信联盟"（ITU），以及由 ISO 确认并公布的其他国际标准组织。例如"国际计量局"（BIPM）、"世界卫生组织"（WHO）和"世界气象组织"（WMO）等。

　　区域标准是由区域标准化组织或区域标准组织通过并公开发布的标准。这里的区域组织是仅指向世界特定地理、政治或经济范围内的有关国家标准化机构开放的标准化组织，例如"欧洲标准化委员会"（CEN）、"泛美标准委员会"（COPANT）和"太平洋地区标准会议"（PASC）等。

　　2. 按标准的约束性来分，分为强制性标准和推荐性标准两类。

　　强制性国家标准（标准代号以 GB 开头）是国家通过法律的形式明确要求对于一些标准所规定的技术内容和要求必须执行，不允许以任何理由或方式加以违反、变更的标准。强制性国家标准是保障人体健康和人身、财产安全的国家标准及法律和行政法规规定强制执行的标准。相对于强制性国家标准的其他标准则是推荐性国家标准。《中华人民共和国标准化法》规定，强制性标准，必须执行。不符合强制性标准的产品，禁止生产、销售和进口。推荐性标准，国家鼓励企业自愿采用。

　　3. 按标准在标准系统中的地位和作用来分，分为基础标准和一般标准两类。

　　基础标准是指一定范围内作为其他标准的基础并普遍使用的标准，具有广泛的指导意义，例如相对于强制性国家标准的《计算机信息系统安全保护等级划分准则》（GB17 859 - 1999）为基础标准。相对于基础标准的其他标准则为一般标准。

　　4. 按标准的专业性质来分，分为技术标准、管理标准和工作标准三大类：

　　（1）技术标准。对标准化领域中需要统一的技术事项所制定的标准称技术标准。技术标准是一个大类，可进一步分为：基础技术标准、产品标准、工艺标准、检验和试验方法标准、设备标准、原材料标准、安全标准、环境保护标准、卫生标准等。其中的每一类还可进一步细分，如技术基础标准还可再分为：术语标准、图形符号标准、数系标准、公差标准、环境条件标准、技术通则性标准等。

（2）管理标准。对标准化领域中需要协调统一的管理事项所制定的标准称管理标准。管理标准主要是对管理目标、管理项目、管理业务、管理程序、管理方法和管理组织所作的规定。

（3）工作标准。为实现工作（活动）过程的协调，提高工作质量和工作效率，对每个职能和岗位的工作制定的标准称工作标准。在中国建立了企业标准体系的企业里一般都制定工作标准。按岗位制定的工作标准通常包括：岗位目标（工作内容、工作任务）、工作程序和工作方法、业务分工和业务联系（信息传递）方式、职责权限、质量要求与定额、对岗位人员的基本技术要求、检查考核办法等内容。

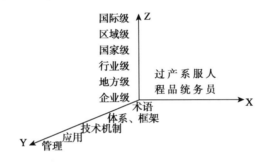

X轴代表标准化对象，Y轴代表标准化的内容，Z轴代表标准化的级别

图 3 - 1　标准化三维空间

三、标准化的发展

（一）古代标准化

标准化是人类由自然人进入社会共同生活实践的必然产物，它随着生产的发展、科技的进步和生活质量的提高而发生、发展，受生产力发展的制约，同时又为生产力的进一步发展创造条件。

人类从原始的自然人开始，在与自然的生存搏斗中为了交流感情和传达信息的需要，逐步出现了原始的语言、符号、记号、象形文字和数字，西安半坡遗址出土的陶钵口上刻画的符号可以说明它们的萌芽状态。元谋、蓝田、北京出土的石制工具说明原始人类开始制造工具，其样式和形状从多样走向统一，建筑洞穴和房舍对方圆高矮也提出了相应的要求。从第一次人类社会的农业、畜牧业分工中，由于物资交换的需要，要求人们遵守公平交换、等价交换的原则。这也就决定了度、量、衡单位和器具标准统一，逐步从用人体的特定部位或自然物转变为标准化的器物。当人类社会第二次产业大分工，即农业、手工业分化时,为了提高生产率,对工具和技术规范化就成了迫切要求。从遗世的青铜器、铁器上可以看出当时科学技术和标准化发展的水平,如春秋战国时期的《考工记》就有青铜冶炼配方、30 项生产设计规范和制造工艺要求,如用规校准轮子圆周,用平整的圆盘基面检验轮子的平直性,用垂线校验辐条的直线性,用水的浮力观察轮子的平衡,同时对用材、轴的坚固灵活、结构的坚固和适用等都作出了规定,不失为严密而科学的车辆质量标准。在工程建设上,如我国宋代李诫的《营造法式》等都对建筑材料和结构作出了规定。李时珍的《本草纲目》对药物、特性、制备工艺的描述可将其视为标准化"药典"。秦统一中国之后,用政令对量衡、文字、货币、道路、兵器进行大规模的标准化,用律令如《工律》、《金布律》、《田律》规定"与器同物者,其大小长短必等",是集古代工业标准化之大成。宋代毕昇发明的活字印刷术,运用了标准件、互换性、分解组合、重复利用等标准化原则,更是古代标准化的里程碑。

(二)近代标准化

标准化发展到近代,进入了以机器生产、社会化大生产为基础的近代标准化阶段。科学技术推动了工业的发展,同时也为标准化提供了大量生产实践经验,为之提供了系统实验手段,摆脱了凭直观和零散的形式对现象进行表述和总结经验的阶段,从而使标准化活动进入了定量的以实验数据为依据的科学阶段,并开始通过民主协商的方式在广阔的领域内推行工业标准化体系,将其作为提高生产率的途径。如 1789 年美国艾利·惠特尼在武器工业中用互换性原理来批量制备零部件,制定了相应的公差与配合标准;1834 年英国制定了惠物沃思"螺纹型标准",并于 1904 年以英国标准 BS84 颁布;1897年英国斯开尔顿建议在钢梁生产中实现生产规格和图纸统一,并促成了工程标准委员会的建立;1901 年英国标准化学会正式成立;1902 年英国纽瓦尔公司制定了公差和配合方面的公司标准——"极限表",这是最早出现的公差制,后来正式成为英国标准 BS27;1906 年国际电工委员会(IEC)成立;1911 年美国泰勒发表了《科学管理原理》,应用标准化方法制定"标准时间"和"作业"规范,在生产过程中实现标准化管理,提高了生产率,创立了科学管理理论;1914 年美国福特汽车公司运用标准化原理把生产过程的时空统一起来,创造了连续生产流水线;1927 年美国总统胡佛得出"标准化对工业化极端重要"的论断。此后,截至 1932 年,已有荷兰(1916 年)、菲律宾(1916 年)、德国(1917 年)、美国(1981 年)、瑞士(1918 年)、法国

(1918 年)、瑞典（1919 年）、比利时（1919 年）、奥地利（1920 年）、日本（1921 年）等 25 个国家相继成立了国家标准化组织。在此基础上，1926 年国际上成立了国家标准化协会国际联合会（ISA），标准化活动开始由企业行为步入国家管理，进而成为全球的事业，活动范围也从机电行业扩展到各行各业。标准化使生产的各个环节、各个分散的组织甚至于各个工业部门，扩散到全球经济的各个领域。标准化由保障互换性的手段，发展成为保障合理配置资源、降低贸易壁垒和提高生产力的重要手段。1947 年国际标准化组织正式成立，现在，世界上已有 100 多个国家成立了自己国家的标准化组织。

（三）现代标准化

在工业现代化进程中，由于生产和管理高度现代化、专业化、综合化，这就使现代产品或工程、服务具有明确的系统性和社会化。一项产品或工程、服务，往往涉及几十个行业、几万个组织及许多门的科学技术，如美国的"阿波罗计划"、"曼哈顿计划"，这也就使标准化活动更具有现代化特征。由于经济全球化的过程是不可逆转的，特别是信息技术高速发展和市场全球化的需要，因而要求标准化摆脱传统的方式和观念，不仅要以系统的理念处理问题，而且要尽快建立与经济全球化相适应的标准化体系，不仅工业标准化要适应产品多样化、中间（半成品）简单化（标准化）乃至零部件及要素标准化的辩证关系的需求，而且随着生产全球化和虚拟化的发展以及信息全球化的需要，组合化和接口标准化将成为标准化发展的关键环节；综合标准化、超前标准化的概念和活动将应运而生；标准化的特点从个体评价发展到整体、系统评价；标准化的对象从静态演变为动态、从局部联系发展到综合复杂的系统。现代标准化更需要运用方法论、系统论、控制论、信息论和行为科学理论的指导，以标准化参数最优化为目的，以系统最优化为方法，运用数字方法和电子计算技术等手段，建立与全球经济一体化、技术现代化相适应的标准化体系。目前，要遵循世界贸易组织贸易技术壁垒协定的要求，加强诸如国家安全、防止欺诈行为、保护人身健康和安全、保护动植物生命健康、保护环境以及能源利用、信息技术、生物工程、包装运输、企业管理等方面的标准化，为全球经济可持续发展提供标准化支持。

（四）我国标准化的发展沿革

新中国成立以来，党和国家非常重视标准化事业的建设和发展。

1949 年 10 月，中央技术管理局成立，内设标准化规格处。

1950 年，重工业部召开了首届全国钢铁标准化工作会议。

　　1955 年，中央制定的发展国民经济第一个五年计划中提出设立国家管理技术标准的机构和逐步制定国家统一技术标准的任务。

　　1957 年，在国家技术委员会内设标准局，开始对全国的标准化工作实行统一领导。同年，我国参加了国际电工委员会（IEC）。

　　1958 年，国家技术委员会颁布第一号国家标准 GB1－58《标准幅面与格式、首页、续页与封面的要求》。

　　1962 年，国务院发布我国第一个标准化管理法规《工农业产品和工程建设技术标准管理办法》。

　　1963 年 4 月，第一次全国标准化工作会议召开，编制了《1963～1972 年标准化发展规划》。同年 9 月，经国家科学技术委员会批准成立国家科学技术委员会标准化综合研究所。10 月，经文化部批准成立技术标准出版社。

　　截至 1966 年，我国已颁布国家标准 1000 多项。但在"文化大革命"期间，标准化事业同其他事业一样遭到严重破坏，1966 年～1976 年的 10 年间，仅颁布了 400 项国家标准。

　　1978 年 5 月，国务院成立了国家标准总局以加强标准化工作的管理。同年以中华人民共和国名义参加了国际标准化组织（ISO）。

　　1979 年第二次全国标准化工作会议召开，提出了"加强管理、切实整顿、打好基础、积极发展"的方针。同年 7 月，国务院颁发了《中华人民共和国标准化管理条例》，体现了为"四化"积极服务的指导思想；同年还在杭州召开了中国标准化协会首次代表大会。自 1979 年开始，国家标准化行政部门组建了 234 个全国专业标准化技术委员会，400 多个分技术委员会，有 25 000 多名各行各业专家、学者和标准化管理人员被聘为标准化技术委员会委员，有 100 多个标准化技术归口单位。

　　1988 年 7 月 19 日，国务院为了加强政府对技术、经济的监督职能，决定将国家标准局的国家计量局和国家经委质量局合并成立国家监督局。1998 年改名为国家质量技术监督局，直属国务院领导，统一管理全国标准化、计量、质量工作。1999 年，省以下质量技术监督部门实行垂直管理。

　　1988 年 12 月 29 日，第七届全国人大常委会第五次会议通过了《中华人民共和国标准化法》，并以国家主席令颁布，自 1989 年 4 月 1 日起施行，这标志着我国以经济建设为中心的标准工作开始进入法制管理的新阶段。国务院有关部门设有负责管理本部门、本行业的标准化管理机构；26 个部门及各省、直辖市、自治区质量技术监督机构成立了标准化研究及信息情报机构。

截至 1999 年底，我国已有国家标准 19 278 项，其中强制性国家标准有 2653 项（占国家标准的 13.8%），推荐性标准有 16 625 项；依法备案的行业标准有 30 000 项（其中强制性标准约占 10%）；地方标准有近 9000 项，依法备案的企业标准约有 35 万项。基本形成了以国家标准为主，行业标准、地方标准衔接配套的标准体系。标准的覆盖范围已从传统的工农业产品、工程建设向高新技术、信息产业、环境保护、职业卫生、安全与服务等领域扩展，同时在农业标准化、信息技术标准化、能源标准化以及企业标准化和消灭无标生产等多项工作方面都取得较好进展。为适应经济全球化的需要，把采用国际标准和国外先进标准作为我国重要的技术政策，国家标准中有 43.6% 的标准不同程度地采用了国际标准和国外先进标准，重点行业的国际标准采用率已达 60%，一些重要产品已按国际标准和国外先进标准组织生产。标准化工作已对提高我国产品质量、工程质量和服务质量，规范市场秩序，发展对外贸易，促进国民经济持续快速健康发展发挥了重要保证和技术支持作用。

（五）信息技术标准的发展趋势

随着信息技术的飞速发展，特别是 Internet 的广泛利用，全面推动了信息的全球化，人类社会进入了一个新的时代——信息时代。信息技术标准有以下几点发展趋势：

1. 标准逐步从技术驱动向市场驱动转变。信息技术标准过去总是由于新技术或新产品的出现而导出，标准的需求来源于技术和产品的发展；全球信息社会的建设，使得社会各个方面的需求骤增，而以市场驱动为主要动力的信息社会的发展，使得信息技术标准由技术驱动向市场驱动快速转变。

2. 信息技术标准化机构由分散走向联合。如 ISO、IEC、IETF、OMG 等机构一方面积极听取工业、政府、用户等各方面对标准化的急迫需求，另一方面都在建立信息过程中，注重彼此之间建立相应的联系，避免工作交叉和竞争。许多标准制定组织正在制定合作机制，共同制定信息技术标准。各组织都在逐步使自己更加开放，由分散走向联合。

3. 信息技术标准化的内容更加广泛，重点更加突出，从 IT 技术领域向社会各个领域渗透，涉及教育、文化、医疗、交通、商务等广泛领域，需求大量增加。从技术角度看，IT 标准化的重点将放在网络接口、软件接口、信息格式安全等方面，并向以技术中立为前提、以互操作为目的的方向发展。

第二节　信息安全国际标准

一、国际标准体系简介

国际标准是指由国际标准化组织或国际标准组织通过并公开发布的标准。该类标准由国际标准化组织或国际标准组织的技术委员会起草，发布后在世界范围内适用，作为世界各国进行贸易和技术交流的基本准则和统一要求。当前，国际标准制定者是指"国际标准化组织"（ISO）、"国际电工委员会"（IEC）和"国际电信联盟"（ITU），以及 ISO 确认并公布的其他国际标准组织。例如，"国际计量局"（BIPM）、"世界卫生组织"（WHO）和"世界气象组织"（WMO）等。目前，国际上比较有影响的信息安全标准体系主要有：

1. ISO/IEC 的国际标准 13335、17799、27001 系列；

2. 美国国家标准和技术委员会（NIST）的特别出版物系列；

3. 英国标准协会（BSI）的 7799 系列。

二、国际标准 ISO/IEC

国际标准 ISO/IEC 是国际上最权威的由国际标准化组织（ISO）和国际电工委员会（IEC）所制定的国际标准。

ISO 和 IEC 是世界范围的标准化组织，它由各个国家和地区的成员组成，各国的相关标准化组织都是其成员，他们通过各自的技术委员会，参与相关标准的制定。

为了更好地协作和共同规范信息技术领域，国际标准化组织（ISO）和国际电工委员会（IEC）成立了联合技术委员会，即 ISO/IEC JTC1，负责信息技术领域的标准化工作。其中的子委员会 27（ISO/IEC JTC1 SC27）专门负责 IT安全技术领域的标准化工作。ISO/IEC 联合技术委员会 JTC1 子委员会 27（ISO/IEC JTC1 SC27）是信息安全领域最权威的和国际认可的标准化组织，它已经为信息安全领域发布了一系列的国际标准和技术报告，为信息安全领域的标准化工作做出了巨大贡献。

在 ISO/IEC JTC1 SC27 所发布的标准和技术报告中，目前最主要的标准是ISO/IEC 13335、ISO/IEC 17799：2005、ISO/IEC 27001：2005 等。

另外，ISO/IEC JTC1 SC27 正在对信息安全管理系统（ISMS）国际标准族进行开发，此标准族将采用 27000 系列号码作为编号方案，并将综合信息安全管理系统要求、风险管理、度量和测量以及实施指南等一系列国际标准。

随着 ISO/IEC 27000 系列标准的规划和发布，ISO/IEC 已形成了以 ISMS 为核心的一整套信息安全管理体系。

2005 年，ISO/IEC 在信息安全管理标准的主要发展趋势是：改版 ISO/IEC 17799，并正式发布 ISO/IEC 17799：2005。ISO/IEC 17799 建立了组织机构内启动、实施、维护和改进信息安全管理的指导方针和通用原则。

此外，ISO/IEC 13335 将从原先的技术报告变为正式的国际标准。ISO/IEC 13335 是 ISO/IEC JTC1 SC27 中关于风险管理、IT 安全管理的一个重要的标准系列。ISO/IEC 13335 另一个重要的变动是从原先包含五部分的技术报告，变动为现在重新立项的包含两部分的国际标准，即信息和通信技术安全管理标准。

还有，ISO/IEC 将采用 27000 系列号码作为编号方案，将原先所有的信息安全管理标准进行综合，并进行进一步的开发，形成一整套包括 ISMS 要求、风险管理、度量和测量以及实施指南等在内的信息安全管理体系。

三、信息安全国际标准介绍

（一）ISO/IEC 13335

ISO/IEC TR 13335，被称作"IT 安全管理指南"（Guidelines for the Management of IT Security，GMITS），新版称作"信息和通信技术安全管理"（Management of Information and Communications Technology Security，MICTS），是 ISO/IEC JTC1 制定的技术报告，是一个关于 IT 安全管理的指南。其目的是给出如何有效地实施 IT 安全管理的建议和指南，而不是解决方案。

ISO/IEC TR 13335 系列标准（旧版）– GMITS，由五部分标准组成：

ISO/IEC13335 – 1：1996《IT 安全的概念与模型》；

ISO/IEC13335 – 2：1997《IT 安全管理与策划》；

ISO/IEC13335 – 3：1998《IT 安全管理技术》；

ISO/IEC13335 – 4：2000《防护措施的选择》；

ISO/IEC13335 – 5：2001《网络安全管理指南》。

目前，ISO/IEC 13335 – 1：1996 已经被新的 ISO/IEC 13335 – 1：2004（MICTS 第一部分：信息和通信技术安全管理的概念和模型）所取代；ISO/IEC 13335 – 2：1997 也将被正在开发的 ISO/IEC 13335 – 2（MICTS 第二部分：信息安全风险管理）所取代。ISO/IEC 13335.1 最新版本于 2006 年 1 月 1 日颁布实施。

ISO/IEC TR 13335 只是一个技术报告和指导性文件，并不是可依据的认证标准，信息安全体系建设参考 ISO/IEC 27001：2005、IOS/IEC 27002：2007，具体实践参考 ISO TR 13335。

（二）ISO/IEC 17799：2005

1. ISO/IEC 17799：2005 概述。ISO/IEC 17799：2005《信息技术—安全技术—信息安全管理实用规则》描述了信息安全管理领域的最佳实例，该管理标准提供了组织信息安全管理的最佳实践指导。

ISO/IEC 17799 是组织一个关键的管理工具，它可以用来识别管理和减小对组织信息安全的威胁。企业的信息如产品定价、客户信息、研究成果、市场开发计划或发展战略等是企业赖以生存的宝贵财富。当一个组织与另一个组织合作的时候，对信息的保护尤为重要。当组织要把保密的信息与另一组织分享的时候，应当肯定对方是否能够保证该信息的安全，同样地也应该保证对方的敏感信息的安全。

ISO/IEC 17799 是从 BS7799 转换来的，目前 ISO17799 的最新版本是 ISO/IEC 17799：2005，它包含了 39 个控制目标，133 个安全控制措施来帮助组织识别在运作过程中对信息安全有影响的元素。这 133 个控制措施被分成 11 个方面，成为组织实施信息安全管理的实用指南。这 11 个方面分别是：

（1）安全方针（Security Policy）：包括信息安全方针文件和信息安全方针复查，为信息安全提供管理指导和支持。

（2）信息安全组织（Security Organization）：包括在组织内建立发起和控制信息安全实施的管理框架；协调与外部组织的关系，保障组织的信息安全。

（3）资产管理（Asset Management）：明确资产责任，保持对组织资产的适当保护；建立资产清单，进行信息分类与分级，确保信息资产受到适当的保护。

（4）人力资源安全（Human Resources Security）：在工作说明和资源方面，减少因人为错误、盗窃、欺诈和实施误用造成的风险；加强用户培训，确保用户清楚知道信息安全的危险性和相关事宜，以便他们在日常工作中支持组织的安全方针；制定安全事件或故障的响应程序，减少由安全事件和故障造成的损失，监控安全事件并从此类事件中吸取教训。

（5）物理与环境安全（Physical and Environmental Security）：确定安全区域，防止非授权访问、破坏、干扰业务场所和信息；通过保障设备安全，防止资产的丢失、破坏、资产危害及业务活动的中断；采用通用的控制方式，防止信息或信息处理设施损坏或失窃。

(6) 通信与运营管理 (Communications and Operations Management): 明确运营程序及其职责, 确保信息处理设施的正确、安全操作; 加强系统策划与验收, 减少系统失效的风险; 防范恶意软件攻击和破坏, 以保持软件和信息的完整性; 加强内务管理, 以保持信息处理和通讯服务的完整性和有效性; 通过加强网络管理, 确保网络中的信息安全及其辅助设施受到保护; 通过保护媒体处置的安全, 防止资产损坏和业务活动的中断; 通过加强信息与软件交换的控制, 防止组织间信息在交换时发生丢失、更改和误用。

(7) 访问控制 (Access Control): 按照组织的业务要求, 控制信息访问, 明确用户信息安全责任; 加强对网络、操作系统、应用程序、移动式计算设备和传真等的访问控制, 监控系统的访问情况, 及时发现违反组织信息安全方针和访问控制方针的情况。

(8) 信息系统获取、开发与维护 (Information Systems Acquisition, Development and Maintenance): 明确系统安全要求, 确保安全性已构成信息系统的一部分; 加强应用系统的安全, 防止应用系统用户数据的丢失、被修改或误用; 加强密码技术控制, 确保信息的保密性、可靠性和完整性; 加强系统文件的安全, 确保 IT 项目工程及其支持活动是在安全的方式下进行的; 加强开发和支持过程的安全, 确保应用程序软件和数据的安全。

(9) 信息安全事故管理 (Information Incident Management): 保证与信息系统相关联的信息安全事件和弱点的沟通, 及时响应, 从而及时采取纠正措施; 通过建立正式的报告和升级程序, 使所有的员工、合同方和第三方用户都清楚了解可能对组织的安全构成威胁的不同类型的事件和缺陷的报告程序; 确保尽快将所有的信息安全事件和弱点向指定的联系点报告。

(10) 业务持续性管理 (Business Continuity Management): 防止业务活动的中断, 保护关键业务过程不受重大失误或灾难事件的影响, 包括业务连续性计划的制订、演习、审核和改进。

(11) 符合性 (Compliance): 符合法律法规要求, 避免与刑法、民法、有关法律法规或合同要求相抵触; 加强安全方针和技术符合性评审, 确保体系按照组织的安全方针及标准执行; 系统审核考虑因素, 使效果最大化, 并使系统审核过程的影响最小化。

以上 11 个方面中, 除了访问控制、信息系统获取、开发与维护、通信与运营管理这几个方面跟技术关系较为紧密之外, 其他方面更侧重于组织整体的管理和运营操作,信息安全的"三分靠技术、七分靠管理"、"管理与技术并重"等理念在这里得到了较好的体现。

虽然标准从这 11 个方面列举了 133 个安全控制措施、500 个左右的子控制点,但这并非信息安全控制措施的全部。标准声明并不是所有的控制都适合任何组织,组织可以根据自己的实际情况选择使用,组织还可以根据需要增加标准以外的控制措施来实现组织的信息安全目标。

2. 涉及的术语及其定义。本标准采用以下术语和定义:

(1) 资产 (asset):对组织有价值的任何东西。

(2) 控制措施 (control):管理风险的方法,包括方针(策略)、规程、指南、惯例或组织结构。它们可以是行政、技术、管理、法律等方面的。

(3) 指南 (guideline):阐明应做什么和怎么做以达到方针策略中制定的目标的描述。

(4) 信息处理设施 (information processing facilities):任何信息处理系统、服务或基础设施,或放置它们的场所。

(5) 信息安全 (information security):保护信息的保密性、完整性、可用性及其他属性,诸如真实性、可核查性、不可否认性和可靠性等。

(6) 信息安全事态 (information security event):信息安全事态是指系统、服务或网络的一种可识别的状态的发生,它可能是对信息安全策略的违反或防护措施的失效,或是和安全关联的一个先前未知的状态。

(7) 信息安全事件 (information security incident):一个信息安全事件由单个或一系列的有害或意外信息安全事态组成,它们具有损害业务运作和威胁信息安全的极大的可能性。

(8) 方针 (policy):管理者正式发布的总的宗旨和方向。

(9) 风险 (risk):事态的概率及其结果的组合。

(10) 风险分析 (risk analysis):系统地使用信息来识别风险来源和估计风险。

(11) 风险评估 (risk assessment):风险分析和风险评价的整个过程。

(12) 风险评价 (risk evaluation):将估计的风险与给定的风险准则加以比较以确定风险严重性的过程。

(13) 风险管理 (risk management):指导和控制与一个组织相关风险的协调活动。风险管理一般包括风险评估、风险处理、风险接受和风险沟通。

(14) 风险处理 (risk treatment):选择并且执行措施来更改风险的过程。

（15）第三方（third party）：就所涉及的问题被公认为是独立于有关各方的个人或机构。

（16）威胁（threat）：可能导致对系统或组织的损害的不期望事件发生的潜在原因。

（17）脆弱性（vulnerability）：可能会被一个或多个威胁所利用的资产或一组资产的弱点。

3. ISO/IEC 17799：2005 的基本结构。本标准的主体部分包括 11 个安全控制措施的章节、39 个控制目标、133 个安全控制措施，这些组成了本标准的基本结构，如表 3-1 所示（为便于读者阅读，表中编号均采用标准原文中的编号）。

表 3-1　ISO/IEC 17799：2005 的基本结构

章节	控制目标	控制措施
5. 信息安全方针	5.1 信息安全方针	5.1.1 信息安全方针文件
		5.1.2 信息安全方针评审
6. 信息安全组织	6.1 内部组织	6.1.1 信息安全的管理承诺
		6.1.2 信息安全协调
		6.1.3 信息安全职责的分配
		6.1.4 信息处理设施的授权过程
		6.1.5 保密性协议
		6.1.6 与政府部门的联系
		6.1.7 与特定利益集团的联系
		6.1.8 信息安全的独立评审
	6.2 外部组织	6.2.1 与外部各方相关风险的识别
		6.2.2 处理与顾客有关的安全问题
		6.2.3 处理第三方协议中的安全问题
7. 资产管理	7.1 资产责任	7.1.1 资产清单
		7.1.2 资产责任人
		7.1.3 资产的合格使用
	7.2 信息分类	7.2.1 分类指南
		7.2.2 信息的标记和处理

续表

章节	控制目标	控制措施
8. 人力资源安全	8.1 任用之前	8.1.1 角色和职责
		8.1.2 审查
		8.1.3 任用条款和条件
	8.2 任用中	8.2.1 管理职责
		8.2.2 信息安全意识、教育和培训
		8.2.3 纪律处理过程
	8.3 任用的终止或变化	8.3.1 终止职责
		8.3.2 资产的归还
		8.3.3 撤销访问权
9. 物理和环境安全	9.1 安全区域	9.1.1 信息物理安全边界
		9.1.2 物理入口控制
		9.1.3 办公室、房间和设施的安全保护
		9.1.4 外部和环境威胁的安全防护
		9.1.5 在安全区域工作
		9.1.6 公共访问、交接区安全
	9.2 设备安全	9.2.1 设备安置和保护
		9.2.2 支持性设施
		9.2.3 布缆安全
		9.2.4 设备维护
		9.2.5 组织场所外的设备安全
		9.2.6 设备的安全处置和再利用
		9.2.7 资产的移动
10. 通信和操作管理	10.1 操作程序和职责	10.1.1 文件化的操作程序
		10.1.2 变更管理
		10.1.3 责任分割
		10.1.4 开发、测试和运行设施分离
	10.2 第三方服务交付管理	10.2.1 服务交付
		10.2.2 第三方服务的监视和评审
		10.2.3 第三方服务的变更管理

续表

章节	控制目标	控制措施
10. 通信和操作管理	10.3 系统规划和验收	10.3.1 容量管理
		10.3.2 系统验收
	10.4 防范恶意和移动代码	10.4.1 控制恶意代码
		10.4.2 控制移动代码
	10.5 备份	10.5.1 信息备份
	10.6 网络安全管理	10.6.1 网络控制
		10.6.2 网络服务安全
	10.7 介质处置	10.7.1 可移动介质的管理
		10.7.2 介质的处置
		10.7.3 信息处理程序
		10.7.4 系统文件安全
	10.8 信息交换	10.8.1 信息交换策略和程序
		10.8.2 交换协议
		10.8.3 运输中的物理介质
		10.8.4 电子消息发送
		10.8.5 业务信息系统
	10.9 电子商务服务	10.9.1 电子商务
		10.9.2 在线交易
		10.9.3 公共可用信息
	10.10 监视	10.10.1 审计日志
		10.10.2 监视系统的使用
		10.10.3 日志信息的保护
		10.10.4 管理员和操作员日志
		10.10.5 故障日志
		10.10.6 时钟同步
11. 访问控制	11.1 访问控制的业务要求	11.1.1 访问控制策略
	11.2 用户访问管理	11.2.1 用户注册
		11.2.2 特殊权限管理
		11.2.3 用户口令管理
		11.2.4 用户访问权的复查

续表

章节	控制目标	控制措施
11. 访问控制	11.3 用户职责	11.3.1 口令使用
		11.3.2 无人值守的用户设备
		11.3.3 清空桌面和屏幕策略
	11.4 网络访问控制	11.4.1 使用网络服务的策略
		11.4.2 外部连接的用户鉴别
		11.4.3 网络上的设备标识
		11.4.4 远程诊断和配置端口的保护
		11.4.5 网络隔离
		11.4.6 网络连接控制
		11.4.7 网络路由控制
	11.5 操作系统访问控制	11.5.1 安全登录程序
		11.5.2 用户标识和鉴别
		11.5.3 口令管理系统
		11.5.4 系统实用工具的使用
		11.5.5 会话超时
		11.5.6 联机时间的限定
	11.6 应用和信息访问控制	11.6.1 信息访问限制
		11.6.2 敏感系统隔离
	11.7 移动计算和远程工作	11.7.1 移动计算和通信
		11.7.2 远程工作
12. 信息系统获取、开发与维护	12.1 信息系统的安全要求	12.1.1 安全要求分析和说明
	12.2 应用中的正确处理	12.2.1 输入数据验证
		12.2.2 内部处理的控制
		12.2.3 消息完整性
		12.2.4 输出数据验证
	12.3 密码控制	12.3.1 使用密码控制的策略
		12.3.2 密钥管理

章节	控制目标	控制措施
12. 信息系统获取、开发与维护	12.4 系统文件的安全	12.4.1 运行软件的控制
		12.4.2 系统测试数据的保护
		12.4.3 对程序源代码的访问控制
	12.5 开发和支持过程中的安全	12.5.1 变更控制程序
		12.5.2 操作系统变更后应用的技术评审
		12.5.3 软件包变更的限制
		12.5.4 信息泄露
		12.5.5 外包软件开发
	12.6 技术脆弱性管理	12.6.1 技术脆弱性的控制
13. 信息安全事件管理	13.1 报告信息安全事态和弱点	13.1.1 报告信息安全事态
		13.1.2 报告安全弱点
	13.2 信息安全事件和改进的管理	13.2.1 职责和程序
		13.2.2 对信息安全事件的总结
		13.2.3 证据的收集
14. 业务连续性管理	14.1 业务连续性管理的信息安全方面	14.1.1 业务连续性管理过程中包含的信息安全
		14.1.2 业务连续性和风险评估
		14.1.3 制定和实施包含信息安全的连续性计划
		14.1.4 业务连续性计划框架
		14.1.5 测试、维护和再评估业务连续性计划
15. 符合性	15.1 符合法律要求	15.1.1 可用法律的识别
		15.1.2 知识产权（IPR）
		15.1.3 保护组织的记录
		15.1.4 数据保护和个人信息的隐私
		15.1.5 防止滥用信息处理设施
		15.1.6 密码控制措施的规则
	15.2 符合安全策略和标准以及技术符合性	15.2.1 符合安全策略和标准
		15.2.2 技术符合性检查
	15.3 信息系统审核考虑	15.3.1 信息系统审核控制措施
		15.3.2 信息系统审核工具的保护

4. ISO/IEC 17799：2005 的主要内容。以下分 11 个小节（从 4 - 5 到 4 - 15 节）分别介绍标准主体部分 11 个方面的具体内容，其中编号均采用标准原文中的编号。

4-5 信息安全方针

5.1 信息安全方针

目标：依据业务要求和相关法律法规提供管理指导并支持信息安全。

管理者应根据业务目标制定清晰的方针指导，并通过在整个组织中颁布和维护信息安全方针来表明对信息安全的支持和承诺。

5.1.1 信息安全方针文件

控制措施

信息安全方针文件应由管理者批准、发布并传达给所有员工和外部相关方。

实施指南

信息安全方针文件应说明管理承诺，并提出组织管理信息安全的方法。方针文件应包括以下声明：

a）信息安全、整体目标和范围的定义，以及在允许信息共享机制下安全的重要性（见引言）。

b）管理者意图的声明，以支持符合业务战略和目标的信息安全目标和原则。

c）设置控制目标和控制措施的框架，包括风险评估和风险管理的结构。

d）对组织特别重要的安全方针策略、原则、标准和符合性要求的简要说明，包括：

1）符合法律法规和合同要求；

2）安全教育、培训和意识要求；

3）业务连续性管理；

4）违反信息安全方针的后果。

e）信息安全管理（包括报告信息安全事件）的一般和特定职责的定义。

f）对支持方针的文件的引用，例如，特定信息系统的更详细的安全方针策略和程序，或用户应遵守的安全规则。

应以预期读者适合的、可访问的和可理解的形式将本信息安全方针传达给整个组织的用户。

其他信息

信息安全方针可能是总体方针文件的一部分。如果信息安全方针在组织外进行分发，应注意不要泄露敏感信息。更多信息参见 ISO/IEC 13335 - 1：2004。

5.1.2 信息安全方针评审

控制措施

应按计划的时间间隔或当重大变化发生时进行信息安全方针评审，以确保它持续的适宜性、充分性和有效性。

实施指南

信息安全方针应有专人负责，其负有安全方针制定、评审和评价的管理职责。评审应包括评估组织信息安全方针改进的机会，和管理信息安全适应组织环境、业务状况、法律条件或技术环境变化的方法。

信息安全方针评审应考虑管理评审的结果。应定义管理评审程序，包括时间表或评审周期。

管理评审的输入应包括以下信息：

a）相关方的反馈；

b）独立评审的结果（见6.1.8）；

c）预防和纠正措施的状态（见6.1.8和15.2.1）；

d）以往管理评审的结果；

e）过程执行情况和信息安全方针符合性；

f）可能影响组织管理信息安全的方法的变更，包括组织环境、业务状况、资源可用性、合同、规章，和法律条件或技术环境的变更；

g）威胁和脆弱性的趋势；

h）已报告的信息安全事件（见13.1）；

i）相关专家的建议（见6.1.6）。

管理评审的输出应包括与以下方面有关的任何决定和措施：

a）组织管理信息安全的方法和它的过程的改进；

b）控制目标和控制措施的改进；

c）资源和职责分配的改进；

d）管理评审的记录应被维护；

e）应获得管理者对修订的方针的批准。

4–6 信息安全组织

6.1 内部组织

目标：在组织内管理信息安全。

应建立管理框架，以启动和控制组织范围内的信息安全的实施。

管理者应批准信息安全方针、指派安全角色以及协调和评审整个组织安全的实施。

若需要，要在组织范围内建立专家信息安全建议库，并在组织内可用。要发展与外部安全专家或组织（包括相关权威人士）的联系，以便跟上行业趋势、跟踪标准和评估方法，并且当处理信息安全事件时，提供合适的联络点。应鼓励采用多学科的方法，解决信息安全问题。

6.1.1 信息安全的管理承诺

控制措施

管理者应通过清晰的说明、可证实的承诺、明确的信息安全职责分配及确认，来积极支持组织内的安全。

实施指南

管理者应：

a）确保信息安全目标得以识别，满足组织要求，并已被整合到相关过程中；

b）制定、评审、批准信息安全方针；

c）评审信息安全方针实施的有效性；

d）为安全启动提供明确的方向和管理者明显的支持；

e）为信息安全提供所需的资源；

f）批准整个组织内信息安全专门的角色和职责分配；

g）启动计划和程序来保持信息安全意识；

h）确保整个组织内的信息安全控制措施的实施是相互协调的（见6.1.2）。

管理者应识别对内外部专家的信息安全建议的需求，并在整个组织内评审和协调专家建议结果。

根据组织的规模不同，这些职责可以由一个专门的管理协调小组或由一个已存在的机构（例如董事会）承担。

其他信息

更多内容可参考 ISO/IEC 13335 – 1：2004。

6.1.2 信息安全协调

控制措施

信息安全活动应由来自组织不同部门并具备相关角色和工作职责的代表进行协调。

实施指南

典型的信息安全协调应包括管理人员、用户、行政人员、应用设计人员、审核员和安全专员，以及保险、法律、人力资源、IT 或风险管理等领域专家的协调和协作。这些活动应：

a）确保安全活动的实施与信息安全方针相一致；

b）确定如何处理不符合项；

c）核准信息安全的方法和过程，例如风险评估、信息分类；

d）识别重大的威胁变更和暴露于威胁下的信息和信息处理设施；

e）评估信息安全控制措施实施的充分性和协调性；

f）有效地促进整个组织内的信息安全教育、培训和意识；

g）评价在信息安全事件的监视和评审中获得的信息，推荐适当的措施响应识别的信息安全事件。

如果组织没有使用一个独立的跨部门的小组，例如假设这样的小组对组织规模来说是不适当的，那么上面描述的措施应由其他合适的管理机构或单独管理人员实施。

6.1.3 信息安全职责的分配

控制措施

所有的信息安全职责应予以清晰地定义。

实施指南

信息安全职责的分配应和信息安全方针（见 5.1）相一致。各个资产的保护和执行特定安全过程的职责应被清晰的识别。这些职责应在必要时加以补充，来为特定地点和信息处理设施提供更详细的指南。资产保护和执行特定安全过程（例如业务连续性计划）的局部职责应予以清晰地定义。

被分配有安全职责的人员可以将安全任务委托给其他人员。尽管如此，委托人员仍然负有责任，并且他们应能够确定任何被委托的任务是否已被正确地执行。

个人负责的领域要予以清晰地规定；特别是，应进行下列工作：

a）与每个特殊系统相关的资产和安全过程应予以识别并清晰地定义；

b）应分配每一资产或安全过程的实体职责，并且该职责的细节应形成文件（见7.1.2）；

c）授权级别应清晰地予以定义，并形成文件。

其他信息

在许多组织中，将任命一名信息安全管理人员全面负责安全的开发和实施，并支持控制措施的识别。

然而，提供控制措施资源并实施这些控制措施的职责通常归于各个管理人员。一种通常的做法是对每一资产指定一名责任人，由其对该信息资产的日常保护负责。

6.1.4　信息处理设施的授权过程

控制措施

新信息处理设施应定义和实施一个管理授权过程。

实施指南

授权过程应考虑下列指南：

a）新设施要有适当的用户管理授权，以批准其用途和使用；还要获得负责维护本地系统安全环境的管理人员授权，以确保所有相关的安全方针策略和要求得到满足；

b）若需要，硬件和软件应进行检查，以确保它们与其他系统组件兼容；

c）使用个人或私有信息处理设施（例如便携式电脑、家用电脑或手持设备）处理业务信息，可能引起新的脆弱性，因此应识别和实施必要的控制措施。

6.1.5 保密性协议

控制措施

应识别并定期评审反映组织信息保护需要的保密性或不泄露协议的要求。

实施指南

保密或不泄露协议应使用合法可实施条款来解决保护机密信息的要求。要识别保密或不泄露协议的要求，需考虑下列因素：

a）定义要保护的信息（如机密信息）；

b）协议的期望持续时间，包括不确定的需要维持保密性的情形；

c）协议终止时所需的措施；

d）为避免未授权信息泄露的签署者的职责和行为（即"需要知道的"）；

e）信息所有者、商业秘密和知识产权，以及他们如何与机密信息保护相关联；

f）机密信息的许可使用，及签署者使用信息的权力；

g）对涉及机密信息的活动的审核和监视权力；

h）未授权泄露或机密信息破坏的通知和报告过程；

i）关于协议终止时信息归档或销毁的条款；

j）违反协议后期望采取的措施。

基于一个组织的安全要求，在保密性或不泄露协议中可能需要其他因素。

保密性和不泄露协议应针对它适用的管辖范围（见15.1.1）遵循所有适用的法律法规。

保密性和不泄露协议的要求应进行周期性评审，当发生影响这些要求的变更时，也要进行评审。

其他信息

保密性和不泄密协议保护组织信息，并告知签署者他们的职责，以授权、负责的方式保护、使用和公开信息。

对于一个组织来说，可能需要在不同环境中使用保密性或不泄密协议的不同格式。

6.1.6 与政府部门的联系

控制措施

应保持与政府相关部门的适当联系。

实施指南

组织应有规程指明什么时候应当与哪个部门（例如，执法部门、消防局、监管部门）联系，以及怀疑已识别的信息安全事件可能触犯了法律时，应如何及时报告。

受到来自互联网攻击的组织可能需要外部第三方（例如互联网服务提供商或电信运营商）采取措施以应对攻击源。

其他信息

保持这样的联系可能是支持信息安全事件管理（见 13.2）或业务连续性和应急规划过程（第 14 章）的要求。与法规部门的联系有助于预先知道组织必须遵循的法律法规方面预期的变化，并为这些变化做好准备。与其他部门的联系包括公共部门、紧急服务和健康安全部门，例如消防局（与第 14 章的业务连续性有关）、电信提供商（与路由和可用性有关）、供水部门（与设备的冷却设施有关）。

6.1.7　与特定利益集团的联系

控制措施

应保持与特定利益集团、其他安全专家组和专业协会的适当联系。

实施指南

应考虑成为特定利益集团或安全专家组的成员，以便：

a）增进对最佳实践和最新相关安全信息的了解；

b）确保全面了解当前的信息安全环境；

c）尽早收到关于攻击和脆弱性的预警、建议和补丁；

d）获得信息安全专家的建议；

e）分享和交换关于新的技术、产品、威胁或脆弱性的信息；

f）提供处理信息安全事件时适当的联络点（见 13.2.1）。

其他信息

建立信息共享协议来改进安全问题的协作和协调。这种协议应识别出保护敏感信息的要求。

6.1.8　信息安全的独立评审

控制措施

组织管理信息安全的方法及其实施（例如信息安全的控制目标、控制措施、策略、过程和程序）应按计划的时间间隔进行独立评审，当安全实施发生重大变化时，也要进行独立评审。

实施指南

独立评审应由管理者启动。对于确保一个组织管理信息安全方法的持续的适宜性、充分性和有效性，这种独立评审是必需的。评审应包括评估安全方法改进的机会和变更的需要，包括方针和控制目标。

这样的评审应由独立于被评审范围的人员执行，例如内部审核部门、独立的管理人员或专门进行这种评审的第三方组织。从事这些评审的人员应具备适当的技能和经验。

独立评审的结果应被记录并报告给启动评审的管理者。这些记录应加以保持。

如果独立评审识别出组织管理信息安全的方法和实施不充分，或不符合信息安全方针文件（见5.1.1）中声明的信息安全的方向，管理者应考虑纠正措施。

其他信息

对于管理人员应定期评审（见15.2.1）的范围也可以独立评审。评审方法包括会见管理者、检查记录或安全方针文件的评审。ISO 19011：2002，质量和环境管理体系审核指南，也提供实施独立评审的有帮助的指导信息，包括评审方案的建立和实施。15.3详细说明了与运行的信息系统独立评审相关的控制和系统审核工具的使用。

6.2　外部组织

目标：保持组织被外部各方访问、处理、管理或与外部进行通信的信息和信息处理设施的安全。

组织的信息处理设施和信息资产的安全不应由于引入外部方的产品或服务而降低。

任何外部方对组织信息处理设施的访问、对信息资产的处理和通信都应予以控制。

若有与外部方一起工作的业务需要，它可能要求访问组织的信息和信息处理设施、从外部方获得一个产品和服务，或提供给外部方一个产品和服务，应进行风险评估，以确定涉及安全的方面和控制要求。在与外部方签订的协议中要商定和定义控制。

6.2.1　与外部各方相关风险的识别

控制措施

应识别涉及外部各方业务过程中组织的信息和信息处理设施的风险，并在允许访问前实施适当的控制措施。

实施指南

当需要允许外部方访问组织的信息处理设施或信息时，应实施风险评估（见第 4 章）以识别特定控制措施的要求。关于外部方访问的风险的识别应考虑以下问题：

a）外部方需要访问的信息处理设施。

b）外部方对信息和信息处理设施的访问类型，例如：

1）物理访问，例如进入办公室，计算机机房，档案室；

2）逻辑访问，例如访问组织的数据库，信息系统；

3）组织和外部方之间的网络连接，例如，固定连接、远程访问；

4）现场访问还是非现场访问。

c）所涉及信息的价值和敏感性，及对业务运行的关键程度。

d）为保护不希望被外部方访问到的信息所需的控制措施。

e）与处理组织信息有关的外部方人员。

f）能够识别组织或人员如何被授权访问、如何进行授权验证，以及多长时间需要再确认。

g）外部方在存储、处理、传送、共享和交换信息过程中所使用的不同的方法和控制措施。

h）外部方需要时无法访问，外部方输入或接收不正确的或误导的信息的影响。

i）处理信息安全事件和潜在破坏的惯例和程序，和当发生信息安全事件时外部方持续访问的条款和条件。

j）应考虑与外部方有关的法律法规要求和其他合同责任。

k）这些安排对其他利益相关人的利益可能造成怎样的影响。

除非已实施了适当的控制措施，才可允许外部方访问组织信息。可行时，应签订合同规定外部方连接或访问以及工作安排的条款和条件。一般而言，与外部方合作引起的安全要求或内部控制措施应通过与外部方的协议反映出来（见6.2.2和6.2.3）。

应确保外部方意识到他们的责任，并且接受在访问、处理、通信或管理组织的信息和信息处理设施所涉及的职责和责任。

其他信息

安全管理不充分，可能使信息由于外部方介入而处于风险中。应确定和应用控制措施，以管理外部方对信息处理设施的访问。例如，如果对信息的保密性有特殊的要求，就需要使用不泄漏协议。

如果外包程度高，或涉及几个外部方时，组织会面临与组织间的处理、管理和通信相关的风险。

6.2.2和6.2.3提出的控制措施涵盖了对不同外部方的安排，例如，包括：

a）服务提供商（例如互联网服务提供商）、网络提供商、电话服务、维护和支持服务；

b）受管理的安全服务；

c）顾客；

d）设施和运行的外包，例如，IT系统、数据收集服务、中心呼叫业务；

e）管理者，业务顾问和审核员；

f）开发者和提供商，例如软件产品和IT系统的开发者和提供商；

g）保洁、餐饮和其他外包支持服务；

h）人员、实习学生和其他临时短期安排。

这些协议有助于降低与外部方相关的风险。

6.2.2　处理与顾客有关的安全问题

控制措施

应在允许顾客访问组织信息或资产之前处理所有确定的安全要求。

实施指南

要在允许顾客访问组织任何资产（依据访问的类型和范围，并不需要应用所有的条款）前解决安全问题，应考虑下列条款：

a）资产保护，包括：保护组织资产（包括信息和软件）的程序，以及对已知脆弱性的管理；判定资产是否受到损害（例如丢失数据或修改数据）的程序；完整性；对拷贝和公开信息的限制。

b）拟提供的产品或服务的描述。

c) 顾客访问的不同原因、要求和利益。

d) 访问控制策略，包括：允许的访问方法，唯一标识符的控制和使用，例如用户 ID 和口令；用户访问和权限的授权过程；没有明确授权的访问均被禁止的声明；撤销访问权或中断系统间连接的处理。

e) 信息错误（例如个人信息的错误）、信息安全事件和安全违规的报告、通知和调查的安排。

f) 每项可用服务的描述。

g) 服务的目标级别和服务的不可接受级别。

h) 监视和撤销与组织资产有关的任何活动的权利。

i) 组织和顾客各自的义务。

j) 相关法律责任和如何确保满足法律要求（例如，数据保护法律）。如果协议涉及与其他国家顾客的合作，特别要考虑到不同国家的法律体系（见15.1）。

k) 知识产权（IPRs）和版权转让（见15.1.2）以及任何合著作品的保护（见6.1.5）。

其他信息

与顾客访问组织资产有关的安全要求，可能随所访问的信息处理设施和信息的不同而有明显差异。这些安全要求应在顾客协议中加以明确，包括所有已确定的风险和安全要求（见6.2.1）。

与外部方的协议也可能涉及多方。允许外部各方访问的协议应包括允许指派其他合格者，并规定他们访问和访问有关的条件。

6.2.3 处理第三方协议中的安全问题

控制措施

涉及访问、处理或管理组织的信息或信息处理设施以及与之通信的第三方协议，或在信息处理设施中增加产品或服务的第三方协议，应涵盖所有相关的安全要求。

实施指南

协议应确保在组织和第三方之间不存在误解。组织应使第三方的保证满足自己的需要。

为满足识别的安全要求（见6.2.1），应考虑将下列条款包含在协议中：

a) 信息安全方针。

b) 确保资产保护的控制措施，包括：保护组织资产（包括信息、软件和硬件）的程序；所有需要的物理保护控制措施和机制；确保防范恶意软件（见 10.4.1）的控制措施；判定资产是否受到损害（例如信息、软件和硬件的丢失或修改）的程序；确保在协议终止时或在合同执行期间双方同意的某一时刻对信息和资产的返还或销毁的控制措施；保密性、完整性、可用性和任何其他相关的资产属性（见 2.1.5）；对拷贝和公开信息，以及保密性协议的使用的限制（见 6.1.5）。

c) 对用户和管理员在方法、程序和安全方面的培训。

d) 确保用户意识到信息安全职责和问题。

e) 若适宜，人员调动的规定。

f) 关于硬件和软件安装和维护的职责。

g) 一种清晰的报告结构和商定的报告格式。

h) 一种清晰规定的变更管理过程。

i) 访问控制策略，包括：导致必要的第三方访问的不同原因、要求和利益。

允许的访问方法，唯一标识符（诸如用户 ID 和口令）的控制和使用；用户访问和权限的授权过程；维护被授权使用可用服务的个人清单以及他们与这种使用相关的权利和权限的要求；没有明确授权的所有访问都要禁止的声明；撤销访问权或中断系统间连接的处理。

j) 报告、通知和调查信息安全事件和安全违规以及违背协议中所声明的要求的安排。

k) 提供的每项产品和服务的描述，根据安全分类（见 7.2.1）提供可获得信息的描述。

l) 服务的目标级别和服务的不可接受级别。

m) 可验证的性能准则的定义、监视和报告。

n) 监视和撤销与组织资产有关的任何活动的权利。

o) 审核协议中规定的责任、第三方实施的审核、列举审核员的法定权限等方面的权利。

p) 建立逐级解决问题的过程。

q) 服务连续性要求，包括根据一个组织的业务优先级对可用性和可靠性的测度。

r) 协议各方的相关义务。

s）有关法律的责任和如何确保满足法律要求（例如，数据保护法律）。如果该协议涉及与其他国家的组织的合作，特别要考虑到不同国家的法律体系（见 15.1）。

t）知识产权（IPRs）和版权转让（15.1.2）以及任何合著作品的保护（见 6.1.5）。

u）涉及具有次承包商的第三方，应对这些次承包商需要实施安全控制措施。

v）重新协商或终止协议的条件：应提供应急计划以处理任一方机构在协议到期之前希望终止合作关系的情况；如果组织的安全要求发生变化，协议的重新协商；资产清单、许可证、协议或与它们相关的权利的当前文件。

其他信息

协议会随组织和第三方机构类型的不同发生很大的变化。因此，应注意要在协议中包括所有识别的风险和安全要求（见 6.2.1）。需要时，在安全管理计划中扩展所需的控制措施和程序。

如果外包信息安全管理，协议应指出第三方将如何保证维持风险评估中定义的适当的安全，安全如何适于识别和处理风险的变化。

外包和其他形式第三方服务提供之间的区别包括责任问题、交付期的规划问题、在此期间潜在的运行中断问题、应急规划安排、约定的详细评审以及安全事件信息的收集和管理。因此，组织计划和管理外包安排的交付，并提供适当的过程管理变更和协议的重新协商或终止，是十分重要的。

需要考虑当第三方不能提供其服务时的连续处理程序，以避免在安排替代服务时的任何延迟。

与外部方的协议也可能涉及多方。允许外部各方访问的协议应包括允许指派其他合格者，并规定他们访问以及与访问有关的条件。

与第三方的协议也可能涉及多方。允许第三方访问的协议应包括允许指派其他合格者，并规定他们访问及与访问有关的条件。

一般而言，协议主要由组织制定。在一些环境下，也可能有例外：协议由第三方制定并强加于一个组织。组织需要确保它本身的安全不会被没有必要的第三方在强制协议中规定的要求所影响。

4 –7 资产管理

7.1 资产责任

目标：实现和保持对组织资产的适当保护。

所有资产应是可核查的，并且有指定的责任人。

对于所有资产要指定责任人，并且要赋予保持相应控制措施的职责。特定控制措施的实施可以由责任人适当地委派别人承担，但责任人仍有对资产提供适当保护的责任。

7.1.1 资产清单

控制措施

应清晰的识别所有资产，编制并维护所有重要资产的清单。

实施指南

一个组织应识别所有资产并将资产的重要性形成文件。资产清单应包括所有为从灾难中恢复而需要的信息，包括资产类型、格式、位置、备份信息、许可证信息和业务价值。该清单不应复制其他不必要的清单，但它应确保内容是相关联的。

另外，应商定每一资产的责任人（见7.1.2）和信息分类（见7.2），并形成文件。基于资产的重要性、其业务价值和安全级别，应识别与资产重要性对应的保护级别（更多关于如何评价资产的重要性的内容可参考 ISO/IEC TR 13335 –3）。

其他信息

与信息系统相关的资产有很多类型，包括：

a）信息资产：数据库和数据文件、合同和协议、系统文件、研究信息、用户手册、培训材料、操作或支持程序、业务连续性计划、应变安排（fallback arrangement）、审核跟踪记录（audit trails）、归档信息；

b）软件资产：应用软件、系统软件、开发工具和实用程序；

c）物理资产：计算机设备、通信设备、可移动介质和其他设备；

d）服务：计算和通信服务、公用设施，例如：供暖、照明、能源、空调；

e）人员，他们的资格、技能和经验；

f）无形资产，如组织的声誉和形象。

资产清单可帮助确保有效的资产保护，其他业务目的也可能需要资产清单，例如健康与安全、保险或财务（资产管理）等原因。编制一份资产清单的过程是风险管理的一个重要的先决条件（见第 4 章）。

7.1.2　资产责任人

控制措施

与信息处理设施有关的所有信息和资产应由组织的指定部门或人员承担责任。

实施指南

资产责任人应负责：

a）确保与信息处理设施相关的信息和资产进行了适当的分类。

b）确定并周期性评审访问限制和分类，要考虑到可应用的访问控制策略。

所有权可以分配给：

1）业务过程；

2）已定义的活动集；

3）应用；

4）已定义的数据集。

其他信息

日常任务可以委派给其他人，例如委派给一个管理人员每天照看资产，但责任人仍保留职责。

在复杂的信息系统中，将一组资产指派给一个责任人，可能是比较有用的，它们一起工作来提供特殊的"服务"功能。在这种情况下，服务责任人负责提供服务，包括资产本身提供的功能。

7.1.3　资产的合格使用

控制措施

与信息处理设施有关的信息和资产使用允许规则应被确定、形成文件并加以实施。

实施指南

所有雇员、承包方人员和第三方人员应遵循信息处理设施相关信息和资产的可接受的使用规则，包括：

    a）电子邮件和互联网使用（见10.8）规则。

    b）移动设备，尤其是在组织外部使用设备（见11.7.1）的使用指南。

    具体规则或指南应由相关管理者提供。使用或拥有访问组织资产权的雇员、承包方人员和第三方人员应意识到他们使用信息处理设施相关的信息和资产以及资源时的限制条件。他们应对使用信息处理资源以及在他们职责下的使用负责。

7.2　信息分类

    目标：确保信息受到适当级别的保护。

    信息要分类，以在处理信息时指明保护的需求、优先级和期望程度。

    信息具有可变的敏感性和关键性。某些项可能要求附加等级的保护或特殊处理。信息分类机制用来定义一组合适的保护等级并传达对特殊处理措施的需求。

7.2.1　分类指南

控制措施

信息应按照它对组织的价值、法律要求、敏感性和关键性予以分类。

实施指南

信息的分类及相关保护控制措施要考虑到共享或限制信息的业务需求以及与这种需求相关的业务影响。

    分类指南应包括根据预先确定的访问控制策略（见11.1.1）进行初始分类及一段时间后进行重新分类的惯例。

    确定资产的类别、对其周期性评审、确保其跟上时代并处于适当的级别，这些都应是资产责任人（见7.1.2）的职责。分类要考虑10.7.2提及的集合效应。

    应考虑分类类别的数目和从其使用中获得的好处。过度复杂的方案可能对使用来说不方便，也不经济，或许是不实际的。在解释从其他组织获取的文件的分类标记时应小心，因为其他组织可能对于相同或类似命名的标记有不同的定义。

其他信息

保护级别可通过分析被考虑信息的保密性、完整性、可用性及其他要求进行评估。

在一段时间后，信息通常不再是敏感的或关键的，例如，当该信息已经公开时，这些方面应予以考虑，因为过多的分类致使实施不必要的控制措施，从而导致附加成本。

当分配分类级别时考虑具有类似安全要求的文件可简化分类的任务。

一般地说，给信息分类是确定该信息如何予以处理和保护的简便方法。

7.2.2　信息的标记和处理

控制措施

应按照组织所采纳的分类机制建立和实施一组合适的信息标记和处理程序。

实施指南

信息标记的程序需要涵盖物理和电子格式的信息资产。

包含分类为敏感或关键信息的系统输出应在该输出中携带合适的分类标记。该标记要根据7.2.1中所建立的规则反映出分类。待考虑的项目包括打印报告、屏幕显示、记录介质（例如磁带、磁盘、CD）、电子消息和文件传送。

对每种分类级别，要定义包括安全处理、储存、传输、删除、销毁的处理程序。还要包括一系列任何安全相关事态的监督和记录程序。

涉及信息共享的与其他组织的协议应包括识别信息分类和解释其他组织分类标记的程序。

其他信息

分类信息的标记和安全处理是信息共享的一个关键要求。物理标记是常用的标记形式。然而，某些信息资产（诸如电子形式的文件等）不能做物理标记，而需要使用电子标记手段。例如，通知标记可在屏幕上显示出来。当标记不适用时，可能需要应用信息分类指定的其他方式，例如通过程序或元数据。

4-8 人力资源安全

8.1 任用之前

目标：确保雇员、承包方人员和第三方人员理解其职责、考虑对其承担的角色是适合的，以降低设施被窃、欺诈和误用的风险。

安全职责应于任用前在适当的岗位描述、任用条款和条件中指出。

所有要任用、承包方人员和第三方人员的候选者应充分的审查，特别是对敏感岗位的成员。

使用信息处理设施的雇员、承包方人员和第三方人员应签署关于他们安全角色和职责的协议。

8.1.1 角色和职责

<u>控制措施</u>

雇员、承包方人员和第三方人员的安全角色和职责应按照组织的信息安全方针定义并形成文件。

<u>实施指南</u>

安全角色和职责应包括以下要求：

a）按照组织的信息安全方针（见5.1）实施和运行；

b）保护资产免受未授权访问、泄露、修改、销毁或干扰；

c）执行特定的安全过程或活动；

d）确保职责分配给可采取措施的个人；

e）向组织报告安全事态或潜在事态或其他安全风险。

安全角色和职责应被定义并在任用前清晰地传达给岗位候选者。

<u>其他信息</u>

岗位描述能被用来将安全角色和职责形成文件。还应清晰的定义并传达没有在组织任用过程（例如通过第三方组织任用）中任用的个人的安全角色和职责。

8.1.2 审查

<u>控制措施</u>

关于所有任用的候选者、承包方人员和第三方人员的背景验证检查应按

照相关法律法规、道德规范和对应的业务要求、被访问信息的类别和察觉的风险来执行。

实施指南

验证检查应考虑所有相关的隐私、个人数据保护和与任用相关的法律，并应包括以下内容（允许时）：

a）令人满意的个人资料的可用性（如，一项业务和一个个人）；

b）申请人履历的核查（针对完备性和准确性）；

c）声称的学术、专业资质的证实；

d）独立的身份检查（护照或类似文件）；

e）更多细节的检查，例如信用卡检查或犯罪记录检查。

当一个职务（最初任命的或提升的）涉及对信息处理设施进行访问的人时，特别是当这些设施正在处理敏感信息，例如，财务信息或高度机密的信息，那么，该组织还要考虑进一步的、更详细的检查。

应有程序确定验证检查的准则和限制，例如谁有资格审查人员，以及如何、何时、为什么执行验证检查。

对于承包方人员和第三方人员也要执行审查过程。若承包方人员是通过代理提供的，那么，与代理的合同要清晰地规定代理对审查的职责，以及如果未完成审查或结果引起怀疑或关注时，这些代理需要遵守的通知程序。同样，与第三方（见6.2.3）的协议应清晰的指定审查的所有职责和通知程序。

被考虑在组织内录用的所有候选者的信息应按照相关管辖范围内存在的合适的法律来收集和处理。依据适用的法律，应将审查活动提前通知候选者。

8.1.3　任用条款和条件

控制措施

作为他们合同义务的一部分，雇员、承包方人员和第三方人员应同意并签署他们的任用合同的条款和条件，这些条款和条件要声明他们对组织的信息安全职责。

实施指南

任用的条款和条件除澄清和声明以下内容外，还应反映组织的安全方针：

a）所有访问敏感信息的雇员、承包方人员和第三方人员要在给予访问信息处理设施权之前签署保密或不泄露协议；

b）雇员、承包方人员和其他人员的法律职责和权利，例如关于版权法、数据保护法（见15.1.1和15.1.2）；

c) 与雇员、承包方人员和第三方人员操作的信息系统和服务有关的信息分类和组织资产管理的职责（见7.2.1和10.7.3）；

d) 雇员、承包方人员和第三方人员操作来自其他公司或外部方的信息的职责；

e) 组织处理人员信息的职责，包括由于组织任用或在组织任用过程中产生的信息（见15.1.4）；

f) 扩展到组织场所之外和正常工作时间之外的职责，例如在家中工作的情形（见9.2.5和11.7.1）；

g) 如果雇员、承包方人员和第三方人员漠视组织的安全要求所要采取的措施（见8.2.3）；

h) 组织应确保雇员、承包方人员和第三方人员同意适用于他们将访问的与信息系统和服务有关的组织资产的性质和程度的信息安全条款和条件；

i) 若适用，则应包含于任用条款和条件中的职责应在任用结束后持续一段规定的时间（见8.3）。

<u>其他信息</u>

一个行为细则可覆盖雇员、承包方人员和第三方人员关于保密性、数据保护、道德规范、组织设备和设施的适当使用以及组织期望的最佳实践的职责。承包方人员和第三方人员可能与一个外部组织有关，这个外部组织可能需要代表已签约的人遵守契约的安排。

8.2 任用中

目标：确保所有的雇员、承包方人员和第三方人员知悉信息安全威胁和利害关系、他们的职责和义务，并准备好在其正常工作过程中支持组织的安全方针，以减少人为过失的风险。

应确定管理职责来确保安全措施应用于组织内个人的整个任用期。

为尽可能减小安全风险，应对所有雇员、承包方人员和第三方人员提供安全程序的适当程度的安全意识、教育和培训以及信息处理设施的正确使用方法。还应建立一个正式的处理安全违规的纪律处理过程。

8.2.1　管理职责

控制措施

管理者应要求雇员、承包方人员和第三方人员按照组织已建立的方针策略和程序对安全尽心尽力。

实施指南

管理职责应包括确保雇员、承包方人员和第三方人员：

a）在被授权访问敏感信息或信息系统前了解其信息安全角色和职责；

b）获得声明他们在组织中角色的安全期望的指南；

c）被激励以实现组织的安全策略；

d）对于他们在组织内的角色和职责的相关安全问题的意识程度达到一定级别；

e）遵守任用的条款和条件，包括组织的信息安全方针和工作的合适方法；

f）持续拥有适当的技能和资质。

其他信息

如果雇员、承包方人员和第三方人员没有意识到他们的安全职责，他们会对组织造成相当大的破坏。相比，被激励的人员更为可靠并能减少信息安全事件的发生。

缺乏有效的管理会使员工感觉被低估，并由此导致对组织的负面安全影响。例如，缺乏有效的管理可能导致安全被忽视或组织资产的潜在误用。

8.2.2　信息安全意识、教育和培训

控制措施

组织的所有雇员，适当时，包括承包方人员和第三方人员，应受到与其工作职能相关的适当的意识培训和组织方针策略及程序的定期更新培训。

实施指南

意识培训应从一个正式的介绍过程开始，这个过程用来在允许访问信息或服务前介绍组织的安全方针策略和期望。

正在进行的培训应包括安全要求、法律职责和业务控制，还有正确使用信息处理设施的培训，例如登录程序、软件包的使用和纪律处理过程（见8.2.3）的信息。

其他信息

安全意识、教育和培训活动应是适当的并与员工的角色、职责和技能相关，并应包括关于已知威胁的信息，向谁咨询进一步的安全建议以及合适的报告信息安全事件（见13.1）的渠道。

加强意识的培训旨在使个人认识到信息安全问题及事件，并按照他们岗位角色的需要对其响应。

8.2.3　纪律处理过程

控制措施

对于安全违规的雇员，应有一个正式的纪律处理过程。

实施指南

纪律处理过程之前应有一个安全违规的验证过程（见13.2.3的证据收集）。

正式的纪律处理过程应确保正确和公平的对待被怀疑安全违规的雇员。无论违规是第一次还是已发生过，无论违规者是否经过适当的培训，正式的纪律处理过程应规定一个分级的响应，要考虑诸如违规的性质、重要性及对于业务的影响等因素，相关法律法规、业务合同和其他因素也是需要考虑的。对于严重的明知故犯的情况，应立即免职、删除访问权和特殊权限，如果需要，直接护送出现场。

其他信息

纪律处理过程也可用于对雇员、承包方人员和第三方人员的一种威慑，防止他们违反组织的安全方针策略和程序及其他安全违规。

8.3　任用的终止或变化

目标：确保雇员、承包方人员和第三方人员以一个规范的方式退出一个组织或改变其任用关系。

应有合适的职责确保管理雇员、承包方人员和第三方人员从组织退出，并确保他们归还所有设备及删除他们的所有访问权。

组织内职责和任用的变化管理应符合本章内容，与职责或任用的终止管理相似，任何新的任用应遵循8.1节内容进行管理。

8.3.1 终止职责

控制措施

任用终止或任用变化的职责应清晰的定义和分配。

实施指南

终止职责的传达应包括正在进行的安全要求和法律职责，适当时，还包括任何保密协议规定的职责（见6.1.5），并且在雇员、承包方或第三方用户的雇佣结束后持续一段时间仍然有效的任用条款和条件（见8.1.3）。

规定职责和义务在任用终止后仍然有效的内容应包含在雇员、承包方人员或第三方人员的合同中。

职责或任用的变化管理应与职责或任用的终止管理相似，新的任用责任应遵循8.1节内容。

其他信息

人力资源的职能通常是与管理相关程序的安全方面的监督管理员一起负责总体的任用终止处理。在承包方人员的例子中，终止职责的处理可能由代表承包方人员的代理完成，其他情况下的用户可能由他们的组织来处理。

有必要通知雇员、顾客、承包方人员或第三方人员关于组织人员的变化和运营上的安排。

8.3.2 资产的归还

控制措施

所有的雇员、承包方人员和第三方人员在终止任用、合同或协议时，应归还他们使用的所有组织资产。

实施指南

终止过程应被正式化以包括所有先前发放的软件、公司文件和设备的归还。其他组织资产，例如移动计算设备、信用卡、访问卡、软件、手册和存储于电子介质中的信息也需要归还。

当雇员、承包方人员或第三方人员购买了组织的设备或使用他们自己的设备时，应遵循程序确保所有相关的信息已转移给组织，并且已从设备中安全地删除（见10.7.1）。

当一个雇员、承包方人员或第三方人员拥有的知识对正在进行的操作具有重要意义时，此信息应形成文件并传达给组织。

8.3.3 撤销访问权

控制措施

所有雇员、承包方人员和第三方人员对信息和信息处理设施的访问权应在任用、合同或协议终止时删除，或在变化时调整。

实施指南

任用终止时，个人对与信息系统和服务有关的资产的访问权应被重新考虑。这将决定是否必须删除访问权。任用的变化应体现在不适用于新岗位的访问权的删除上。应删除或改变的访问权包括物理和逻辑访问、密钥、ID 卡、信息处理设施（见 11.2.4）、签名，并要从标识其作为组织的现有成员的文件中删除。如果一个已离开的雇员、承包方人员或第三方人员知道仍保持活动状态的账户的密码，则应在任用、合同或协议终止或变化后改变密码。

对信息资产和信息处理设施的访问权在任用终止或变化前是否减少或删除，依赖于对风险因素的评价，例如：

a）终止或变化是由雇员、承包方人员或第三方人员发起还是由管理者发起，以及终止的原因；

b）雇员、承包方人员或任何其他用户的现有职责；

c）当前可访问资产的价值。

其他信息

在某些情况下，访问权的分配是基于对多人可用而不是只基于离开的雇员、承包方人员或第三方人员，例如群 ID。在这种情况下，离开的人员应从群访问列表中删除，还应建议所有相关的其他雇员、承包方人员和第三方人员不应再与已离开的人员共享信息。

在管理者发起终止的情况中，不满的雇员、承包方人员或第三方人员可能故意破坏信息或破坏信息处理设施。在员工辞职的情况下，他们也可能为将来的使用而收集必要的信息。

4－9 物理和环境安全

9.1 安全区域

目标：防止对组织场所和信息的未授权物理访问、损坏和干扰。

关键或敏感的信息处理设施要放置在安全区域内，并受到确定的安全边界的保护，包括适当的安全屏障和入口控制。这些设施要在物理上避免未授权访问、损坏和干扰。

所提供的保护要与所识别的风险相匹配。

9.1.1　信息物理安全边界

控制措施

应使用安全边界（诸如墙、卡控制的入口或有人管理的接待台等屏障）来保护包含信息和信息处理设施的区域。

实施指南

对于物理安全边界，若合适，下列指南应予以考虑和实施：

a）安全边界应清晰地予以定义，各个边界的设置地点和强度取决于边界内资产的安全要求和风险评估的结果；

b）包含信息处理设施的建筑物或场地的边界应在物理上是安全的（即，在边界或区域内不应存在可能易于闯入的任何缺口）；场所的外墙应是坚固结构，所有外部的门要使用控制机制来适当保护，以防止未授权进入，例如，门闩、报警器、锁等；无人看管的门和窗户应上锁，还要考虑窗户的外部保护，尤其是地面一层的窗户；

c）对场所或建筑物的物理访问手段要到位（如有人管理的接待区域或其他控制）；能够进入场所或建筑物应仅限于已授权人员；

d）如果可行，应建立物理屏障以防止未授权进入和环境污染；

e）安全边界的所有防火门应可发出报警信号、被监视并经过检验，和墙一起按照合适的地方、国内和国际标准建立所需的防卫级别；他们应使用故障保护方式按照当地防火规则来运行；

f）应按照地方、国内和国际标准建立适当的入侵检测系统，并定期检测以覆盖所有的外部门窗；要一直警惕空闲区域；其他区域要提供掩护方法，例如计算机室或通信室；

g）组织管理的信息处理设施应在物理上与第三方管理的设施分开。

其他信息

物理保护可以通过在组织边界和信息处理设施周围设置一个或多个物理屏障来实现。多重屏障的使用将提供附加保护，一个屏障的失效不意味着立即危及安全。

一个安全区域可以是一个可上锁的办公室，或是被连续的内部物理安全屏障包围的几个房间。在安全边界内具有不同安全要求的区域之间需要控制物理访问的附加屏障和边界。

具有多个组织的建筑物应考虑专门的物理访问安全。

9.1.2 物理入口控制

控制措施

安全区域应由适合的入口控制所保护，以确保只有授权的人员才允许访问。

实施指南

下列指南应予以考虑：

a）记录访问者进入和离开的日期和时间，所有的访问者要予以监督，除非他们的访问在事前已经经过批准；只能允许他们访问特定的、已授权的目标，并要向他们宣布关于该区域的安全要求和应急程序的说明。

b）访问处理敏感信息或储存敏感信息的区域要受到控制，并且仅限于已授权的人员；认证控制（例如，访问控制卡加个人识别号）应用于授权和确认所有访问；所有访问的审核踪迹要安全地加以维护。

c）所有雇员、承包方人员和第三方人员以及所有访问者要佩带某种形式的可视标识，如果遇到无人护送的访问者和未佩带可视标识的任何人应立即通知保安人员。

d）第三方支持服务人员只有在需要时才能有限制的访问安全区域或敏感信息处理设施；这种访问应被授权并受监视。

e）对安全区域的访问权要定期地予以评审和更新，并在需要时废除（见8.3.3）。

9.1.3 办公室、房间和设施的安全保护

控制措施

应为办公室、房间和设施设计并采取物理安全措施。

实施指南

应考虑下列指南以保护办公室、房间和设施：

a）相关的健康和安全法规、标准要考虑在内；

b）关键设施应坐落在可避免公众进行访问的场地；

c）如果可行，建筑物要不引人注目，并且在建筑物内侧或外侧用不明显的标记给出其用途的最少指示，以标识信息处理活动的存在；

d）标识敏感信息处理设施位置的目录和内部电话簿不要轻易被公众得到。

9.1.4 外部和环境威胁的安全防护

控制措施

为防止火灾、洪水、地震、爆炸、社会动荡和其他形式的自然或人为灾难引起的破坏，应设计和采取物理保护措施。

实施指南

要考虑任何邻近区域所带来的安全威胁，例如，邻近建筑物的火灾、屋顶漏水或地下室地板渗水或者街上爆炸。

要避免火灾、洪水、地震、爆炸、社会动荡和其他形式的自然灾难或人为灾难的破坏，应考虑以下因素：

a）危险或易燃材料应在离安全区域安全距离以外的地方存放。大批供应品（例如文具）不应存放于安全区域内。

b）备份设备和备份介质的存放地点应与主要场所有一段安全的距离，以避免影响主要场所的灾难产生的破坏。

c）应提供适当的灭火设备，并应放在合适的地点。

9.1.5 在安全区域工作

控制措施

应设计和运用于安全区域工作的物理保护和指南。

实施指南

下列指南应予以考虑：

a）只在有必要知道的基础上，员工才应知道安全区域的存在或其中的活动；

b）为了安全原因和减少恶意活动的机会，均应避免在安全区域内进行不受监督的工作；

c）未使用的安全区域在物理上要上锁并周期地予以检查；

d）除非授权，否则不允许携带摄影、视频、声频或其他记录设备，例如移动设备中的照相机。

在安全区域工作的安排包括对工作在安全区域内的雇员、承包方人员和第三方人员的控制，以及对其他发生在安全区域的第三方活动的控制。

9.1.6 公共访问、交接区安全

控制措施

访问点（例如交接区）和未授权人员可进入办公场所的其他点应加以控制，如果可能，应与信息处理设施隔离，以避免未授权访问。

实施指南

下列指南应予以考虑：

a）由建筑物外进入交接区的访问应局限于已标识的和已授权的人员；

b）交接区应设计成在无需交货人员获得对本建筑物其他部分的访问权的情况下就能卸下物资；

c）当内部的门打开时，交接区的外部门应得到安全保护；

d）在进来的物资从交接区运到使用地点之前，要检查是否存在潜在威胁（见9.2.1 d）项）；

e）进来的物资应按照资产管理程序（见7.1.1）在场所的入口处进行登记；

f）如果可能，进入和外出的货物应在物理上予以隔离。

9.2 设备安全

目标：防止资产的丢失、损坏、失窃或危及资产安全以及组织活动的中断。

应保护设备免受物理的和环境的威胁。

对设备（包括离开组织使用和财产移动）的保护是减少未授权访问信息的风险和防止丢失或损坏所必需的。这样做还要考虑设备安置和处置。可能需要专门的控制用来防止物理威胁以及保护支持性设施，例如供电和电缆设施。

9.2.1　设备安置和保护

控制措施

应安置或保护设备，以减少由环境威胁和危险所造成的各种风险以及未授权访问的机会。

实施指南

下列指南应予以考虑以保护设备：

a）设备应进行适当安置，以尽量减少不必要的对工作区域的访问；

b）应把处理敏感数据的信息处理设施放在适当的限制观测的位置，以减少在其使用期间信息被窥视的风险，还应保护储存设施，以防止未授权访问；

c）要求对专门保护的部件予以隔离，以降低所要求的总体保护等级；

d）应采取控制措施以减小潜在的物理威胁的风险，例如偷窃、火灾、爆炸、烟雾、水（或供水故障）、尘埃、振动、化学影响、电源干扰、通信干扰、电磁辐射和故意破坏；

e）应建立在信息处理设施附近进食、喝饮料和抽烟的指南；

f）对于可能对信息处理设施运行状态产生负面影响的环境条件（例如温度和湿度）要予以监视；

g）所有建筑物都应采用避雷保护，所有进入的电源和通信线路都应装配雷电保护过滤器；

h）对于工业环境中的设备，要考虑使用专门的保护方法，例如键盘保护膜；

i）应保护处理敏感信息的设备，以最小化因辐射而导致信息泄露的风险。

9.2.2　支持性设施

控制措施

应保护设备使其免于由支持性设施的失效而引起的电源故障和其他中断。

实施指南

应有足够的支持性设施（例如电、供水、排污、加热、通风和空调）来支持系统。支持性设施应定期检查并适当的测试以确保他们的功能，减少由于他们的故障或失效带来的风险。应按照设备制造商的说明提供合适的供电。

对支持关键业务操作的设备，推荐使用支持有序关机或连续运行的不间断电源（UPS）。电源应急计划要包括 UPS 故障时要采取的措施。如果电源故障延长，而处理要继续进行时，则要考虑备份发电机。应提供足够的燃料供给，以确保在延长的时间内发电机可以进行工作。UPS 设备和发电机要定期地检查，以确保它们拥有足够能力，并按照制造商的建议予以测试。另外，如果办公场所很大，则应考虑使用多来源电源或一个单独变电站。

另外，应急电源开关应位于设备房间应急出口附近，以便紧急情况时快速切断电源。万一主电源出现故障时要提供应急照明。

要有稳定足够的供水以支持空调、加湿设备和灭火系统（当使用时），供水系统的故障可能破坏设备或阻止有效的灭火。如有需要还应有告警系统来指示水压的降低。

连接到公共提供商的通信设备应至少有两条不同线路以防止在一条连接路径发生故障时语音服务失效。要有足够的语音服务以满足地方法规对于应急通信的要求。

其他信息

实现连续供电的选项包括多路供电，以避免供电的单一故障点。

9.2.3　布缆安全

控制措施

应保证传输数据或支持信息服务的电源布缆和通信布缆免受窃听或损坏。

实施指南

布缆安全的下列指南应予以考虑：

a）进入信息处理设施的电源和通信线路宜在地下，若可能，或提供足够的可替换的保护；

b）网络布缆要免受未授权窃听或损坏，例如，利用电缆管道或使路由避开公众区域；

c）为了防止干扰，电源电缆要与通信电缆分开；

d）使用清晰的可识别的电缆和设备记号，以使处理失误最小化，例如，错误网络电缆的意外配线；

e）使用文件化配线列表减少失误的可能性；

f）对于敏感的或关键的系统，更进一步的控制考虑应包括：

1）在检查点和终接点处安装铠装电缆管道和上锁的房间或盒子；

2）使用可替换的路由选择和/或传输介质，以提供适当的安全措施；

3） 使用纤维光缆；

4） 使用电磁防辐射装置保护电缆；

5） 对于电缆连接的未授权装置要主动实施技术清除、物理检查；

6） 控制对配线盘和电缆室的访问。

9.2.4 设备维护

控制措施

设备应予以正确地维护，以确保其持续的可用性和完整性。

实施指南

设备维护的下列指南应予以考虑：

a） 要按照供应商推荐的服务时间间隔和规范对设备进行维护；

b） 只有已授权的维护人员才可对设备进行修理和服务；

c） 要保存所有可疑的或实际的故障以及所有预防和纠正维护的记录；

d） 当对设备安排维护时，应实施适当的控制，要考虑维护是由场所内部人员执行还是由外部人员执行；当需要时，敏感信息需要从设备中删除或者维护人员应该是足够可靠的；

e） 应遵守由保险策略所施加的所有要求。

9.2.5 组织场所外的设备安全

控制措施

应对组织场所的设备采取安全措施，要考虑工作在组织场所以外的不同风险。

实施指南

无论责任人是谁，在组织场所外使用任何信息处理设备都要通过管理者授权。

离开办公场所的设备的保护应考虑下列指南：

a） 离开建筑物的设备和介质在公共场所不应无人看管。在旅行时便携式计算机要作为手提行李携带，若可能最好伪装起来。

b） 制造商的设备保护说明要始终加以遵守，例如，防止暴露于强电磁场内。

c） 家庭工作的控制措施应根据风险评估确定，当适合时，要施加合适的控制措施，例如，可上锁的存档柜、清理桌面策略、对计算机的访问控制以及与办公室的安全通信（见 ISO/IEC 18028 网络安全）。

d）足够的安全保障掩蔽物宜到位，以保护离开办公场所的设备。

安全风险在不同场所可能有显著不同，例如，损坏、盗窃和截取，要考虑确定最合适的控制措施。

其他信息

用于家庭工作或从正常工作地点运走的信息存储和处理设备包括所有形式的个人计算机、管理设备、移动电话、智能卡、纸张及其他形式的设备。

关于保护移动设备的其他方面的更多信息在 11.7.1 中可以找到。

9.2.6　设备的安全处置和再利用

控制措施

包含储存介质的设备的所有项目应进行检查，以确保在销毁之前，任何敏感信息和注册软件已被删除或安全重写。

实施指南

包含敏感信息的设备在物理上应予以摧毁，或者采用使原始信息不可获取的技术破坏、删除、覆盖信息，而不能采用标准的删除或格式化功能。

其他信息

包含敏感信息的已损坏的设备可能需要实施风险评估，以确定这些设备是否要进行销毁、而不是送去修理或丢弃。

信息可能通过对设备的草率处置或重用而被泄漏（见 10.7.2）。

9.2.7　资产的移动

控制措施

设备、信息或软件在授权之前不应带出组织场所。

实施指南

下列指南应予以考虑：

a）在未经事先授权的情况下，不应让设备、信息或软件离开办公场所；

b）应明确识别有权允许资产移动，离开办公场所的雇员、承包方人员和第三方人员；

c）应设置设备移动的时间限制，并在返还时执行符合性检查；

d）若需要并合适，要对设备作出移出记录，当返回时，要作出送回记录。

其他信息

应执行检测未授权资产移动的抽查，以检测未授权的记录装置、武器，等等，防止它们进入办公场所。这样的抽查应按照相关规章制度执行。应让每个人都知道将进行抽查，并且只能在法律法规要求的适当授权下执行检查。

4－10　通信和操作管理

10.1　操作程序和职责

目标：确保正确、安全的操作信息处理设施。

应建立所有信息处理设施的管理和操作的职责和程序。这包括制定合适的操作程序。

当合适时，应实施责任分割，以减少疏忽或故意误用系统的风险。

10.1.1　文件化的操作程序

控制措施

操作程序应形成文件、保持并对所有需要的用户可用。

实施指南

与信息处理和通信设施相关的系统活动应具备形成文件的程序，例如计算机启动和关机程序、备份、设备维护、介质处理、计算机机房、邮件处置管理和物理安全等。

操作程序应详细规定执行每项工作的说明，其内容包括：

a）信息处理和处置；

b）备份（见10.5）；

c）时间安排要求，包括与其他系统的相互关系、最早工作开始时间和最后工作完成期限；

d）对在工作执行期间可能出现的处理差错或其他异常情况的指导，包括对使用系统实用工具的限制（见11.5.4）；

e）出现不期望操作或技术困难事态时的支持性联络；

f）特定输出及介质处理的指导，诸如使用特殊信纸或管理保密输出，包括任务失败时输出的安全处置程序（见10.7.2和10.7.3）；

g）供系统失效时使用的系统重启和恢复程序；

h）审核跟踪和系统日志信息的管理（见10.10）。

要将操作程序和系统活动的文件化程序看作正式的文件，其变更由管理者授权。技术上可行时，信息系统应使用相同的程序、工具和实用程序进行一致的管理。

10.1.2 变更管理

控制措施

对信息处理设施和系统的变更应加以控制。

实施指南

操作系统和应用软件应有严格的变更管理控制。

特别是，下列条款应予以考虑。

a）重大变更的标识和记录；

b）变更的策划和测试；

c）对这种变更的潜在影响的评估，包括安全影响；

d）对建议变更的正式批准程序；

e）向所有有关人员传达变更细节；

f）返回程序，包括从不成功变更和未预料事态中退出和恢复的程序与职责。

正式的管理者职责和程序应到位，以确保对设备、软件或程序的所有变更有令人满意的控制。当发生变更时，包含所有相关信息的审核日志要予以保留。

其他信息

对信息处理设施和系统的变更缺乏控制是系统故障或安全失误的常见原因。对操作环境的变更，特别是当系统从开发阶段向操作阶段转移时，可能影响应用的可靠性（见12.5.1）。

对操作系统的变更只能在存在一个有效的业务需求时进行，例如系统风险的增加。使用操作系统或应用程序的最新版本进行系统更新并不总是业务需求，因为这样做可能会引入比现有版本更多的脆弱性和不稳定性。尤其是在移植期间，还需要额外培训、许可证费用、支持、维护和管理开支以及新的硬件等。

10.1.3 责任分割

控制措施

各类责任及职责范围应加以分割，以降低未授权或无意识的修改或者不当使用组织资产的机会。

实施指南

责任分割是一种减少因意外或故意而导致系统误用所引起的风险的方法。应注意，在无授权或未被监测时，应使个人不能访问、修改或使用资产。事态的启动要与其授权分离。勾结的可能性应在设计控制措施时予以考虑。

小型组织可能感到难以实现这种责任分割，但就可能性和可行性来说，该原则是适用的。如果难以分割，应考虑其他控制措施，例如对活动、审核踪迹和管理监督的监视等。重要的是安全审核仍保持独立。

10.1.4 开发、测试和运行设施分离

控制措施

开发、测试和运行设施应分离，以减少未授权访问或改变运行系统的风险。

实施指南

为防止操作问题，应识别运行、测试和开发环境之间的分离级别，并实施适当的控制措施。

下列条款应加以考虑：

a）要规定从开发状态到运行状态的软件传递规则并形成文件；

b）开发和运行软件要在不同的系统或计算机处理器上或在不同的域或目录内运行；

c）没有必要时，编译器、编辑器、其他开发工具或系统实用工具不应访问运行系统；

d）测试系统环境应尽可能地仿效运行系统环境；

e）用户应在运行和测试系统中使用不同的用户轮廓，菜单要显示合适的标识消息以减少出错的风险；

f）敏感数据不应拷贝到测试系统环境中（见12.4.2）。

其他信息

开发和测试活动可能引起严重的问题，例如，文件或系统环境的不期望

修改或者系统故障。在这种情况下，有必要保持一种已知的和稳定的环境，在此环境中可执行有意义的测试并防止不适当的开发者访问。

若开发和测试人员访问运行系统及其信息，那么他们可能会引入未授权和未测试的代码或改变运行数据。在某些系统中，这种能力可能被误用于实施欺诈，或引入未测试的、恶意的代码，从而导致严重的运行问题。

开发者和测试者还造成对运行信息保密性的威胁。如果开发和测试活动共享同一计算环境，那么可能引起非故意的软件和信息的变更。因此，为了减少意外变更或未授权访问运行软件和业务数据的风险，分离开发、测试和运行设施是有必要的（见12.4.2的测试数据保护）。

10.2 第三方服务交付管理

目标：实施和保持符合第三方服务交付协议的信息安全和服务交付的适当水准。

组织应检查协议的实施，监视协议执行的符合性，并管理变更，以确保交付的服务满足与第三方商定的所有要求。

10.2.1 服务交付

控制措施

应确保第三方实施、运行和保持包含在第三方服务交付协议中的安全控制措施、服务定义和交付水准。

实施指南

第三方交付的服务应包括商定的安全安排、服务定义和服务管理各方面。在外包安排的情况下，组织应策划必要的过渡（信息、信息处理设施和其他需要移动的任何资产），并应确保安全在整个过渡期间得以保持。

组织应确保第三方保持足够的服务能力和可使用的计划以确保商定的服务在大的服务故障或灾难（见14.1）后得以继续保持。

10.2.2 第三方服务的监视和评审

控制措施

应定期监视和评审由第三方提供的服务、报告和记录，审核也应定期执行。

实施指南

第三方服务的监视和评审应确保坚持协议的信息安全条款和条件，并且信息安全事件和问题得到适当的管理。这将涉及组织和第三方之间的服务管理关系和过程，包括：

a）监视服务执行级别以检查对协议的符合度；

b）评审由第三方产生的服务报告，安排协议要求的定期进展会议；

c）当协议和所有支持性指南及程序需要时，提供关于信息安全事件的信息并由第三方和组织实施评审；

d）评审第三方的审核踪迹以及关于交付服务的安全事态、运行问题、失效、故障追踪和中断的记录；

e）解决和管理所有已确定的问题。

管理与第三方关系的职责应分配给指定人员或服务管理组。另外，组织应确保第三方分配了检查符合性和执行协议要求的职责。应获得足够的技术技能和资源来监视满足协议的要求（见 6.2.3），特别是信息安全要求。当在服务交付中发现不足时，应采取适当的措施。

组织应对第三方访问、处理或管理的敏感或关键信息或信息处理设施的所有安全方面保持充分的、全面的控制和可见度。组织应确保他们对安全活动留有可见度，例如变更管理、脆弱性识别和信息安全事件报告或响应，事件的报告或响应使用清晰定义的报告过程、格式及结构。

其他信息

外包时，组织必须知晓由外包方处理的信息的最终职责仍属于组织。

10.2.3 第三方服务的变更管理

控制措施

应由管理服务提供的变更，包括保持和改进现有的信息安全方针策略、程序和控制措施，要考虑业务系统和涉及过程的关键程度及风险的再评估。

实施指南

对第三方服务变更的管理过程需要考虑：

a）组织要实施的变更：

1）对提供的现有服务的加强；

2）任何新应用和系统的开发；

3）组织方针策略和程序的更改或更新；

4）解决信息安全事件、改进安全的新的控制措施。

b）第三方服务实施的变更：

1）对网络的变更和加强；

2）新技术的使用；

3）新产品或新版本的采用；

4）新的开发工具和环境；

5）服务设施物理位置的变更；

6）供应商的变更。

10.3　系统规划和验收

目标：将系统失效的风险降至最小。

为确保足够能力和资源的可用性以提供所需的系统性能，需要预先的规划和准备。

应作出对于未来容量需求的推测，以减少系统过载的风险。

新系统的运行要求应在验收和使用之前建立、形成文件并进行测试。

10.3.1　容量管理

控制措施

资源的使用应加以监视、调整，并应作出对于未来容量要求的预测，以确保拥有所需的系统性能。

实施指南

对于每一个新的和正在进行的活动来说，应识别容量要求。应使用系统调整和监视以确保（需要时）改进系统的可用性和效率。应有检测控制措施以便及时地指出问题。未来容量要求的推测应考虑新业务、系统要求以及组织信息处理能力的当前和预计的趋势。

需要特别关注与跨度长的订货交货周期或高成本相关的所有资源；因此管理人员应监视关键系统资源的利用。他们应识别出使用的趋势，特别是与业务应用或管理信息系统工具相关的使用。

管理人员应使用该信息来识别和避免潜在的瓶颈及对关键员工的依赖，他们可能引起对系统安全或用户服务的威胁，同时管理人员还应策划适当的措施。

10.3.2 系统验收

控制措施

应建立对新信息系统、升级及新版本的验收准则，并且在开发中和验收前对系统进行适当的测试。

实施指南

管理人员要确保验收新系统的要求和准则被明确地定义、商定、形成文件并经过测试。新信息系统升级和新版本只有在获得正式验收后，才能作为产品。在验收之前，下列项目要加以考虑：

a）性能和计算机容量要求；

b）差错恢复和重启程序以及应急计划；

c）按照已定义标准，准备和测试日常的运行程序；

d）确定的一组安全控制措施应到位；

e）有效的人工操作程序；

f）按14.1所要求的业务连续性安排；

g）新系统的安装对现有系统无负面影响的证据，特别是在高峰处理时间，例如月末；

h）考虑新系统对组织总体安全影响的证据；

i）新系统的操作和使用培训；

j）易用性，这影响到用户使用，避免人员出错。

对于主要的新的开发，在开发过程的各阶段要征询运行职能部门和用户的意见，以确保所建议的系统设计的运行效率。要进行适当的测试，以证实完全满足全部验收标准。

其他信息

验收可能包括一个正式的认证和认可过程，以验证已经适当解决了安全要求。

10.4 防范恶意和移动代码

目标：保护软件和信息的完整性。

要求有预防措施，以防范和检测恶意代码和未授权的移动代码的引入。

软件和信息处理设施易感染恶意代码（例如计算机病毒、网络蠕虫、特

洛伊木马和逻辑炸弹）

要让用户了解恶意代码的危险。在合适的情况下，管理人员要推行控制措施，以防范、检测并删除恶意代码，并控制移动代码。

10.4.1 控制恶意代码

控制措施

应实施恶意代码的监测、预防和恢复的控制措施，以及适当的提高用户安全意识的程序。

实施指南

防范恶意代码要基于恶意代码监测、修复软件、安全意识、适当的系统访问和变更管理控制措施。下列指南要加以考虑：

a) 建立禁止使用未授权软件的正式策略（见15.1.2）。

b) 建立防范风险的正式策略，该风险与来自或经由外部网络或在其他介质上获得的文件和软件相关，此策略指示应采取什么保护措施（见11.5，特别是11.5.4和11.5.5）。

c) 对支持关键业务过程的系统中的软件和数据内容进行定期评审。应正式调查存在的任何未批准的文件或未授权的修正。

d) 安装和定期更新恶意代码检测和修复软件来扫描计算机和介质，以作为预防控制或作为例行程序的基础；执行的检查应包括：

1) 针对恶意代码，使用前检查电子或光介质文件，以及从网络上收到的文件；

2) 针对恶意代码，使用前检查电子邮件附件和下载内容；该检查可在不同位置进行，例如，在电子邮件服务器、台式计算机或进入组织的网络时；

3) 针对恶意代码，检查 web 页面。

e) 定义关于系统恶意代码防护、他们使用的培训、恶意代码攻击报告和从中恢复的管理程序和职责（见13.1和13.2）。

f) 制定适当的从恶意代码攻击中恢复的业务连续性计划，包括所有必要数据和软件的备份以及恢复安排（见第14章）。

g) 实施程序定期收集信息，例如订阅邮件列表和/或检查提供新恶意代码的 web 站点。

h) 实施检验与恶意代码相关信息的程序，并确保报警公告是准确情报；管理人员应确保使用合格的来源（例如，声誉好的期刊、可靠的 Internet 网站或防范恶意代码软件的供应商），以区分虚假的和实际的恶意代码；要让所有用户了解欺骗问题，以及在收到它们时要做什么。

其他信息

在信息处理环境中使用来自不同供应商的防范恶意代码的两个或多个软件产品，能改进恶意代码防护的有效性。

可安装防恶意代码软件，提供定义文件和扫描引擎的自动更新，以确保防护措施是最新的。另外，也可在每一台台式机上安装该软件，以执行自动检查。

应注意防止在实施维护和紧急程序期间引入恶意代码，这将避开正常的恶意代码防护的控制措施。

10.4.2　控制移动代码

控制措施

当授权使用移动代码时，其配置应确保授权的移动代码按照清晰定义的安全策略运行，应阻止执行未授权的移动代码。

实施指南

应考虑下列措施以防止移动代码执行未授权的活动：

a）在逻辑上隔离的环境中执行移动代码；

b）阻断移动代码的所有使用；

c）阻断移动代码的接收；

d）使技术测量措施在一个特定系统中可用，以确保移动代码受控；

e）控制移动代码访问的可用资源；

f）使用密码控制，以唯一的密码认证移动代码。

其他信息

移动代码是一种软件代码，它能从一台计算机传递到另一台计算机，随后自动执行并在很少或没有用户干预的情况下完成特定功能。移动代码与大量的中间件服务有关。

除确保移动代码不包含恶意代码外，必须控制移动代码，以避免系统、网络或应用资源的未授权使用或破坏，以及其他违反信息安全的活动。

10.5 备份

目标：保持信息和信息处理设施的完整性及可用性。

应为备份数据和演练及时恢复建立例行程序来实施已商定的策略和战略（见14.1）。

10.5.1 信息备份

控制措施

应按照已设的备份策略，定期备份和测试信息和软件。

实施指南

应提供足够的备份设施，以确保所有必要的信息和软件能在灾难或介质故障后进行恢复。

信息备份的下列条款应加以考虑：

a）应定义备份信息的必要级别。

b）应建立备份拷贝的准确完整的记录和文件化的恢复程序。

c）备份的程度（例如全部备份或部分备份）和频率应反映组织的业务要求、涉及信息的安全要求和信息对组织持续运作的关键度。

d）备份要存储在一个远程地点，有足够距离，以避免主办公场所灾难时受到损坏。

e）应给予备份信息一个与主要办公场所应用标准一致的适当的物理和环境保护等级（见第9章）。应扩充应用于主要办公场所介质的控制，以涵盖备份场所。

f）在可能的情况下，要定期测试备份介质，以确保当需要应急使用时可以依靠这些备份介质。

g）恢复程序应定期检查和测试，以确保他们有效，并能在操作程序恢复所分配的时间内完成。

h）在保密性十分重要的情况下，备份应通过加密方法进行保护。

各个系统的备份安排应定期测试以确保他们满足业务连续性计划（见第14章）的要求。对于重要的系统，备份安排应包括在发生灾难时恢复整个系统所必需的所有系统信息、应用和数据。

应确定最重要业务信息的保存周期以及对要永久保存的档案拷贝的任何

要求（见15.1.3）。

其他信息

为使备份和恢复过程更容易，备份可安排为自动进行。这种自动化解决方案应在实施前进行充分的测试，还应做到定期测试。

10.6 网络安全管理

目标：确保网络中信息的安全性并保护支持性的基础设施。

可能跨越组织边界的网络安全管理，需要仔细考虑数据流、法律含义、监视和保护。

还可以要求另外的控制，以保护在公共网络上传输的敏感数据。

10.6.1 网络控制

控制措施

应充分管理和控制网络，以防止威胁的发生，维护系统和使用网络的应用程序的安全，包括传输中的信息。

实施指南

网络管理员应实施控制，以确保网络上的信息安全、防止未授权访问所连接的服务。特别是下列条款应予以考虑：

a）若合适，网络的操作职责要与计算机操作分开（见10.1.3）；

b）应建立远程设备（包括用户区域内的设备）管理的职责和程序；

c）如有必要，应建立专门的控制，以保护在公用网络上或无线网络上传递数据的保密性和完整性，并且保护已连接的系统及应用（见11.4和12.3）；为维护所连接的网络服务和计算机的可用性，还可以要求专门的控制；

d）为记录安全相关的活动，应使用适当的日志记录和监视措施；

e）为优化对组织的服务和确保在信息处理基础设施上始终如一地应用若干控制措施，应紧密地协调管理活动。

其他信息

关于网络安全的另外信息见 ISO/IEC 18028 网络安全。

10.6.2　网络服务安全

控制措施

安全特性、服务级别以及所有网络服务的管理要求应予以确定并包括在所有网络服务协议中，无论这些服务是由内部提供的还是外包的。

实施指南

网络服务提供商以安全方式管理商定服务的能力应予以确定并定期监视，还应商定审核的权利。

应识别特殊服务的安全安排，例如安全特性、服务级别和管理要求。组织应确保网络服务提供商实施了这些措施。

其他信息

网络服务包括接入服务、私有网络服务、增值网络和受控的网络安全解决方案，例如防火墙和入侵检测系统。这些服务既包括简单的未受控的带宽也包括复杂的增值的提供。

网络服务的安全特性可以是：

a）为网络服务应用的安全技术，例如认证、加密和网络连接控制；

b）按照安全和网络连接规则，网络服务的安全连接需要的技术参数；

c）若有需要，网络服务应使用程序，以限制对网络服务或应用的访问。

10.7　介质处置

目标：防止资产遭受未授权泄露、修改、移动或销毁以及业务活动的中断。

介质应受到控制和物理保护。

为使文件、计算机介质（如磁带、磁盘）、输入或输出数据和系统文件免遭未授权泄露、修改、删除和破坏，应建立适当的操作程序。

10.7.1　可移动介质的管理

控制措施

应有适当的可移动介质的管理程序。

实施指南

下列对于可移动介质的管理指南应加以考虑：

a）对从组织取走的任何可重用的介质中的内容，如果不再需要，应使其不可重用；

b）如果需要并可行，对于从组织取走的所有介质应要求授权，所有这种移动的记录应加以保持，以保持审核踪迹；

c）要将所有介质存储在符合制造商说明的安全、保密的环境中；

d）如果存储在介质中的信息使用时间比介质生命期长，则应将信息存储在别的地方，以避免由于介质老化而导致信息丢失；

e）应考虑可移动介质的登记，以减少数据丢失的机会；

f）只应在有业务要求时，才使用可移动介质。

所有程序和授权级别要清晰地形成文件。

其他信息

可移动介质包括磁带、磁盘、闪盘、可移动硬件驱动器、CD、DVD 和打印的介质。

10.7.2　介质的处置

控制措施

对于不再需要的介质，应使用正式的程序可靠并安全地处置。

实施指南

应建立安全处置介质的正式程序，以使敏感信息泄露给未授权人员的风险减至最小。安全处置包含敏感信息介质的程序应与信息的敏感性相一致。下列控制应予以考虑：

a）包含有敏感信息的介质要秘密和安全地存储和处置，例如，利用焚化或切碎的方法，或者将数据删除供组织内其他应用使用；

b）应有程序识别可能需要安全处置的项目；

c）安排把所有介质部件收集起来并进行安全处置，比试图分离出敏感部件可能更容易；

d）许多组织对纸、设备和介质提供收集和处置服务；应注意选择具有足够控制措施和经验的合适的合同方；

e）若有可能，处置敏感部件要做记录，以便保持审核踪迹。

当处置堆积的介质时，对集合效应应予以考虑，它可能使大量不敏感信息变成敏感信息。

其他信息

敏感信息可能由于粗心大意的介质处置而被泄露（见 **9.2.6** 有关设备处置的信息）。

10.7.3　信息处理程序

控制措施

应建立信息的处理及存储程序，以防止信息的未授权的泄漏或不当使用。

实施指南

应制定处置、处理、存储与分类一致的信息（见7.2）及与其通信的程序。下列条款应加以考虑：

a）按照所显示的分类级别，处置和标记所有介质；

b）确定防止未授权人员访问的限制；

c）维护数据的授权接收者的正式记录；

d）确保输入数据完整，正确完成了处理并应用了输出验证；

e）按照与其敏感性一致的级别，保护等待输出的假脱机数据；

f）根据制造商的规范存储介质；

g）使分发的数据最少；

h）清晰地标记数据的所有拷贝，以引起已授权接收者的关注；

i）以固定的时间间隔评审分发列表和已授权接收者列表。

其他信息

这些程序应用于文件、计算系统、网络、移动计算、移动通信、邮件、话音邮件、通用话音通信、多媒体、邮政服务或设施、传真机的使用和任何其他敏感项目（例如，空白支票、发票）中的信息。

10.7.4　系统文件安全

控制措施

应保护系统文件以防止未授权的访问。

实施指南

对于系统文件安全，应考虑下列条款：

a）要安全地存储系统文件；

b）将系统文件的访问人员列表保持在最小范围，并且由应用责任人授权；

c）应妥善地保护保存在公用网络上的或经由公用网络提供的系统文件。

其他信息

系统文件可以包含一系列敏感信息，例如，应用过程的描述、程序、数据结构、授权过程。

10.8　信息交换

目标：保持组织内信息和软件交换及与外部组织信息和软件交换的安全。

组织间信息和软件的交换应基于一个正式的交换策略，按照交换协议执行，还应服从任何相关法律（见第15章）。

要建立程序和标准，以保护信息和在传输中包含信息的物理介质。

10.8.1　信息交换策略和程序

控制措施

应有正式的交换策略、程序和控制措施，以保护通过使用各种类型通信设施的信息交换。

实施指南

使用电子通信设施进行信息交换的程序和控制应考虑下列条款：

a）设计用来防止交换信息遭受截取、复制、修改、错误寻址和破坏的程序。

b）检测和防止可能通过使用电子通信传输的恶意代码的程序。

c）保护以附件形式传输的敏感电子信息的程序。

d）简述电子通信设施可接受使用的策略或指南（见7.1.3）。

e）无线通信使用的程序，要考虑所涉及的特定风险。

f）雇员、承包方人员和所有第三方人员不危害组织的职责，例如诽谤、扰乱、扮演、连锁信寄送、未授权购买等。

g）密码技术的使用，例如保护信息的保密性、完整性和真实性（见12.3）。

h）所有业务通信（包括消息）的保持和处理指南，要与相关国家和地方法律法规一致。

i）不将敏感或关键信息留在打印设施上，例如复印机、打印机和传真机，因为这些设施可能被未授权人员访问。

j）与通信设施转发相关的控制措施和限制，例如将电子邮件自动转发到外部邮件地址。

k）提醒工作人员应采取相应预防措施，例如，为不泄露敏感信息，避免打电话时被无意听到或窃听：

1）当使用移动电话时，要特别注意在他们附近的人；

2）搭线窃听、通过物理访问手持电话或电话线路以及受用扫描接收器的其他窃听方式；

3）接收端的人。

l）不要将包含敏感信息的消息留在应答机上，因为可能被未授权个人重放，也不能留在公用系统或者由于误拨号码而被不正确地存储。

m）提醒工作人员关于传真机的使用问题，即：

1）未授权访问内置消息存储器，以检索消息；

2）有意地或无意地对传真机编程，将消息发送给特定的电话号码；

3）由于误拨号码或使用错误存储的号码将文档和消息发送给错误的电话号码。

n）提醒工作人员不要注册统计数据，例如任何软件中的电子邮件地址或其他人员信息，以避免未授权人员收集。

o）提醒工作人员现代的传真机和影印机都有页面缓冲并在页面或传输故障时存储页面，一旦故障消除，这些将被打印。

另外，应提醒工作人员，不要在公共场所或开放办公室和薄围墙的会场进行保密会谈。

信息交换设施应符合所有相关的法律要求（见第15章）。

其他信息

可能通过使用很多不同类型的通信设施进行信息交换，例如电子邮件、声音、传真和视频。

可能通过很多不同类型的介质进行软件交换，包括从互联网下载和从出售现货的供应商处获得。

应考虑与电子数据交换、电子商务、电子通信和控制要求相关的业务、法律和安全蕴涵。

由于在使用信息交换设施时缺乏意识、策略或程序，因此可能泄露信息，例如，在公开场所的移动电话被偷听、电子邮件消息的指示错误、应答机被偷听，未授权访问拨号语音邮件系统或使用传真设备意外地将传真发送到错误的传真设备上。

如果通信设施失灵、过载或中断，则可能中断业务运行并损坏信息（见10.3或第14章）。如果上述通信设施被未授权用户所访问，也可能损害信息（见第11章）。

10.8.2　交换协议

<u>控制措施</u>

应建立组织与外部团体交换信息和软件的协议。

<u>实施指南</u>

交换协议应考虑以下安全条款：

a）控制和通知传输、分派和接收的管理职责；

b）通知传输、分派和接收的发送者的程序；

c）确保可追溯性和不可抵赖性的程序；

d）打包和传输的最低技术标准；

e）有条件转让契约；

f）送信人标识标准；

g）如果发生信息安全事件的职责和义务，例如数据丢失；

h）商定的标记敏感或关键信息的系统的使用，确保标记的含义能直接理解，信息受到适当的保护；

i）数据保护、版权、软件许可证符合性及类似考虑的责任和职责（见15.1.2和15.1.4）；

j）记录和阅读信息和软件的技术标准；

k）为保护敏感项，可以要求任何专门的控制措施，例如密钥（见12.3）。

应建立和保持策略、程序和标准，以保护传输中的信息和物理介质（见10.8.3），这些还应在交换协议中进行引用。

任何协议的安全内容应反映涉及的业务信息的敏感度。

<u>其他信息</u>

协议可以是电子的或手写的，可能采取正式合同或任用条款的形式。对敏感信息而言，信息交换使用的特定机制对于所有组织和各种协议应是一致的。

10.8.3　运输中的物理介质

控制措施

包含信息的介质在组织的物理边界以外运送时，应防止未授权的访问、不当使用或毁坏。

实施指南

应考虑下列指南以保护不同地点间传输的信息介质：

a）应使用可靠的运输或送信人；

b）授权的送信人列表应经管理者批准；

c）应开发检查送信人识别的程序；

d）包装要足以保护信息免遭在运输期间可能出现的任何物理损坏，并且符合制造商的规范（例如软件），例如防止可能减少介质恢复效力的任何环境因素，例如暴露于过热、潮湿或电磁区域；

e）若需要，应采取专门的控制，以保护敏感信息免遭未授权泄露或修改；例如包括：

1）使用可上锁的容器；

2）手工交付；

3）防篡改的包装（它可以揭示任何想获得访问的企图）；

4）在异常情况下，把托运货物分解成多次交付，并且通过不同的路线发送。

其他信息

信息在物理传输期间（例如通过邮政服务或送信人传送）易受未授权访问、不当使用或破坏。

10.8.4　电子消息发送

控制措施

包含在电子消息发送中的信息应给予适当的保护。

实施指南

电子消息发送的安全考虑应包括以下方面：

a）防止消息遭受未授权访问、修改或拒绝服务攻击；

b）确保正确的寻址和消息传输；

c）服务的通用可靠性和可用性；

d）法律方面的考虑，例如电子签名的要求；

e）在使用外部公开服务（例如即时消息或文件共享）前获得批准；

f）更强的用以控制从公开可访问网络进行访问的认证级别。

其他信息

电子消息（例如电子邮件、电子数据交换（EDI）、即时消息）在业务通信中充当一个日益重要的角色。电子消息与基于通信的纸面文件相比有不同的风险。

10.8.5　业务信息系统

控制措施

应建立并实施有关策略和程序，以保护与业务信息系统互联相关的信息。

实施指南

对于互连接（例如设施）的安全和业务蕴涵的考虑应包括：

a）信息在组织内的不同部门间共享时，在管理和会计系统中已知的脆弱性；

b）业务通信系统中的信息的脆弱性，例如，记录电话呼叫或会议呼叫、呼叫的保密性、传真的存储，打开邮件，邮件分发；

c）管理信息共享的策略和适当的控制；

d）如果系统不提供适当级别的保护（见7.2），则没有考虑到敏感业务信息的类别和分类的文件；

e）限制访问与特定人员（例如，参与敏感项目的工作人员）相关的日志信息；

f）允许使用系统的工作人员、合同方或业务伙伴的类别以及可以访问该系统的位置；

g）对特定的用户限制所选定的设施；

h）识别出用户的身份，例如，组织的雇员，或者为其他用户利益的目录中的合同方；

i）系统上存放的信息的保留和备份；

j）基本维持运行的要求和安排（见第14章）。

其他信息

办公信息系统可通过结合使用文档、计算机、移动计算、移动通信、邮件、话音邮件、通用话音通信、多媒体、邮政服务/设施和传真机，来快速传播和共享业务信息。

10.9　电子商务服务

目标：确保电子商务服务的安全及其使用安全。

应考虑与使用电子商务服务相关的安全蕴涵，包括在线交易和控制要求。还应考虑通过公开可用系统以电子方式公布的信息的完整性和可用性。

10.9.1　电子商务

控制措施

包含在使用公共网络的电子商务中的信息应受保护，以防止欺诈活动、合同争议和未授权的泄露和修改。

实施指南

电子商务的安全考虑应包括：

a）在彼此声称的身份中，每一方要求的信任级别，例如通过认证；

b）与谁设定价格、发布或签署关键交易文件相关的授权；

c）确保贸易伙伴完全接到他们的职责的通知；

d）决定并满足保密性、完整性和关键文件的分发和接收的证明以及合同不可抵赖性方面的要求，例如关于提出和订约过程；

e）公开价格表的完整性所需的可信级别；

f）任何敏感数据或信息的保密性；

g）任何订单交易、支付信息、交付地址细节和接收确认的保密性和完整性；

h）适于检查用户提供的支付信息的验证程度；

i）为防止欺诈，选择最适合的支付解决形式；

j）为保持订单信息的保密性和完整性要求的保护级别；

k）避免交易信息的丢失或复制；

l）与所有欺诈交易相关的责任；

m）保险要求。

上述许多考虑可以通过应用密码技术来实现（见12.3），还要考虑符合法律要求（见15.1，特别见15.1.6密码法规）。

应通过文件化的协议来支持贸易伙伴之间的电子商务安排，该协议使双方致力于商定的交易条款，包括授权细节（见上述b）项）。与信息服务部门和增值网络提供者的其他协议可能也是必要的。

公共交易系统应向顾客公布其业务项目。

对用于电子商务的主机受攻击的恢复能力以及其电子商务服务实现所要求的任何网络互连的安全所涉及的问题应予以考虑（见11.4.6）。

其他信息

电子商务易受到许多网络威胁，这些威胁可能导致欺诈活动、合同争端和信息的泄露或修改。

电子商务能充分利用安全认证方法（例如使用公开密钥系统和数字签名（见12.3））以减少风险。另外，当需要这些服务时，可使用可信第三方。

10.9.2　在线交易

控制措施

包含在在线交易中的信息应受保护，以防止不完全传输、错误路由、未授权的消息篡改、未授权的泄露、未授权的消息复制或重放。

实施指南

在线交易的安全考虑应包括以下几点：

a）交易中涉及的每一方的电子签名的使用。

b）交易的所有方面，例如确保：

1）各方的用户信任是有效的并经过验证的；

2）交易是保密的；

3）保留与涉及的各方相关的隐私。

c）加密涉及的各方的通信路径。

d）在涉及的各方之间通信的协议是安全的。

e）确保交易细节存储于任何公开可用环境之外（例如存储于组织内部互联网的存储平台），不留在或暴露于互联网可直接访问的存储介质上。

f）当使用一个可信权威时（例如为了颁布及维护数字签名及/或数字认证），安全可集成嵌入到整个端到端认证/签名管理过程中。

其他信息

采用控制措施的程度要对应于在线交易的每个形式相关的风险级别。

交易需要符合交易产生、处理、完成或存储的管理区域的法律、规则和法规。

存在很多形式的交易可用在线的方式执行，例如契约的或财政的，等等。

10.9.3　公共可用信息

<u>控制措施</u>

在公共可用系统中可用信息的完整性应受保护，以防止未授权的修改。

<u>实施指南</u>

应通过适当的机制（例如数据签名（见12.3））保护需要高完整性级别的，可在公共可用系统中得到的软件、数据和其他信息。在信息可用前，应测试公共可用系统，以防止弱点和故障。

在信息公开可用前，应有正式的授权过程。另外，所有从外部对系统提供的输入应经过验证和批准。

应小心地控制电子发布系统，特别是允许反馈和直接录入信息的那些电子发布系统，以便：

a）按照任何数据保护法律获得信息（见15.1.4）；

b）对输入到发布系统并由发布系统处理的信息将以及时的方式完整而准确地予以处理；

c）在收集信息过程期间和存储信息时，保护敏感信息；

d）对发布系统的访问不允许无意识地访问与之连接的网络。

<u>其他信息</u>

在公共可用系统上的信息（例如经由 Internet 可访问的 Web 服务器上的信息）需要符合该系统所在的或贸易发生的或责任人居住的管辖区域内的法律、规则和规章。发布信息的未授权修改可能损害发布组织的声望。

10.10　监视

目标：检测未经授权的信息处理活动。

应监视系统，记录信息安全事态。应使用操作员日志和故障日志以确保识别出信息系统的问题。

一个组织的监视和日志记录活动应遵守所有相关法律的要求。

应使用系统监视检查所采用控制措施的有效性，并验证与访问策略模型的一致性。

10.10.1　审计日志

控制措施

应产生记录用户活动、异常和信息安全事态的审计日志，并要保持一个已设的周期以支持将来的调查和访问控制监视。

实施指南

审计日志应在需要时包括：

a）用户 ID；

b）日期、时间和关键事态的细节，例如登录和退出；

c）在可能的情况下应包括终端身份或位置；

d）成功的和被拒绝的对系统尝试访问的记录；

e）成功的和被拒绝的对数据以及其他资源尝试访问的记录；

f）系统配置的变化；

g）特殊权限的使用；

h）系统实用工具和应用程序的使用；

i）访问的文件和访问类型；

j）网络地址和协议；

k）访问控制系统引发的警报；

l）防护系统的激活和停用，例如防病毒系统和入侵检测系统。

其他信息

审计日志包含入侵和机密人员的数据，应采取适当的隐私保护措施（见 15.1.4）。可能时，系统管理员不应有删除或停用他们自己活动日志的权利。

10.10.2　监视系统的使用

控制措施

应建立信息处理设施的监视使用程序，监视活动的结果要经常评审。

实施指南

各个设施的监视级别应由风险评估决定。一个组织应符合所有相关的适用于监视活动的法律要求。要考虑的范围包括：

a）授权访问，包括细节，例如：

1）用户 ID；

2）关键事态的日期和时间；

3）事态类型；

4）访问的文件；

5）使用的程序/工具。

b）所有特殊权限操作，例如：

1）特殊权限账户的使用，例如监督员、根用户、管理员；

2）系统的启动和终止；

3）I/O设备的装配/拆卸。

c）未授权的访问尝试，例如：

1）失败的或被拒绝的用户活动；

2）失败的或被拒绝的涉及数据和其他资源的活动；

3）违反访问策略或网关和防火墙的通知；

4）私有入侵检测系统的警报。

d）系统警报或故障，例如：

1）控制台警报或消息；

2）系统日志异常；

3）网络管理警报；

4）访问控制系统引发的警报。

e）改变或企图改变系统的安全设置和控制措施。

监视活动的结果多长时间进行评审应依赖于涉及的风险。应考虑的风险因素包括：

a）应用过程的关键程度；

b）所涉及信息的价值、敏感度和关键程度；

c）系统渗透和不当使用的经历，脆弱性被利用的频率；

d）系统互连接的程度（尤其是公共网络）；

e）设备被停用的日志记录。

其他信息

必须使用监视程序以确保用户只执行被明确授权的活动。

日志评审包括系统所面临威胁的理解和可能出现的方式。更多关于事件的例子见信息安全事件的13.1.1。

10.10.3　日志信息的保护

控制措施

记录日志的设施和日志信息应加以保护，以防止篡改和未授权的访问。

实施指南

应实施控制措施以防止日志设施被未授权更改和出现操作问题，例如：

a）更改已记录的消息类型；

b）日志文件被编辑或删除；

c）超越日志文件介质存储能力的界限，导致不能记录事态或过去记录事态被覆盖。

一些审计日志可能需要被存档，以作为记录保持策略的一部分，或由于收集和保留证据的要求（见13.2.3）而被存档。

其他信息

系统日志通常包含大量的信息，其中许多与安全监视无关。为帮助识别出对安全监视目的有重要意义的事态，应考虑将相应的消息类型自动地拷贝到第二份日志，和/或使用适合的系统实用工具或审计工具执行文件查询及规范化。

需要保护系统日志，因为如果其中的数据被修改或删除，可能导致一个错误的安全判断。

10.10.4　管理员和操作员日志

控制措施

系统管理员和系统操作员的活动应记入日志。

实施指南

日志要包括：

a）事态（成功的或失败的）发生的时间；

b）关于事态（例如处理的文件）或故障（发生的差错和采取的纠正措施）的信息；

c）涉及的账号和管理员或操作员；

d）涉及的过程。

系统操作员和操作员日志应定期评审。

其他信息

对在系统和网络管理员控制之外进行管理的入侵检测系统可以用来监视系统和网络管理活动的符合性。

10.10.5 故障日志

控制措施

故障应被记录、分析，并采取适当的措施。

实施指南

与信息处理或通信系统的问题有关的用户或系统程序所报告的故障要加以记录。对于处置所报告的故障要有明确的规则，包括：

a）评审故障日志，以确保已满意地解决故障；

b）评审纠正措施，以确保没有危及控制措施的安全，以及所采取的措施给予了充分授权。

如果具有错误记录的系统功能，应确保该功能处于开启状态。

其他信息

错误和故障日志记录能影响系统的性能。这些日志记录应由胜任的员工激活，对各个系统所需的日志记录的级别应由风险评估决定，要考虑性能的降低。

10.10.6 时钟同步

控制措施

一个组织或安全域内的所有相关信息处理设施的时钟应使用已设的精确时间源进行同步。

实施指南

若计算机或通信设备有能力运行实时时钟，则时钟应置为商定的标准，例如世界标准时间（UTC）或本地标准时间。当已知某些时钟随时间漂移，应有一个校验和校准所有重大变化的程序。

日期/时间格式的正确解释对确保时间戳反映实时的日期/时间是重要的。此外，还应考虑局部特异性（例如夏令时间）。

其他信息

正确设置计算机时钟对确保审计记录的准确性是重要的，审计日志可用于调查或作为法律、法规案件的证据。不准确的审计日志可能妨碍调查，并损害这种证据的可信性。链接到国家原子钟无线电广播时间的时钟可用于记录系统的主时钟。可以用网络时间协议保持所有服务器与主时钟同步。

4－11   访问控制

11.1   访问控制的业务要求

11.1.1   访问控制策略

控制措施

访问控制策略应建立、形成文件，并基于业务和访问的安全要求进行评审。

实施指南

应在访问控制策略中清晰地规定每个用户或每组用户的访问控制规则和权利。访问控制包括逻辑的和物理的（见第9章），二者应一起予以考虑。应给用户和服务提供商提供一份清晰的应满足的业务要求的说明。

策略应考虑到下列内容：

a）各个业务应用的安全要求；

b）与业务应用相关的所有信息的标识和该信息面临的风险；

c）信息传播和授权的策略，例如，了解原则和安全等级以及信息分类的需要（见7.2）；

d）不同系统和网络的访问控制策略和信息分类策略之间的一致性；

e）关于保护访问数据或服务的相关法律和合同义务（见15.1）；

f）组织内常见工作角色的标准用户访问轮廓；

g）在认可各种可用的连接类型的分布式和网络化环境中的访问权的管理；

h）访问控制角色的分离，例如访问请求、访问授权、访问管理；

i）访问请求的正式授权要求（见11.2.1）；

j）访问控制的定期评审要求（见11.2.4）；

k）访问权的取消（见8.3.3）。

其他信息

在规定访问控制规则时，应认真考虑下列内容：

a) 将强制性规则和可选的或有条件的指南加以区分；

b) 在"未经明确允许，则必须一律禁止"的前提下，而不是"未经明确禁止，一律允许"的规则的基础上建立规则；

c) 信息处理设施自动启动的信息标记（见7.2）和用户任意启动的信息标记的变更；

d) 信息系统自动启动的用户许可变更和由管理员启动的那些用户许可变更；

e) 在颁发之前，需要特别批准的规则以及无须批准的那些规则。

访问控制规则应有正式的程序支持，并清晰的定义职责（例如6.1.3、11.3、10.4.1、11.6）。

11.2 用户访问管理

目标：确保授权用户访问信息系统，并防止未授权的访问。

应有正式的程序来控制对信息系统和服务的访问权的分配。

这些程序应涵盖用户访问生存周期内的各个阶段，从新用户初始注册到不再需要访问信息系统和服务的用户的最终撤销。在适当的地方，应特别注意对有特殊权限的访问权的分配加以控制的需要，这种访问权可以使用户越过系统的控制措施。

11.2.1 用户注册

控制措施

应有正式的用户注册及注销程序，来授权和撤销对所有信息系统及服务的访问。

实施指南

用户注册和撤销的访问控制程序应包括：

a) 使用唯一用户 ID，使得用户与其行为连接起来，并对其行为负责；在对于业务或操作而言必需的地方，才允许使用组 ID，并应经过批准和形成文件；

b) 检查使用信息系统或服务的用户是否具有该系统拥有者的授权；取得管理者对访问权的单独批准也是合适的；

c) 检查所授予的访问级别是否与业务目的（见 11.1）相适合，是否与组织的安全方针保持一致，例如它没有违背责任分割原则（见10.1.3）；

d）给用户一份关于访问权的书面声明；

e）要求用户签署表示理解访问条件的声明；

f）确保直到已经完成授权程序，服务提供者才提供访问；

g）维护一份注册使用该服务的所有人员的正式记录；

h）立即取消或封锁工作角色或岗位发生变更，或离开组织的用户的访问权；

i）定期检查并取消或封锁多余的用户ID和账号（见11.2.4）；

j）确保多余的用户ID不会发给其他用户。

其他信息

应考虑基于业务要求建立用户访问角色，它将大量的访问权归结到典型的用户访问轮廓中。在这种角色级别上对访问请求和评审（见11.2.4）进行管理要比在特定的权限级别上容易些。

应考虑在人员合同和服务合同中将在员工或服务代理试图进行未授权访问时的有关处罚措施的条款包括进去（见6.1.5、8.1.3和8.2.3）。

11.2.2 特殊权限管理

控制措施

应限制和控制特殊权限的分配及使用。

实施指南

需要防范未授权访问的多用户系统应通过正式的授权过程使特殊权限的分配受到控制。应考虑下列步骤：

a）应标识出与每个系统产品（例如，操作系统、数据库管理系统）和每个应用程序相关的访问特殊权限，以及必须将其分配的用户；

b）特殊权限应按照访问控制策略（见11.1.1）在"按需使用"和"一事一议"的基础上分配给用户，例如仅当需要时，才为其职能角色分配最低要求；

c）应维护所分配的各个特殊权限的授权过程及其记录。在未完成授权过程之前，不应授予特殊权限；

d）应促进开发和使用系统例行程序，以避免把特殊权限授予用户的需要；

e）应促进开发和使用避免具有特殊权限才能运行的程序；

f）特殊权限应被分配一个不同于正常业务用途所用的用户 ID。

其他信息

系统管理特殊权限（使用户无视系统或应用控制措施的信息系统的任何特性或设施）的不恰当使用可能是一种导致系统故障或违规的主要因素。

11.2.3　用户口令管理

控制措施

应通过正式的管理过程控制口令的分配。

实施指南

此过程应包括下列要求：

a）应要求用户签署一份声明，以保证个人口令的保密性和组口令仅在该组成员范围内使用；签署的声明可包括在任用条款和条件中（见8.1.3）；

b）若需要用户维护自己的口令，应在初始时提供给他们一个安全的临时口令（见11.3.1），并强制其立即改变；

c）在提供一个新的、代替的或临时的口令之前，要建立验证用户身份的程序；

d）应以安全的方式将临时口令给予用户；应避免使用第三方或未保护的（明文）电子邮件消息；

e）临时口令对个人而言应是唯一的、不可猜测的；

f）用户应确认收到口令；

g）口令不应以未保护的形式存储在计算机系统内；

h）应在系统或软件安装后改变提供商的默认口令。

其他信息

口令是按照用户授权赋予对信息系统或服务的访问权之前，验证用户身份的一种常用手段。用户标识和鉴别的其他技术，诸如生物特征识别（如指纹验证、签名验证）和硬件标记的使用（如智能卡）这些技术均可用，如果合适，应加以考虑。

11.2.4　用户访问权的复查

控制措施

管理者应定期使用正式过程对用户的访问权进行复查。

实施指南

访问权的复查应考虑下列指南：

a）应定期（如周期为6个月）和在任何变更之后（例如提升、降级或雇用终止（见11.2.1），对用户的访问权进行复查；

b）当在同一个组织中从一个岗位换到另一个岗位时，应复查和重新分配用户的访问权；

c）对于特定的特殊权限的访问权的授权（见11.2.2）应在更频繁的时间间隔内进行复查，如周期为3个月；

d）应定期检查特殊权限的分配，以确保不能获得未授权的特殊权限；

e）具有特殊权限的账户的变更应在周期性复查时记入日志。

其他信息

定期复查用户的访问权对于保持对数据和信息服务的有效控制来说，是必要的。

11.3 用户职责

目标：防止未授权用户对信息和信息处理设施的访问、危害或窃取。

已授权用户的合作对实现有效的安全十分重要。

应使用户知悉其维护有效的访问控制的职责，特别是关于口令使用和用户设备的安全方面的职责。

应实施桌面清空和屏幕清空策略以降低未授权访问或破坏纸、介质和信息处理设施的风险。

11.3.1 口令使用

控制措施

应要求用户在选择及使用口令时，遵循良好的安全习惯。

实施指南

建议所有用户：

a）保密口令。

b）避免保留口令的记录（例如在纸上、软件文件中或手持设备中），除非可以对其进行安全地存储及存储方法得到批准。

c）每当有任何迹象表明系统或口令受到损害时就变更口令。

d) 选择具有最小长度的优质口令，这些口令：

1) 要易于记忆；

2) 不能基于别人容易猜测或获得的与使用人相关的信息，例如名字、电话号码和生日等；

3) 不容易遭受字典攻击（例如不是由字典中的词所组成的）；

4) 避免连续相同的，全数字的或全字母的字符。

e) 定期或以访问次数为基础变更口令（有特殊权限的账户的口令应比常规口令更频繁地予以变更），并且避免重新使用旧的口令或周期性使用旧的口令。

f) 在初次登录时更换临时口令。

g) 在任何自动登录过程（例如以宏或功能键存储）中，不要包含口令。

h) 个人的用户口令不要共享。

i) 不在业务目的和非业务目的中使用相同的口令。

如果用户需要访问多服务、系统或平台，并且要求维护多个单独的口令，则应建议他们可以使用同一个优质的口令（见上述 d)）用于所有服务，但用户要确信在每一个服务、系统或平台内对口令的存储建立了合理级别的保护。

其他信息

要特别小心管理处理口令丢失或忘记的桌面帮助系统，因为这也可能是对口令系统的一种攻击手段。

11.3.2 无人值守的用户设备

控制措施

用户应确保无人值守的用户设备有适当的保护。

实施指南

所有用户应了解保护无人值守的设备的安全要求和程序，以及他们对实现这种保护所负有的职责。建议用户应：

a) 结束时终止活动的会话，除非采用一种合适的锁定机制保证其安全，例如有口令保护的屏幕保护程序；

b) 当会话结束时退出主计算机、服务器和办公 PC（即不仅仅关掉 PC 屏幕或终端）；

c) 当不使用设备时（见 11.3.3），用带钥匙的锁或与之效果等同的控制措施来保护 PC 或终端免遭未授权使用，例如，口令访问。

其他信息

在用户范围内安装的设备（例如工作站或文件服务器）在长期无人值守时可能需要专门的保护，以防未授权访问。

11.3.3　清空桌面和屏幕策略

控制措施

应采取清空桌面上文件、可移动存储介质的策略和清空信息处理设施屏幕的策略。

实施指南

清空桌面和清空屏幕策略应考虑信息分类（见7.2）、法律和合同要求（见15.1）、相应的风险和组织的文化方面。下列指南应予以考虑：

a）当不用时，特别是当离开办公室时，应将敏感或关键业务信息（如在纸质或电子存储介质中的）锁起来（理想情况下，应锁在保险柜或保险箱或其他形式的安全设备中）；

b）当无人值守时，计算机和终端应注销，或使用由口令、令牌或类似的用户鉴别机制控制的屏幕和键盘锁定机制进行保护；当不使用时，应使用带钥匙的锁、口令或其他控制措施进行保护；

c）进出的邮件点和无人值守的传真机应受到保护；

d）应防止复印机或其他复制技术（例如扫描仪、数字照相机）的未授权使用；

e）包含敏感或机密信息的文件应立即从打印机中清除。

其他信息

清空桌面/清空屏幕策略降低了正常工作时间之中和之外对信息的未授权访问、丢失、破坏的风险。保险箱或其他形式的安全存储设施也可保护存储于其中的信息免受灾难（例如火灾、地震、洪水或爆炸）的影响。

要考虑使用带有个人识别码功能的打印机，使得原始操作人员是能获得打印输出的唯一人员，和站在打印机边的唯一人员。

11.4　网络访问控制

目标：防止对网络服务的未授权访问。

对内部和外部网络服务的访问均应加以控制。

访问网络和网络服务的用户不应损害网络服务的安全，应确保：

a）在本组织的网络和其他组织拥有的网络，以及公共网络之间有合适的接口；

b）对用户和设备应用合适的鉴别机制；

c）对用户访问信息服务的强制控制。

11.4.1　使用网络服务的策略

控制措施

用户应仅能访问已获专门授权使用的服务。

实施指南

应制定关于使用网络和网络服务的策略。这一策略应包括：

a）允许被访问的网络和网络服务；

b）确定允许哪个人访问哪些网络和网络服务的授权程序；

c）保护访问网络和网络服务的管理控制措施和程序；

d）访问网络和网络服务使用的手段（如拨号访问互联网服务提供商或远程系统的条件）。

网络服务使用策略应与业务访问控制策略相一致（见11.1）。

其他信息

与网络服务的未授权和不安全连接可以影响整个组织。对于敏感或关键业务应用的网络连接与高风险位置（例如超出组织安全管理和控制的公共区域或外部区域）的用户的网络连接而言，这一控制措施特别重要。

11.4.2　外部连接的用户鉴别

控制措施

应使用适当的鉴别方法以控制远程用户的访问。

实施指南

远程用户的鉴别可以使用，例如，密码技术、硬件令牌或询问/响应协议来实现。在各种各样的虚拟专用网络（VPN）解决方案中可以发现这种技术实现的可能。专线也可用来提供连接来源的保证。

回拨程序和控制措施，例如使用回拨调制解调器，可以防范组织信息处理设施的未授权和不希望的连接。这种类型的控制措施可鉴别从远程地点试图与组织网络建立连接的用户。当使用这种控制措施时，组织不应使用包括前向呼叫的网络服务，或者，如果使用了这种前向呼叫的网络服务，则应禁用这种特性，以避免与之相关的弱点。反向呼叫过程应确保组织发生了实际的连接断开。否则，远程用户可能保持线路开路，假装进行了反向呼叫验证。对于这种可能性，应充分地测试反向呼叫程序和控制措施。

若远程用户组被连接到一个安全的、共享的计算机设施，那么，结点鉴别可作为一种进行鉴别的替代手段。例如，密码技术建立在机器证书基础上，可用于结点鉴别。这是 VPN 解决方案中的一部分。

应实施另外的鉴别控制措施以控制对无线网络的访问。尤其是，由于不可检测的截取和插入网络流的机会较大，在为无线网络选择控制措施时需要特别小心。

其他信息

外部连接为未授权访问业务信息提供了可能，例如，通过拨号方法的访问。有不同类型的鉴别方法，其中某些方法能提供比其他方法更高级别的保护，例如，基于使用密码技术的方法可以提供强鉴别。重要的是根据风险评估确定需要的保护级别。这对于合适地选择一种鉴别方法是必需的。

与远程计算机自动连接的设施可能提供获得对业务应用的未授权访问。如果该连接使用了组织安全管理控制之外的网络，这一点尤其重要。

11.4.3　网络上的设备标识

控制措施

应考虑自动设备标识，将其作为鉴别特定位置和设备连接的方法。

实施指南

如果通信只能从某特定位置或设备处开始，则可使用设备标识。设备内的或贴在设备上的标识符可用于表示此设备是否允许连接网络。如果存在多个网络，尤其是如果这些网络有不同的敏感度，这些标识符应清晰的指明设备允许连接到哪个网络。考虑设备的物理保护以维护设备标识符的安全是必要的。

其他信息

这一控制措施可补充其他技术以鉴别设备的用户（见 11.4.2）。设备标识可用于用户鉴别。

11.4.4 远程诊断和配置端口的保护

控制措施

对诊断和配置端口的物理和逻辑访问应加以控制。

实施指南

对诊断和配置端口的访问可能采取的控制措施包括使用带钥匙的锁和支持程序，以控制对端口的物理访问。例如，这种支持程序是确保只有按照计算机服务管理人员和需要访问的硬件/软件支持人员之间的安排，才可访问诊断和配置端口。

如果没有特别的业务需要，那么安装在计算机或网络设施中的端口、服务和类似的设施，应禁用或取消。

其他信息

许多计算机系统、网络系统和通信系统都安装了远程诊断或配置工具，以便工程师维护使用。如果未加保护，则这些诊断端口提供了一种未授权访问的手段。

11.4.5 网络隔离

控制措施

应在网络中隔离信息服务、用户及信息系统。

实施指南

控制大型网络的安全的一种方法是将该网络分成独立的逻辑网络域，如组织的内部网络域和外部网络域，每个域受到已定义的安全周边的保护。不同等级的控制措施集可应用于不同的逻辑网络域，以进一步隔离网络安全环境，例如公共可访问系统、内部网络和关键资产。域的定义应基于风险评估和每个域内的不同安全要求。

这样的网络周边可以通过在互连的两个网络之间安装一个安全网关来实现，以控制这两个域之间的访问和信息流。这一网关应配置成能过滤这些域之间的通信量（见11.4.6和11.4.7），并且能按照组织的访问控制策略阻挡未授权访问（见11.1）。例如，这种类型的网关通常被称作防火墙。另外一个隔离独立的逻辑域的方法是通过为组织内的用户组使用虚拟专用网来限制网络访问。

网络隔离还可以使用网络设备的功能，例如IP转换。独立域可以通过使用路由/交换性能，诸如访问控制列表，控制网络数据流而实现。

将网络隔离成若干域的准则应基于访问控制策略和访问要求（见10.1），还要考虑到相关成本和加入适合的网络路由或网关技术的性能影响（见11.4.6和11.4.7）。

另外，为减少服务破坏的总的影响，网络的隔离应基于网络中存储或处理信息的价值和分类、信任级别或业务线。

应考虑无线网络与内部和专用网络的隔离。因为无线网络的周边不好定义，在这种情况下，应执行风险评估以识别控制措施（例如强鉴别、密码手段和频率选择），以维持网络隔离。

其他信息

正在日益扩充的网络超出了传统的组织边界，因为形成的业务伙伴可能需要信息处理和网络设施的互联或共享。这样的扩充可能增加对使用此网络的现有的信息系统进行未授权访问的风险，其中的某些系统由于其敏感性或关键性可能需要防范其他的网络用户。

11.4.6　网络连接控制

控制措施

对于共享的网络，特别是越过组织边界的网络，用户的联网能力应根据访问控制策略和业务应用要求加以限制（见11.1）。

实施指南

应按照访问控制策略的要求，维护和更新用户的网络访问权（见11.1.1）。

用户的连接能力可通过网关来限制，该网关按照预先定义的表或规则过滤通信量。应运用限制的应用示例：

a）消息传递，例如电子邮件；

b）文件传送；

c）交互式访问；

d）应用访问。

应考虑将网络访问权与某天的特定时间或日期连接起来。

其他信息

共享网络，特别是扩充跨越组织边界的那些共享网络的访问控制策略要求，可能需要引入限制用户连接能力的控制措施。

11.4.7 网络路由控制

控制措施

应在网络中实施路由控制，以确保计算机连接和信息流不违反业务应用的访问控制策略。

实施指南

路由控制措施应基于确定的源地址和目的地址校验机制。

如果使用了代理和/或网络地址转换技术，则可使用安全网关在内部和外部网络控制点验证源地址和目的地址。实施者应了解所采用的机制的强度和缺点。网络路由控制的要求应基于访问控制策略（见11.1）。

其他信息

共享网络，特别是扩充跨越组织边界的那些共享网络，可能需要另外的路由控制措施。在与第三方（非组织）用户共享的网络中，这一控制措施特别适用。

11.5 操作系统访问控制

目标：防止对操作系统的未授权访问。

应使用安全设施以限制授权用户访问操作系统。这些设施应该包括下列内容：

a) 按照已定义的访问控制策略鉴别授权用户；

b) 记录成功和失败的系统鉴别企图；

c) 记录专用系统特殊权限的使用；

d) 当违背系统安全策略时发布警报；

e) 提供合适的鉴别手段；

f) 恰当时，限制用户的连接次数。

11.5.1 安全登录程序

控制措施

访问操作系统应通过安全登录程序加以控制。

实施指南

登录操作系统的程序应设计成使未授权访问的机会减到最小。因此，登录程序应泄露最少有关系统的信息，以避免给未授权用户提供任何不必要的帮助。良好的登录程序应：

a）不显示系统或应用标识符，直到登录过程已成功完成为止。

b）显示只有已授权的用户才能访问计算机的一般性的警告通知。

c）在登录过程中，不提供对未授权用户有帮助作用的帮助消息。

d）仅在所有输入数据完成时才验证登录信息。如果出现差错情况，系统不应指出数据的哪一部分是正确的或不正确的。

e）限制所允许的不成功登录尝试的次数（推荐 3 次）并考虑：

1）记录不成功的尝试和成功的尝试；

2）在允许进一步登录尝试之前，强加一次延迟，或在没有特定授权情况下拒绝任何进一步的尝试；

3）断开数据链路连接；

4）如果达到登录的最大尝试次数，向系统控制台发送警报消息；

5）结合口令的最小长度和被保护系统的价值，设置口令重试的次数。

f）限制登录程序所允许的最大和最小次数。如果超时，则系统应终止登录。

g）在成功登录完成时，显示下列信息：

1）前一次成功登录的日期和时间；

2）上次成功登录之后的任何不成功登录尝试的细节。

h）不显示输入的口令或考虑通过符号隐藏口令字符。

i）不在网络上以明文传输口令。

其他信息

在网络上登录会话期间，如果口令以明文传输，它们可能会被网络上的网络"嗅探器"程序捕获。

11.5.2 用户标识和鉴别

控制措施

所有用户应有唯一的、专供其个人使用的标识符（用户 ID），应选择一种适当的鉴别技术证实用户所宣称的身份。

实施指南

应将这一控制措施应用于所有类型的用户（包括技术支持人员、操作员、网络管理员、系统程序员和数据库管理员）。

应使用用户 ID 来将各个活动追踪到各个责任人。常规的用户活动不应使用有特殊权限的账户执行。

在例外情况下，如存在明显的业务利益，可以采用一组用户或一项特定作业使用一个共享的用户 ID 的做法。对于这样的情况，应将管理者的批准形成文件。为保持可核查性，可以要求另外的控制措施。

应仅在下列情况下允许个人使用的普通 ID，即该 ID 执行的可访问功能或行为不需要追踪（例如只读访问），或者具有其他控制措施（例如，普通 ID 的口令一次仅发给一个员工，并记录这种情况）。

需要强鉴别和身份验证时，应使用鉴别方法代替口令，例如，密码手段、智能卡、令牌或生物特征识别手段。

其他信息

口令（见 11.3.1 和 11.5.3）是一种非常通用的提供标识和鉴别的方法，这种标识和鉴别是建立在只有用户知悉的秘密的基础上的。使用密码手段和鉴别协议也可以获得同样的效果。用户标识和鉴别的强度应和所访问信息的敏感程度相适应。

用户拥有的对象（诸如记忆令牌或智能卡）也可以用于标识和鉴别。利用个人的唯一特征或属性的生物特征鉴别技术也可用来鉴别个人的身份。技术和机制的安全组合将产生更强的鉴别。

11.5.3　口令管理系统

控制措施

口令管理系统应是交互式的，并应确保优质的口令。

实施指南

一个口令管理系统应：

a）强制使用个人用户 ID 和口令，以保持可核查性；

b）允许用户选择和变更他们自己的口令，并且包括一个确认程序，以便考虑到输入出错的情况；

c）强制选择优质口令（见 11.3.1）；

d）强制口令变更（见 11.3.1）；

e）在第一次登录时强制用户变更临时口令（见 11.2.3）；

f）维护用户以前使用的口令的记录，并防止重复使用；

g）在输入口令时，不在屏幕上显示；

h）分开存储口令文件和应用系统数据；

i）以保护的形式（例如加密或哈希）存储和传输口令。

其他信息

口令是确认用户具有访问计算机服务的授权的主要手段之一。

某些应用要求由某个独立授权机构来分配用户口令，在这种情况下，上述指南 b）、d）和 e）不适用。在大多数情况下，口令由用户选择和维护。使用口令的指南参见 11.3.1。

11.5.4 系统实用工具的使用

控制措施

可能超越系统和应用程序控制措施的实用工具的使用应加以限制并严格控制。

实施指南

应考虑使用系统实用工具的下列指南：

a）对系统实用工具使用标识、鉴别和授权程序；

b）将系统实用工具和应用软件分开；

c）将使用系统实用工具的用户限制到可信的、已授权的最小实际用户数（见 11.2.2）；

d）特别系统实用工具的授权；

e）限制系统实用工具的可用性，例如，在授权变更的时间内；

f）记录系统实用工具的所有使用；

g）对系统实用工具的授权级别进行定义并形成文件；

h）移去或禁用基于实用工具和系统软件的所有不必要软件；

i）当要求责任分割时，禁止访问系统中应用程序的用户使用系统实用工具。

其他信息

大多数计算机安装有一个或多个可能超越系统和应用控制措施的系统实用工具。

11.5.5 会话超时

控制措施

不活动会话应在一个设定的休止期后关闭。

实施指南

在一个设定的休止期后，超时设施应清空会话屏幕，并且也可能在超时更长时，关闭应用和网络会话。超时延迟应反映该范围的安全风险，被处理的信息和被使用的应用程序的类别，以及与设备的用户相关的风险。

对某些清空屏幕并防止未授权访问，但没有关闭应用或网络会话的系统可以提供一种受限制的超时设施形式。

其他信息

这一控制措施在高风险位置特别重要，包括那些在组织安全管理之外的公共或外部区域。会话应关闭以防止未授权人员访问和拒绝服务攻击。

11.5.6　联机时间的限定

控制措施

应使用联机时间的限制，为高风险应用程序提供额外的安全。

实施指南

应考虑对敏感的计算机应用程序，特别是安装在高风险位置（例如，超出组织安全管理的公共或外部区域）的应用程序，使用连机时间的控制措施。这种限制的示例包括：

a）使用预先定义的时隙，如对批文件传输，或定期的短期交互会话；

b）如果没有超时或延时操作的要求，则将连机时间限于正常办公时间；

c）考虑定时进行重新鉴别。

其他信息

限制与计算机服务连接的允许时间可减少未授权访问机会。限制活动会话的持续时间可防范用户保持会话打开而阻碍重新鉴别。

11.6　应用和信息访问控制

目标：防止对应用系统中信息的未授权访问。

应使用安全设施来限制对应用系统的访问和应用系统内的访问。

对应用软件和信息的逻辑访问应只限于已授权的用户。应用系统应：

a）按照已确定的访问控制策略，控制用户访问信息和应用系统功能；

b）提供防范能够超越或绕过系统或应用控制措施的任何实用工具、操作系统软件和恶意软件的未授权访问；

c）不损坏与之共享信息资源的其他系统的安全。

11.6.1　信息访问限制

控制措施

用户和支持人员对信息和应用系统功能的访问应依照已确定的访问控制策略加以限制。

实施指南

对访问的限制应基于各个业务应用要求。访问控制策略还应与组织的访问策略（见 11.1）一致。

为支持访问限制要求，应考虑应用以下指南：

a）提供控制访问应用系统功能的选择单；

b）控制用户的访问权，如读、写、删除和执行；

c）控制其他应用的访问权；

d）确保处理敏感信息的应用系统的输出仅包含与使用输出相关的信息，并且仅发送给已授权的终端和地点；这应包括周期性评审这种输出，以确保去掉多余信息。

11.6.2　敏感系统隔离

控制措施

敏感系统应有专用的（隔离的）运算环境。

实施指南

对于敏感系统隔离，应考虑以下内容：

a）应用程序的责任人应明确识别应用系统的敏感程度，并将其形成文件（见 7.1.2）。

b）当敏感应用程序在共享的环境中运行时，该敏感应用程序的责任人应识别并接受与其共享资源的应用系统及相关风险。

其他信息

某些应用系统对潜在的损失十分敏感，因此要求特别处理。敏感性可能表示该应用系统：

a）应运行在专用的计算机上；

b）应仅与可信的应用系统共享资源。

隔离可通过使用物理或逻辑手段实现（见 11.4.5）。

11.7　移动计算和远程工作

目标：确保使用移动计算和远程工作设施时的信息安全。

需要的保护措施应与这些特定工作方式引起的风险相称。

当使用移动计算时，应考虑在不受保护的环境中的工作风险，并应用合适的保护措施。在远程工作的情况下，组织应在远程工作地点应用保护措施，并确保对这种工作方式有合适的安排。

11.7.1　**移动计算和通信**

控制措施

应有正式策略并且采用适当的安全措施，以防范使用移动计算和通信设施时所造成的风险。

实施指南

当使用移动计算和通信设施，如笔记本、掌上电脑、便携式电脑、智能卡和移动电话时，应特别小心确保业务信息不被损害。移动计算策略应考虑到在不受保护的环境下使用移动计算设备工作的风险。

移动计算策略应包括对物理保护、访问控制、密码技术、备份和病毒防护的要求。这一策略也应包括关于移动设施与网络连接的规则和建议，以及关于在公共场合使用这些设施的指南。

当在组织建筑物之外的公共场所、会议室和其他不受保护的区域使用移动计算设施时，应加以小心。为避免未授权访问或泄露这些设施所存储和处理的信息，应有到位的保护措施，例如，使用密码技术（见12.3）。

在公共场合使用移动计算设施的用户，应小心谨慎以避免未授权人员窥视的风险。防范恶意软件的程序应到位并且保持最新（见10.4）。

应定期对关键业务信息进行备份。应有可用的设备使信息得到快速、简便的备份。对这些备份应采取足够的防范措施，如，防范信息丢失或被偷窃。

对与网络连接的移动设施的使用应提供合适的保护。只有在成功标识和鉴别之后，且具有合适的访问控制机制的情况下，才可利用移动计算设施通过公共网络远程访问业务信息（见11.4）。

还应对移动计算设施进行物理保护，以防被偷窃，例如，特别是遗留在汽车和其他形式的运输工具上、旅馆房间、会议中心和会议室里的移动计算设施。应为移动计算设施的被窃或丢失等情况建立一个符合组织的法律、保险和其他安全要求的特定程序。携带重要、敏感或关键业务信息的设备不应无人值守，若有可能，应以物理的方式锁起来，或使用专用锁来保护设备（见9.2.5）。

对使用移动计算设施的人员应安排培训，以提高他们对这种工作方式导致的附加风险的意识，并且应实施控制措施。

其他信息

移动网络无线连接类似于其他类型的网络连接，但在确定控制措施时，应考虑两者的重要区别。典型的区别有：

a）一些无线安全协议是不成熟的，并有已知的弱点；

b）在移动计算机上存储的信息可能不能备份，因为受限的网络带宽和/或因为移动设备在规定的备份时间不能进行连接。

11.7.2　远程工作

控制措施

应为远程工作活动开发和实施策略、操作计划和程序。

实施指南

组织应仅在有合适的安全部署和控制措施到位，且这些符合组织的安全方针的情况下，才授权远程工作活动。

应有对远程工作场地的合适保护措施，以防范设备和信息被窃、信息的未授权泄露、对组织内部系统的未授权远程访问或设施滥用等。远程工作活动应由管理者授权和控制，且应确保对这种工作方式有合适安排。

应考虑下列内容：

a）远程工作场地的现有物理安全，要考虑到建筑物和本地环境的物理安全；

b）推荐的物理的远程工作环境；

c）通信安全要求，要考虑远程访问组织内部系统的需要，被访问的并且在通信链路上传递的信息的敏感性以及内部系统的敏感性；

d）住处的其他人员（例如，家人和朋友）未授权访问信息或资源的威胁；

e）家庭网络的使用和无线网络服务配置的要求或限制；

f）针对私有设备开发的预防知识产权争论的策略和程序；

g）法律禁止的对私有设备的访问（检查机器安全或在调查期间）；

h）使组织与雇员、承包方人员和第三方人员签订（雇员、承包方人员和第三方人员等私人拥有的工作站上的）客户端软件负有责任的软件许可协议；

i）防病毒保护和防火墙要求。

要考虑的指南和安排应包括：

a）当不允许使用不在组织控制下的私有设备时，对远程工作活动提供合适的设备和存储设施；

b）确定允许的工作、工作小时数、可以保持的信息分类和授权远程工作者访问的内部系统和服务；

c）提供适合的通信设备，包括使远程访问安全的方法；

d）物理安全；

e）有关家人和来宾访问设备和信息的规则和指南；

f）硬件和软件支持和维护的规定；

g）保险的规定；

h）用于备份和业务连续性的程序；

i）审核和安全监视；

j）当远程工作活动终止时，撤销授权和访问权，并返回设备。

<u>其他信息</u>

远程工作是利用通信技术来使得人员可以在其组织之外的固定地点进行远程工作的。

4－12　信息系统获取、开发与维护

12.1　信息系统的安全要求

目标：确保安全是信息系统的一个有机组成部分。

信息系统包括操作系统、基础设施、业务应用、非定制产品、服务和用户开发的应用。支持业务过程的信息系统的设计和实现可能是安全的关键。在信息系统开发和/或实现之前，应识别并商定安全要求。

应在项目需求阶段识别所有安全要求，并证明这些安全要求的合理性，对这些安全要求加以商定，并且将这些安全要求形成文档作为信息系统整体业务情况的一部分。

12.1.1 安全要求分析和说明

控制措施

在新的信息系统或增强已有信息系统的业务要求陈述中，应规定对安全控制措施的要求。

实施指南

控制措施要求的说明应考虑在信息系统中包含的自动控制措施，以及支持人工控制措施的需要。当评价业务应用（开发或购买）的软件包时，应进行类似的考虑。

安全要求和控制措施应反映出所涉及的信息资产的业务价值（见7.2），和可能由于安全故障或安全措施不足引起的潜在的业务损害。

信息安全的系统要求与实施安全的过程应在信息系统项目的早期阶段被集成。在设计阶段引入控制措施要比在实现期间或实现后引入控制措施的实施和维护的费用低得多。

如果购买产品，则应遵循一个正式的测试和获取过程。与供货商签的合同应提出已确定的安全要求。如果推荐的产品的安全功能不能满足安全要求，那么在购买产品之前应重新考虑引入的风险和相关控制措施。如果产品提供的附加功能引发了安全风险，那么应禁用该功能，或者应评审所推荐的控制结构，以判定是否可以利用该增强功能。

其他信息

如果被认为适合，例如考虑成本因素，管理者可能希望使用经过独立评价和认证的产品。关于 IT 安全产品评估准则的更多信息可参见 ISO/IEC 15408，或者其他评估和认证标准。

ISO/IEC TR 13335－3 提供了使用风险管理过程确定安全控制措施要求的指南。

12.2 应用中的正确处理

目标：防止应用系统中的信息的错误、遗失、未授权的修改及误用。

应用系统（包括用户开发的应用系统）内应设计合适的控制措施以确保正确处理。这些控制措施应包括对输入数据、内部处理和输出数据的验证。

对于处理敏感的、贵重的或关键的信息的系统或对这些信息有影响的系统时，可以要求另外的控制措施。这样的控制措施应在安全要求和风险评估的基础上加以确定。

12.2.1　输入数据验证

控制措施

输入应用系统的数据应加以验证，以确保数据是正确且恰当的。

实施指南

应将校验应用于业务交易、常备数据（如姓名和地址、信贷限值、顾客引用号码）和参数表（如销售价、货币兑换率、税率）的输入。应考虑下列指南：

a）双输入或其他输入校验，诸如边界校验或者限制特定输入数据范围的域，以检测下列错误：

1）范围之外的值；

2）数据字段中的无效字符；

3）丢失或不完整的数据；

4）超过数据的上下容量限制；

5）未授权的或矛盾的控制数据。

b）按期评审关键字段或数据文件的内容，以证实其有效性和完整性。

c）检查硬拷贝输入文档是否有任何未授权的变更（输入文档的所有变更均应予以授权）。

d）响应验证错误的程序。

e）测试输入数据合理性的程序。

f）定义在数据输入过程中所涉及的全部人员的职责。

g）创建在数据输入过程中所涉及的活动的日志。

其他信息

适用时，可以考虑对输入数据进行自动检查和验证，以减少出错的风险和预防包括缓冲区溢出和代码注入等普通的攻击。

12.2.2　内部处理的控制

控制措施

验证检查应整合到应用中，以检查由于处理的错误或故意的行为造成的信息的讹误。

实施指南

应用系统的设计与实现应确保导致完整性损坏的处理故障的风险减至最小。要考虑的特定范围包括：

a）使用添加、修改和删除功能，以实现数据变更；

b）防止程序以错误次序运行或在前面的处理故障后运行的程序（见10.1.1）；

c）使用适当的程序恢复故障，以确保数据的正确处理；

d）防范利用缓冲区超出/溢出进行的攻击。

应准备适当的检查列表，将检查活动文档化，并应保证检查结果的安全。可被考虑的检查例子如下：

a）会话或批控制措施，以便在交易更新之后调解数据文件平衡。

b）平衡控制措施，对照先前的封闭平衡来检查开放平衡，即：

1）运行到运行的控制措施；

2）文件更新总数；

3）程序到程序的控制措施。

c）验证系统生成的输入数据（见12.2.1）。

d）检查在中央计算机和远程计算机之间所下载或上传的数据或软件的完整性、真实性或者其他任何安全特性。

e）记录和文件的数位总和。

f）检查以确保应用程序在正确时刻运行。

g）检查以确保程序以正确的次序运行并且在发生故障时终止，以及在问题解决之前，停止进一步的处理。

h）创建处理时所涉及的活动的日志（见10.10.1）。

其他信息

正确输入的数据可能被硬件错误、处理错误和故意的行为所破坏。所需的验证检查取决于应用系统的性质和毁坏数据对业务的影响。

12.2.3　消息完整性

控制措施

应用中的确保真实性和保护消息完整性的要求应得到识别，适当的控制措施也应得到识别并实施。

实施指南

应进行安全风险的评估以判定是否需要消息完整性，并确定最合适的实施方法。

其他信息

密码技术（见12.3）可被用作一种合适的实现消息鉴别的手段。

12.2.4 输出数据验证

控制措施

从应用系统输出的数据应加以验证，以确保对所存储信息的处理是正确的且适于环境的。

实施指南

输出验证可以包括：

a）合理性检查，以测试输出数据是否合理；

b）调解控制措施的数量，以确保处理所有数据；

c）为读者或后续的处理系统提供足够的信息，以确定信息的准确性、完备性、精确性和分类；

d）响应输出验证测试的程序；

e）定义在数据输出过程中所涉及的全部人员的职责；

f）创建在数据输出验证过程中活动的日志。

其他信息

一般来说，系统和应用是在假设已经进行了适当的验证、确认和测试的条件下构建的，其输出总是正确的。然而，这种假设并不总是有效的，例如，已经过测试的系统仍可能在某些环境下产生不正确的输出。

12.3 密码控制

目标：通过密码方法保护信息的保密性、真实性或完整性。

应制定使用密码控制的策略。应有密钥管理以支持使用密码技术。

12.3.1 使用密码控制的策略

控制措施

应开发和实施使用密码控制措施来保护信息的策略。

实施指南

制定密码策略时，应考虑下列内容：

a）组织间使用密码控制的管理方法，包括保护业务信息的一般原则（见5.1.1）。

b）基于风险评估，应确定需要的保护级别，并考虑需要的加密算法的类型、强度和质量。

c）使用密码保护通过移动电话、可移动介质、设备或者通过通信线路传输的敏感信息。

d）密钥管理方法，包括应对加密密钥保护的方法，和在密钥丢失、损坏或毁坏后加密信息的恢复方法。

e）角色和职责，如谁负责：

1）策略的实施；

2）密钥管理，包括密钥生成（见12.3.2）。

f）为在整个组织内有效实施而采用的标准（哪种解决方案用于哪些业务过程）。

g）使用加密信息对控制措施的影响依赖于内容检查（例如，病毒检测）。

当实施组织的密码策略时，应考虑世界不同地区应用密码技术的规定和国家限制，以及加密信息跨越国界时的问题（见15.1.6）。

可以使用密码控制措施实现不同的安全目标，如：

a）保密性：使用信息加密以保护存储或传输中的敏感或关键信息；

b）完整性/真实性：使用数字签名和消息鉴别码以保护存储和传输中的敏感或关键信息的真实性和完整性；

c）不可否认性：使用密码技术获得一个事态或行为发生或未发生的证据。

其他信息

有关一个密码解决方案是否合适的决策，应被看做是一般的风险评估过程和选择控制措施的一部分。该评估可以用来判定一个密码控制措施是否合适，应运用什么类型的控制措施以及应用于什么目的和业务过程。

使用密码控制措施的策略对于使利益最大化，使利用密码技术的风险最小化，以及避免不合适或不正确的使用而言，十分必要。在使用数字签名时，应考虑任何相关的法律，特别是规定什么条件下数字签名被合法绑定的法律（见15.1）。

应征求专家建议以识别适当的保护级别，确定用以提供所需的保护及支持安全密钥管理系统实施的合适的规范（见12.3.2）。

ISO/IEC JTC1 SC27 已经制定了几个与密码控制有关的标准。更多的信息可以从 IEEE P1363 和 OECD 密码指南中获得。

12.3.2 密钥管理

<u>控制措施</u>

应有密钥管理以支持组织使用密码技术。

<u>实施指南</u>

应保护所有的密码密钥免遭修改、丢失和毁坏。另外，秘密和私有密钥需要防范非授权的泄露。用来生成、存储和归档的密钥设备应进行物理保护。

密钥管理系统应基于已商定的标准、程序和安全方法，以便：

a）生成用于不同密码系统和不同应用的密钥；

b）生成和获得公开密钥证书；

c）分发密钥给预期用户，包括在收到密钥时应如何激活；

d）存储密钥，包括已授权用户如何访问密钥；

e）变更或更新密钥，包括应何时变更密钥和如何变更密钥的规则；

f）处理已损害的密钥；

g）撤销密钥，包括应如何撤销或解除激活的密钥，例如，当密钥已损害时或当用户离开组织时（在这种情况下，密钥也要归档）；

h）恢复已丢失或损坏的密钥，作为业务连续性管理的一部分，例如，加密信息的恢复；

i）归档密钥，例如，对已归档的或备份的信息的密钥归档；

j）销毁密钥；

k）记录和审核与密钥管理相关的活动。

为了减少密钥损害的可能性，应规定密钥的激活日期和解除激活日期，以使它们只能用于有限的时间段。该时间段应根据所使用的密码控制的情况和察觉的风险而定。

除了安全地管理秘密和私有密钥外，还应考虑公开密钥的真实性。这一鉴别过程可以由证书认证机构正式颁发的公钥证书来完成，该认证机构应是一个具有合适的控制措施和程序以提供所需的信任度的公认组织。

与外部密码服务提供者（例如，与认证机构）签订的服务级协议或合同的内容，应涵盖服务责任、服务可靠性和服务规定的响应次数等若干问题（见6.2.3）。

其他信息

密码密钥的管理对有效使用密码技术来说是必需的。ISO/IEC 11770 提供了更多密钥管理的信息。两种类型的密码技术有：

a）秘密密钥技术，其中双方或多方共享同一密钥，并且该密钥用来加密和解密信息；这个密钥必须被秘密地保存，因为访问过它的任何人能使用该密钥来解密被加密的所有信息，或引入使用密钥的未授权信息；

b）公开密钥技术，其中每个用户拥有一对密钥，一个公开密钥（它可以被展现给任何人）和一个私有密钥（它必须被秘密地保存）。公开密钥技术可用于加密，并可用来产生数字签名（见ISO/IEC 9796 和 ISO/IEC 14888）。

存在通过替换某用户的公开密钥来伪造数字签名的威胁。这一问题可以通过使用公开密钥证书来解决。

密码技术还可以用来保护密钥。可能必须考虑处理访问秘密密钥的法律请求，例如，加密的信息可能需要以未加密的形式提供，以作为法庭案例的证据。

12.4　系统文件的安全

目标：确保系统文件的安全。

应控制对系统文件和程序源代码的访问。应以安全的方式管理 IT 项目和支持活动。在测试环境中应小心谨慎以避免泄露敏感数据。

12.4.1　运行软件的控制

控制措施

应有程序来控制在运行系统上安装软件。

实施指南

为使运行系统被损坏的风险减到最小，应考虑下列指南以控制变更：

a）应仅由受过培训的管理员，根据适当的管理授权，进行运行软件、应用和程序库的更新（见12.4.3）；

b）运行系统应仅安装经过批准的可执行代码，不安装开发代码和编译程序；

c) 应用和操作系统软件应在大范围的、成功的测试之后才能实施；所谓测试应包括实用性、安全性、在其他系统上的有效性和用户友好性，且测试应在独立的系统上完成（见10.1.4）；应确保所有对应的程序源库已经更新；

d) 应使用配置控制系统对所有已开发的软件和系统文件进行控制；

e) 在变更实施之前应有反复考虑的战略；

f) 应维护对运行程序库的所有更新的审核日志；

g) 应保留应用软件的先前版本作为应急措施；

h) 软件的旧版本，连同所有需要的信息和参数、程序、配置细节，以及归档中保留有数据的支持软件，均应被归档。

在运行系统中所使用的由厂商供应的软件应在供应商支持的级别上加以维护。一段时间后，软件供应商停止支持旧版本的软件，组织应考虑依赖不支持软件的风险。

升级到新版的任何决策应考虑变更的业务要求和新版的安全，即引入的新安全功能或影响该版本安全问题的数量和严重程度。当软件补丁有助于消除或减少安全弱点时，应使用软件补丁（见12.6.1）。

必要时在管理者批准的情况下，仅为了支持目的，才授予供应商物理或逻辑访问权。应监督供应商的活动。

计算机软件可能依赖于外部提供的软件和模块，应对这些产品进行监视和控制，以避免可能引入安全弱点的非授权的变更。

其他信息

操作系统应仅在需要升级的时候才进行升级，例如，在操作系统的当前版本不再支持业务要求的时候。只有在具有了可用的新版本的操作系统后才能进行升级。新版本的操作系统可能在安全、稳定和便于理解方面不如当前的系统。

12.4.2　系统测试数据的保护

控制措施

测试数据应认真地加以选择、保护和控制。

实施指南

应避免将包含个人信息或其他敏感信息的运行数据库用于测试。如果测试使用了个人或其他敏感信息，那么在使用之前应去除或修改所有的敏感细节和内容。当用于测试时，应使用下列指南保护运行数据：

a）应用于运行应用系统的访问控制程序，还应用于测试应用系统；

b）运行信息每次被拷贝到测试应用系统时应有独立的授权；

c）在测试完成之后，应立即从测试应用系统清除运行信息；

d）应记录运行信息的拷贝和使用日志以提供审核踪迹。

其他信息

系统和验收测试常常要求相当多的尽可能接近运行数据的测试数据。

12.4.3　对程序源代码的访问控制

控制措施

应限制访问程序源代码。

实施指南

对程序源代码和相关事项（诸如设计、说明书、确认计划和验证计划）的访问应严格控制，以防引入非授权功能和避免无意识的变更。对于程序源代码的保存，可以通过这种代码的中央存储控制来实现，更好的是放在源程序库中。为了控制对程序源码库的访问以减少潜在的对计算机程序的破坏，应考虑下列指南：

a）若有可能，在运行系统中不应保留源程序库；

b）程序源代码和源程序库应根据制定的程序进行管理；

c）应限制支持人员访问源程序库；

d）更新源程序库和有关事项，向程序员发布程序源码应在获得适当的授权之后进行；

e）程序列表应保存在安全的环境中（见10.7.4）；

f）应维护对源程序库所有访问的审核日志；

g）维护和拷贝源程序库应受严格变更控制程序的制约（见12.5.1）。

其他信息

程序源代码是由程序员编写的代码，经编译（或链接）后产生可执行代码。特定程序语言不能正式区分源代码和可执行代码，这是因为可执行代码是在它们被激活时产生的。

标准 ISO 10007 和 ISO/IEC 12207 提供了更多关于配置管理和软件生存周期过程的信息。

12.5 开发和支持过程中的安全

目标：维护应用系统软件和信息的安全。

应严格控制项目和支持环境。

负责应用系统的管理人员，也应负责项目或支持环境的安全。他们应确保评审所有推荐的系统变更，以检查这些变更不会损坏系统或操作环境的安全。

12.5.1 变更控制程序

控制措施

应使用正式的变更控制程序控制变更的实施。

实施指南

应将正式的变更控制程序文档化，并强制实施，以将信息系统的损坏减到最小。引入新系统和对已有系统进行大的变更应按照从文档、规范、测试、质量控制到实施管理这个正式的过程进行。

这个过程应包括风险评估、变更影响分析、所需的安全控制措施规范。这一过程还应确保不损坏现有的安全和控制程序，确保支持程序员仅能访问系统中其工作所需的那些部分，确保任何变更要获得正式商定和批准。

只要可行，应用和运行变更控制程序应集成起来（见10.1.2）。该变更程序应包括：

a）维护所商定授权级别的记录；

b）确保由授权的用户提交变更；

c）评审控制措施和完整性程序，以确保它们不因变更而损坏；

d）识别需要修正的所有软件、信息、数据库实体和硬件；

e）在工作开始之前，获得对详细建议的正式批准；

f）确保已授权的用户在实施之前接受变更；

g）确保在每个变更完成之后更新系统文档设置，并将旧文档归档或丢弃；

h）维护所有软件更新的版本控制；

i）维护所有变更请求的审核踪迹；

j）当需要时，确保对操作文档（见10.1.1）和用户程序作合适的变更；

k）确保变更的实施发生在正确的时刻，并且不干扰所涉及的业务过程。

其他信息

变更软件会影响运行环境。

良好的惯例包括在一个与生产和开发完全隔离的环境中测试新软件（见10.1.4）。对新软件进行控制和允许是对被用于测试目的的运行信息给予附加保护的手段。应包括补丁、服务包和其他更新。不应在关键系统中使用自动更新，因为某些更新可能会导致关键应用程序的失败（见12.6）。

12.5.2 操作系统变更后应用的技术评审

控制措施

当操作系统发生变更后，应对业务的关键应用进行评审和测试，以确保对组织的运行和安全没有负面影响。

实施指南

这一过程应涵盖：

a）评审应用控制和完整性程序，以确保它们不因操作系统变更而损坏；

b）确保年度支持计划和预算将包括由于操作系统变更而引起的评审和系统测试；

c）确保及时提供操作系统变更的通知，以便在实施之前进行合适的测试和评审；

d）确保对业务连续性计划进行合适的变更（见第14章）。

应该指定专门的组织和个人负责监视脆弱性和供应商发布的补丁和修正（见12.6）。

12.5.3 软件包变更的限制

控制措施

应对软件包的修改进行劝阻，限制必要的变更，且对所有的变更加以严格控制。

实施指南

如果可能且可行，应使用厂商提供的软件包，而无需修改。在必须修改软件包时，应考虑下列因素：

a）内置控制措施和完整性过程被损坏的风险；

b）是否应获得厂商的同意；

c) 当标准程序更新时，从厂商获得所需要变更的可能性；

d) 作为变更的结果，组织要负责进一步维护此软件的影响。

如果变更是必要的，则原始软件应保留，并将变更应用于已明显确定的拷贝。应实施软件更新管理过程，以确保最新批准的补丁和应用更新已经安装在所有的授权软件中（见 12.6）。应测试所有变更，并将其形成文档，以使它们可以重新应用于必要的进一步的软件升级中。如果需要，所有的更新应由独立的评估机构进行测试和验证。

12.5.4　信息泄露

控制措施

应防止信息泄露的可能性。

实施指南

应考虑下列事项以限制信息泄露的风险，如通过使用和利用隐蔽通道：

a) 扫描隐藏信息的对外介质和通信；

b) 掩盖和调整系统和通信的行为，以减少第三方从这些行为中推断信息的可能性；

c) 使用被认为具有高完整性的系统和软件，如使用经过评价的产品（见 ISO/IEC 15408）；

d) 在现有法律或法规允许的情况下，定期监视个人和系统的活动；

e) 监视计算机系统的资源使用。

其他信息

隐蔽通道不是故意用来引导信息流的通道，但它毫无疑问存在于系统或网络中。例如，通信协议包中的隐藏比特可能被作为信号隐藏的方法。从本质上说，如果可能的话，防止所有可能的隐蔽通道的存在将是很困难的。然而，特洛伊木马经常利用这种隐蔽通道（见 10.4.1）。因此，采取措施防范特洛伊木马能够减少隐蔽通道被利用的风险。

防止非授权的网络访问（见 11.4），和阻止人员对信息服务的误用的策略和程序，有助于防范隐蔽通道。

12.5.5　外包软件开发

控制措施

组织应管理和监视外包软件的开发。

实施指南

在外包软件开发时，应考虑下列各点：

a）许可证安排、代码所有权和知识产权（见15.1.2）；

b）所完成工作的质量和准确性的认证；

c）第三方发生故障时的契约安排；

d）审核所完成的工作质量和准确性的访问权；

e）代码质量和安全功能的合同要求；

f）在安装前，测试恶意代码和特洛伊木马。

12.6　技术脆弱性管理

目标：降低利用公布的技术脆弱性导致的风险。

技术脆弱性管理应以一种有效的、系统的、可重复的方式实施，该方式带有确认自身有效性的措施。这些考虑事项应包括使用中的操作系统和任何其他的应用程序。

12.6.1　技术脆弱性的控制

控制措施

应及时得到现用信息系统技术脆弱性的信息，评价组织对这些脆弱性的暴露程度，并采取适当的措施来处理相关的风险。

实施指南

当前的、完整的资产清单（见7.1）是进行有效技术脆弱性管理的先决条件。支持技术脆弱性管理所需的特定信息包括软件供应商、版本号、部署的当前状态（即在什么系统上安装什么软件），以及组织内负责软件的人员。

应采取适当的、及时的措施以响应潜在的技术脆弱性。建立有效的技术脆弱性管理过程应遵循以下指南：

a）组织应定义和建立与技术脆弱性管理相关的角色和职责，包括脆弱性监视、脆弱性风险评估、打补丁、资产追踪和任意需要的协调责任。

b）用于识别相关的技术脆弱性和维护有关这些脆弱性的认识的信息资源，应被识别用于软件和其他技术（基于资产清单，见7.1.1）；这些信息资源应根据清单的变更而更新，或当发现其他新的或有用的资源时，也应更新。

c）应制定时间表对潜在的相关技术脆弱性的通知作出反应。

d) 一旦潜在的技术脆弱性被确定，组织应识别相关的风险并采取措施；这些措施可能包括对脆弱的系统打补丁，或者应用其他控制措施。

e) 按照技术脆弱性需要解决的紧急程度，应根据变更管理相关的控制措施（见12.5.1），或者遵照信息安全事件响应程序（见13.2），采取措施。

f) 如果有可用的补丁，则应评估与安装该补丁相关的风险（脆弱性引起的风险应与安装补丁带来的风险进行比较）。

g) 在安装补丁之前，应进行测试与评估，以确保它们是有效的，且不会导致不能容忍的负面影响；如果没有可用的补丁，应考虑其他控制措施，如：

1) 关闭与脆弱性有关的服务和功能；

2) 采用或增加访问控制措施，如在网络边界上添加防火墙（见11.4.5）；

3) 增加监视以检测或预防实际的攻击；

4) 提高脆弱性意识。

h) 应对所有执行的程序进行审核日志。

i) 应定期对技术脆弱性管理过程进行监视和评价，以确保其有效性和效果。

j) 处于高风险中的系统应首先解决。

其他信息

一个组织的技术脆弱性管理过程的正确实施对许多组织来说是非常重要的，因此应定期对其进行监视。一个准确的清单对于确保识别潜在的相关技术脆弱性而言，是必要的。

技术脆弱性管理可被看做是变更管理的一个子功能，因此可以利用变更管理的过程和程序（见10.1.2和12.5.1）。

供应商往往是在很大的压力下发布补丁。因此，补丁可能不足以解决该问题，并且可能存在负面作用。而且，在某些情况下，一旦补丁被安装，便很难被卸载。

如果不能对补丁进行充分的测试，如由于成本或资源缺乏，那么可以根据其他用户报告的经验，考虑推迟打补丁，评价相关的风险。

4 – 13　信息安全事件管理

13.1　报告信息安全事态和弱点

目标：确保与信息系统有关的信息安全事态和弱点能够以某种方式传达，以便及时采取纠正措施。

应有正式的事态报告和上报程序。所有雇员、承包方人员和第三方人员都应了解用来报告可能对组织的资产安全造成影响的不同类型的事态和弱点的程序。

应要求他们尽可能快地将信息安全事态和弱点报告给指定的联系点。

13.1.1　报告信息安全事态

控制措施

信息安全事态应该尽可能快地通过适当的管理渠道进行报告。

实施指南

应建立正式的信息安全事态报告程序，和在收到信息安全事态报告后着手采取措施的事件响应和上报程序。应建立报告信息安全事态的联系点。应确保组织内的每个人都知道这个联系点，应确保该联系点保持可用并能提供充分且及时的响应。

所有雇员、承包方人员和第三方人员都应知道他们有责任尽可能快地报告任何信息安全事态。他们还应知道报告信息安全事态的程序和联系点。报告程序应包括：

a）适当的反馈过程，以确保在信息安全事态处理完成后，能够将处理结果通知给事态报告人。

b）信息安全事态报告单，以支持报告行为和帮助报告人员记下信息安全事态中所有的重要行为。

c）信息安全事态发生后应采取正确的行为，即：

1）立即记录下所有重要的细节（如不符合或违规的类型、事件故障、屏幕上显示的消息、异常行为）；

2）不要采取任何个人行为，要立即向联系点报告。

d）参考已制定的正式惩罚过程，来处理雇员、承包方人员和第三方人员的安全违规行为。

在高风险环境下，可以提供强制警报，借此在强制下的人员可以指出这种问题。强制警报的响应程序应反映该警报所指明的高风险情况。

其他信息

信息安全事态和事件的示例如下：

a）服务、设备或设施的丢失；

b）系统故障或超载；

c）人为错误；

d）策略或指南的不符合；

e）物理安全安排的违规；

f）未加控制的系统变更；

g）软件或硬件故障；

h）非法访问。

在保密性方面要尤其谨慎，信息安全事件可以用于用户的意识培训（见8.2.2），例如，可能发生什么样的事件，如何对该事件进行响应，以及如何避免其再发生。为了完全解决信息安全事态和事件，在其发生后尽可能地收集证据是必要的（见13.2.3）。

故障或其他异常的系统行为可能是安全攻击和实际安全违规的显示，因此应将其当做信息安全事态进行报告。

关于信息安全事态的报告和信息安全事件的管理方面的更多信息可以参见 ISO/IEC TR 18044。

13.1.2　报告安全弱点

控制措施

应要求信息系统和服务的所有雇员、承包方人员和第三方人员记录并报告他们观察到的或怀疑的任何系统或服务的安全弱点。

实施指南

为了预防信息安全事件，所有雇员、承包方人员和第三方人员应尽可能快地将这些事情报告给他们的管理者，或者直接报告给服务供应商。报告机制应尽可能容易、易理解和方便可用。

其他信息

应通知雇员、承包方人员和第三方人员不要试图去证明被怀疑的安全弱点。测试弱点可能被看做是潜在的系统误用，还可能导致信息系统或服务的损害，和引起测试人员的法律责任。

13.2　信息安全事件和改进的管理

目标：确保采用一致和有效的方法对信息安全事件进行管理。

一旦信息安全事态和弱点报告上来，应有职责和程序可以对其进行有效处理。应使用一个连续的改进过程对信息安全事件进行响应、监视、评价和整体管理。

如果需要证据的话，则应收集证据以满足法律的要求。

13.2.1　职责和程序

控制措施

应建立管理职责和程序，以确保能对信息安全事件作出快速、有效和有序的响应。

实施指南

除了对信息安全事态和弱点进行报告（见 13.1）外，还应利用对系统、报警和脆弱性的监视（见 10.10.2）来检测信息安全事件。信息安全事件管理程序应考虑下列指南：

a）应建立程序以处理不同类型的信息安全事件，包括：

1）信息系统故障和服务丢失；

2）恶意代码（见 10.4.1）；

3）拒绝服务；

4）不完整或不准确的业务数据导致的错误；

5）违背保密性和完整性；

6）信息系统误用。

b）除了正常的应急计划（见 14.1.3），程序还应包括（见 13.2.2）：

1）事件原因的分析和确定；

2）遏制事件再发生的策略；

3）如果需要，计划和实施纠正措施以防止事件再发生；

4）同受到事件影响或有关事件恢复的人进行沟通；

5）向合适的机构报告发生的行为。

c）合适时，应收集和保护审核踪迹和类似的证据，以用于：

1）内部问题分析；

2）用做有关可能违反合同或规章要求，或民事和刑事程序（如计算机误用或数据保护相关法律法规）的法律取证证据；

3）同软件和服务供应商谈判赔偿事宜。

d）恢复安全违规和纠正系统故障的措施应认真、正式地控制，程序应确保：

1）只有明确确定和授权的人才允许访问活动的系统和数据（见6.2的外部访问）；

2）所有采取的紧急措施应详细记录在文件中；

3）所有紧急措施应向管理者报告，并依序进行评审；

4）应以最小的延迟确保业务系统和控制措施的完整性。

应与管理者商定信息安全事件管理的目标，应确保负责信息安全事件管理的人员理解组织处理信息安全事件的优先顺序。

其他信息

信息安全事件可能超越组织边界和国家边界。为了对这样的事件作出响应，与适当的外部组织协同响应和共享这些事件的信息的需求日益增大。

13.2.2　对信息安全事件的总结

控制措施

应有一套机制量化和监视信息安全事件的类型、数量和代价。

实施指南

从信息安全事件评价中获取的信息应用来识别再发生的事件或高影响的事件。

其他信息

对信息安全事件的评价可以指出需要增强的或另外的控制措施，以限制事件发生的频率、损害和将来再发生的费用，或者也可以用在安全方针评审过程中（见5.1.2）。

13.2.3　证据的收集

控制措施

当一个信息安全事件涉及诉讼（民事或刑事），需要进一步对个人或组织进行起诉时，应收集、保留和呈递证据，以使证据符合相关诉讼管辖权。

实施指南

当为了在组织内应对惩罚措施而收集和提交证据时，应制定和遵循内部程序。

总的来说，证据规则包括：

a) 证据的可容许性：证据是否可在法庭上使用；

b) 证据的分量：证据的质量和完备性。

为了获得被容许的证据，组织应确保其信息系统符合任何公布的标准或实用规则来产生被容许的证据。

提供证据的分量应符合任何适用的要求。为了实现证据的分量，在该证据的存储和处理的整个时期内，对于用来正确地、一致地保护证据（即过程控制证据）的控制措施的质量和完备性，应通过一种强证据踪迹来论证。一般情况下，这种强证据踪迹可以在下面的条件下建立：

a) 对纸面文档：原物应被安全保存且带有下列信息的记录：谁发现了这个文档，文档是在哪儿被发现的，文档是什么时候被发现的，谁来证明这个发现；任何调查应确保原物没有被篡改；

b) 对计算机介质上的信息：任何可移动介质的镜像或拷贝（依赖于适用的要求）、硬盘或内存中的信息都应确保其可用性；拷贝过程中所有的行为日志都应保存下来，且应有证据证明该过程；原始的介质和日志（如果这一点不可能的话，那么至少有一个镜像或拷贝）应安全保存且不能改变。

任何法律取证工作应仅在证据材料的拷贝上进行。所有证据材料的完整性应得到保护。证据材料的拷贝应在可信赖人员的监督下进行，什么时候在什么地方执行的拷贝过程，谁执行的拷贝活动，以及使用了哪种工具和程序，这些信息都应记录作为日志。

其他信息

当一个信息安全事态首次被检测到时，这个事态是否会导致法律行为可能不是显而易见的。因此，在认识到事件的严重性之前，可能存在重要的证据被故意或意外毁坏的危险。明智的做法是在任何预期的法律行为中及早聘请一位律师或警察，以获取所需证据的建议。

证据可以超越组织边界和/或管辖权边界。在这样的情况下，应确保授权某组织去收集需要的信息作证据。还应考虑不同管辖权的要求，以使证据能在相关管辖区域内获得最大的可用机会。

4 – 14 业务连续性管理

14.1 业务连续性管理的信息安全方面

目标：防止业务活动中断，保护关键业务免受信息系统重大失误或灾难的影响，并确保它们的及时恢复。

为通过使用预防和恢复控制措施，将对组织的影响减少到最低，并从信息资产的损失中（例如，它们可能是自然灾害、意外事件、设备故障和故意行为的结果）恢复到可接受的程度，应实施业务连续性管理过程。这个过程应确定关键的业务过程，并应将业务连续性的信息安全管理要求同其他的连续性要求如运行、员工、材料、运输和设施等结合起来。

灾难、安全故障、服务丢失和服务可用性的后果应经受业务影响分析。应制定和实施业务连续性计划，以确保重要的运行能及时恢复。信息安全应是整体业务连续性过程和组织内其他管理过程的一个有机组成部分。

除了一般的风险评估过程之外，业务连续性管理应包括识别和减少风险的控制措施，以限制破坏性事件的后果，并确保业务过程需要的信息便于使用。

14.1.1 业务连续性管理过程中包含的信息安全

控制措施

应为贯穿于组织的业务连续性开发和保持一个管理过程，以解决组织的业务连续性所需的信息安全要求。

实施指南

这个过程应包含下列业务连续性管理的关键要素：

a) 根据风险的可能性及其影响，及时理解组织所面临的风险，包括关键业务过程的识别和优先顺序（见 14.1.2）；

b) 识别关键业务过程中涉及的所有资产（见 7.1.1）；

c) 理解由信息安全事件引起的中断可能对业务产生的影响（重要的是找到处理产生较小影响的事件，和可能威胁组织生存的严重事件的解决方案），并建立信息处理设施的业务目标；

d) 考虑购买合适的保险，该保险可以形成业务连续性过程的一部分，和运行风险管理的一部分；

e）识别和考虑实施另外的预防和减轻控制措施；

f）识别足够的财务的、组织的、技术的和环境的资源以处理已确定的信息安全要求；

g）确保人员的安全及信息处理设备和组织财产的保护；

h）按照已商定的业务连续性战略，制定应对信息安全要求的业务连续性计划，并将其形成文档（见14.1.3）；

i）定期测试和更新已有的计划和过程（见14.1.5）；

j）确保把业务连续性的管理包含在组织的过程和结构中；业务连续性管理过程的职责应分配给组织范围内的适当级别（见6.1.1）。

14.1.2　业务连续性和风险评估

控制措施

应识别能引起业务过程中断的事态，这种中断发生的概率和影响，以及它们对信息安全所造成的后果。

实施指南

业务连续性的信息安全方面应从识别可能导致组织业务过程中断的事态（或一系列事态）开始，例如，设备故障、人为错误、盗窃、火灾、自然灾害和恐怖事态。随后应是风险评估，根据时间、损坏程度和恢复周期，确定这些中断发生的概率和影响。

业务连续性风险评估的执行应有业务资源和过程拥有者的全面参与。这种评估应考虑所有业务过程，并应不局限于信息处理设施，但应包括信息安全特有的结果。重要的是要将不同方面的风险链接起来，以获得一副完整的组织业务连续性要求的构图。该评估应按照组织的相关准则和目标，如关键资源，中断影响，允许中断时间，恢复的优先级，来识别、量化并列出风险的优先顺序。

根据风险评估的结果，应开发业务连续性战略，以确定整体的业务连续性方法。该战略一旦被制定，就应由管理者签署，并制定计划，实施该战略。

14.1.3　制定和实施包含信息安全的连续性计划

控制措施

应制定和实施计划来保持或恢复运行，以在关键业务过程中断或失败后能够在要求的水平和时间内确保信息的可用性。

实施指南

业务连续性计划过程应考虑下列内容：

a）识别和商定所有职责和业务连续性程序；

b）识别可接受的信息和服务的损失；

c）实施程序以在所要求的时段内恢复和复原业务运行和信息的可用性；特别注意对现有的内部和外部业务依赖部门和合同的评估；

d）在恢复和复原完成之前遵循的运行程序；

e）将已商定的程序和过程形成文档；

f）在已商定的程序和过程中对员工进行适当的教育，包括危机管理；

g）测试和更新计划。

规划过程应关注所要求的业务目标，例如，在可接受的时间内恢复到顾客的特定通信服务。应识别有利于这项工作的服务和资源，包括人员、非信息处理资源，以及信息处理设施的低效运行安排。这些低效运行的安排可以包括以互惠协议或者以商业捐助服务的形式与第三方的安排。

业务连续性计划应解决组织的脆弱性，因此可以包含需要适当保护的敏感信息。业务连续性计划的拷贝应存储在足够远的地方，以免遭主要站点的灾难损害。管理者应确保业务连续性计划的拷贝保持最新，且受到与主站点相同级别的安全保护。执行连续性计划需要的其他材料也应在远程存储。

如果使用了可替换的临时场所，则对临时场所实施的安全控制措施的级别应与主站点相同。

其他信息

应注意危机管理计划与活动可能与业务连续性管理不同，例如，危机可能发生于正常管理程序能够解决的地方。

14.1.4 业务连续性计划框架

控制措施

应保持一个唯一的业务连续性计划框架，以确保所有计划是一致的，能够协调地解决信息安全要求，并为测试和维护确定优先级。

实施指南

每个业务连续性计划应说明实现连续性的方法，如确保信息或信息系统可用性和安全的方法。每个计划还应规定上报计划和激活该计划的条件，以及负责执行该计划每一部分的人员。当确定新的要求时，应相应地修正现有的应急程序，例如，撤离计划或低效运行的安排。这些程序应包括在组织的变更管理程序中，以确保业务连续性事宜总能够得到适当地解决。

每个计划应有一个特定的责任人。应急程序、人工低效运行计划，以及重新使用计划应属于相应业务资源或所涉及过程的责任人的职责范围。可替换技术服务，诸如信息处理和通信设施的低效运行安排通常应是服务提供者的职责。

业务连续性计划框架应提出已确定的信息安全要求，并考虑下列内容：

a）启动计划的条件，它描述在启动每个计划之前要遵循的过程（如何评估这种情况，谁将参与，等等）。

b）应急程序，它描述在一个危及业务运行的事件之后要采取的措施。

c）低效运行程序，它描述转移重要的业务活动或支持服务到可替换的临时场所，以及在要求的时段内将业务过程带回到运行状态所需要采取的措施。

d）在完成恢复和复原之前，要遵循的临时运行程序。

e）重新使用程序，它描述返回到正常的业务运行需要采取的措施。

f）维护计划，它规定如何及何时测试计划，以及维护该计划的过程。

g）意识、教育和培训活动，它被用来创建理解业务连续性过程和确保该过程持续有效。

h）各人员的职责，描述谁负责执行计划的哪个部分。若需要，应指定可替换的人。

i）必须能够执行紧急的、低效运行和恢复程序的关键资产和资源。

14.1.5   测试、维护和再评估业务连续性计划

控制措施

业务连续性计划应定期测试和更新，以确保其及时性和有效性。

实施指南

业务连续性计划的测试应确保恢复小组中的所有成员和其他有关人员了解该计划和他们对于业务连续性和信息安全的职责，并知道在计划启动后他们的角色。

业务连续性计划的测试计划安排应指出如何和何时测试该计划的每个部分。计划中的每个要素应经常测试。

应使用各种技术，为该计划在实际生存周期中的操作提供保障。这些技术应包括：

a）各种场景的桌面测试（使用中断例子讨论业务恢复安排）；

b）模拟（特别是培训处于事件处理后/危机管理角色的人员）；

c）技术恢复测试（确保信息系统可以有效地予以恢复）；

d）在替换场地测试恢复（远离主场地，在恢复操作同时运行业务过程）；

e）供应商设施和服务的测试（确保外部提供的服务和产品将满足合同的承诺）；

f）完整的演习（测试组织、人员、设备、设施和过程能够应付中断）。

任何组织都可以使用这些技术。应以一种与特定恢复计划相关的方式来使用这些技术。必要的话，应记录测试结果，并采取措施改进计划。

对于每个业务连续性计划的定期评审应分配职责。尚未反映在业务连续性计划中的业务安排变更的标识，应通过对计划的适当更新来实现。这一正式的变更控制过程应确保通过整个计划的定期评审来分发和补充已更新的计划。

应考虑更新业务连续性计划的变更示例包括新设备的获取，系统的升级和以下方面的变更：

a）人员；

b）地址或电话号码；

c）业务战略；

d）位置、设施和资源；

e）法律；

f）合同商、供应商和关键顾客；

g）过程，或者新的、撤销的过程；

h）风险（运行的和财务的）。

4-15 符合性

15.1 符合法律要求

目标：避免违反任何法律、法令、法规或合同义务，以及任何安全要求。

信息系统的设计、运行、使用和管理都要受法令、法规，以及合同安全要求的限制。

应从组织的法律顾问或者合格的法律从业人员处获得特定的法律要求建

议。法律要求因国家而异，而且对于在一个国家所产生的信息发送到另一国家（即越境的数据流）的法律要求亦不同。

15.1.1 可用法律的识别

控制措施

对每一个信息系统和组织而言，所有相关的法令、法规和合同要求，以及为满足这些要求组织所采用的方法，应加以明确地定义，形成文件并保持更新。

实施指南

为满足这些要求的特定控制措施和人员的职责应同样加以定义并形成文件。

15.1.2 知识产权（IPR）

控制措施

应实施适当的程序，以确保在使用具有知识产权的材料和具有所有权的软件产品时，符合法律、法规和合同的要求。

实施指南

在保护被认为具有知识产权的材料时，应考虑下面的指南：

a）发布一个知识产权符合性策略，该策略定义了软件和信息产品的合法使用；

b）仅通过知名的和声誉好的渠道获得软件，以确保不侵犯版权；

c）保持对保护知识产权的策略的了解，并通知对违规人员采取惩罚措施的意向；

d）维护适当的资产登记簿，识别具有保护知识产权要求的所有资产；

e）维护许可证、主盘、手册等所有权的证明和证据；

f）实施控制措施，以确保不超过所允许的最大用户数目；

g）进行检查，确保仅安装已授权的软件和具有许可证的产品；

h）提供维护适当的许可证条件的策略；

i）提供处理软件或转移软件给其他人的策略；

j）使用合适的审核工具；

k）符合从公共网络获得软件和信息的条款和条件；

l）不对著作权法不允许的商业录音带进行复制、格式转换或摘取内容；

　　m）不对著作权法不允许的书籍、文章、报告和其他文件中进行全部或部分地拷贝。

　　其他信息

　　知识产权包括软件或文档的版权、设计权、商标、专利权和源代码许可证。

　　通常具有所有权的软件产品的供应是根据许可协议进行的，该许可协议规定了许可条款和条件，例如，限制产品用于指定的机器或限制只能拷贝到创建的备份副本上。组织所开发的软件的知识产权情况需要跟员工阐述清楚。

　　法律、法规和合同的要求可以对具有所有权的材料的拷贝进行限制。特别是，这些限制可能要求只能使用组织自己开发的资料，或者开发者许可组织使用或提供给组织的资料。版权侵害可能导致法律责任，这可能涉及犯罪诉讼。

15.1.3　保护组织的记录

　　控制措施

　　应防止重要的记录遗失、毁坏和伪造，以满足法令、法规、合同和业务的要求。

　　实施指南

　　应将记录分类，例如，账号记录、数据库记录、事务日志、审核日志等。每个运行程序都带有详细的保存周期和存储介质的类型，例如，纸质、缩微胶片、磁介质、光介质。还应保存与已加密的归档文件或数字签名（见12.3）相关的任何有关密码密钥材料，以使得记录在保存期限满后能够脱密。

　　应考虑存储记录的介质性能下降的可能性。应按照制造商的建议实施存储和处理程序。长期保存的话，应考虑使用纸文件和微缩胶片。

　　若选择了电子存储介质，应建立程序，以确保在整个保存周期内能够访问数据（介质和格式的可读性），以防范由于未来技术变化而造成的损失。

　　应选择数据存储系统，使得所需要的数据能根据要满足的要求，在可接受的时间内、以可接受的格式检索出来。

　　存储和处理系统应确保能按照国家或地区法律或法规的规定，清晰地标识出记录及其保存期限。该系统应允许在保存期后恰当地销毁记录，如果组织不需要这些记录的话。

　　为满足这些记录防护目标，应在组织范围内采取下列步骤：

a）应颁发关于保存、存储、处理和处置记录和信息的指南；

b）应起草一个保存时间计划，以标识记录及其应被保存的时间周期；

c）应维护关键信息源的清单；

d）应实施恰当的控制措施，以防止记录和信息丢失、损坏和被篡改。

其他信息

某些记录可能需要安全地保存，以满足法令、法规或合同的要求，和支持必要的业务活动。举例来说，可以要求这些记录作为组织在法令或法规规则下运行的证据，以确保充分防御潜在的民事或刑事诉讼，或者和股份持有者、外部方和审核员确认组织的财务状况。可以根据国家法律或规章来设置信息保存的时间和数据内容。

关于管理组织记录的更多信息可以参见 ISO 15489 – 1。

15.1.4　数据保护和个人信息的隐私

控制措施

应依照相关的法律、法规和合同条款的要求，确保数据保护和隐私。

实施指南

应制定和实施组织的数据保护和隐私策略。该策略应通知到涉及私人信息处理的所有人员。

符合该策略和所有相关的数据保护法律法规需要合适的管理结构和控制。通常，这一点最好通过任命一个负责人来实现，如数据保护官，该数据保护官员应向管理人员、用户和服务提供商提供他们各自的职责以及应遵守的特定程序的指南。处理个人信息和确保了解数据保护原则的职责应根据相关法律法规来确定。应实施适当的技术和组织措施以保护个人信息。

其他信息

许多国家已经具有控制个人数据（一般是指可以从该信息确定活着的个体的信息）收集、处理和传输的法律。根据不同的国家法律，这种控制措施可以使那些收集、处理和传播个人信息的人承担责任，而且可以限制其将该数据转移到其他国家的能力。

15.1.5　防止滥用信息处理设施

控制措施

应禁止用户将信息处理设施用于未授权的目的。

实施指南

管理者应批准信息处理设施的使用。在没有管理者批准（见 6.1.4）的情况下，任何出于非业务或未授权目的使用这些设施，均应看做是不正确的设施使用。如果通过监视或其他手段确定了任何非授权的活动，应使该活动引起个别管理人员的注意，以考虑合适的惩罚和/或法律行为。

在实施监视程序之前，应征求法律意见。

所有用户应知道允许其访问的准确范围，和采取监视手段检测非授权使用的准确范围。这一点可以通过下列方式实现：给用户一份书面授权，该授权的副本应由用户签字，并由组织加以安全地保存。应通知组织的雇员、承包方人员和第三方人员，除所授权的访问外，不允许任何访问。

登录时，应出现警报消息，以表明正在进入的信息处理设施是组织所拥有的，并且不允许未授权访问。用户必须确认屏幕上的消息，并对其作出适当反应，以继续登录过程（见 11.5.1）。

其他信息

组织的信息处理设施主要或只能用于业务目的。

入侵检测、内容检查和其他监视工具有助于预防和检测信息处理设施的滥用。

许多国家拥有防范计算机滥用的法律。未授权使用计算机是一种刑事犯罪。

监视的合法性因国家而异，可以要求管理者将这种监视通知给所有用户以获得他们同意。当进入的系统被用于公众访问（如公共网站服务器），且处于安全监控时，应显示消息说明这一情况。

15.1.6 密码控制措施的规则

控制措施

使用密码控制措施应遵从相关的协议、法律和法规。

实施指南

为符合相关的协议、法律和法规，应考虑下面的事项：

a）限制执行密码功能的计算机硬件和软件的出入口；

b）限制被设计用以增加密码功能的计算机硬件和软件的出入口；

c）限制密码的使用；

d）利用国家对硬件或软件加密信息的授权的强制或任意的访问方法提供

内容的保密性。

应征求法律建议，以确保符合国家法律法规。在将加密信息或密码控制措施转移到其他国家之前，也应获得法律建议。

15.2　符合安全策略和标准以及技术符合性

目标：确保系统符合组织的安全策略及标准。

应定期评审信息系统的安全。

这种评审应按照适当的安全策略进行，应审核技术平台和信息系统，看其是否符合适用的安全实施标准和文件化的安全控制措施。

15.2.1　符合安全策略和标准

控制措施

管理人员应确保在其职责范围内的所有安全程序被正确地执行，以确保符合安全策略及标准。

实施指南

管理人员应对自己职责范围内的信息处理是否符合合适的安全策略、标准和任何其他安全要求进行定期评审。

如果评审结果发现任何不符合，管理人员应：

a）确定不符合的原因；

b）评价确保不符合不再发生的措施需要；

c）确定并实施适当的纠正措施；

d）评审所采取的纠正措施。

评审结果和管理人员采取的纠正措施应被记录，且这些记录应予以维护。当在管理人员的职责范围内进行独立评审时，管理人员应将结果报告给执行独立评审的人员（见6.1.8）。

其他信息

10.10 中包括了系统使用的运行监视。

15.2.2　技术符合性检查

控制措施

信息系统应被定期检查是否符合安全实施标准。

实施指南

技术符合性检查应由有经验的系统工程师手动执行（如需要，利用合适的软件工具支持），或者由技术专家用自动工具来执行，此工具可生成供后续解释的技术报告。

如果使用渗透测试或脆弱性评估，则应格外小心，因为这些活动可能导致系统安全的损害。这样的测试应预先计划，形成文件，且重复执行。

任何技术符合性检查应仅由有能力的、已授权的人员来完成，或在他们的监督下完成。

其他信息

技术符合性检查包括检查运行系统，以确保硬件和软件控制措施被正确实施。这种类型的符合性检查需要专业技术专家。

符合性检查还包括，例如渗透测试和脆弱性评估，该项工作可以由针对此目的而专门签约的独立专家来完成。符合性检查有助于检测系统的脆弱性，和检查为预防由于这些脆弱性引起的未授权访问而采取的控制措施的有效性。

渗透测试和脆弱性评估提供系统在特定时间特定状态的简单记录。这个简单记录只限制在渗透企图时实际测试系统的那些部分中。渗透测试和脆弱性评估不能代替风险评估。

15.3　信息系统审核考虑

目标：将信息系统审核过程的有效性最大化，干扰最小化。

在系统审核期间，应有控制措施防护运行系统和审核工具。

为保护审核工具的完整性和防止滥用审核工具，也要求有保护措施。

15.3.1　信息系统审核控制措施

控制措施

涉及对运行系统检查的审核要求和活动，应谨慎地加以规划并取得批准，以便使业务过程中断的风险最小化。

实施指南

应遵守下列指南：

a）应与合适的管理者商定审核要求；

b）应商定和控制检查范围；

c）检查应限于对软件和数据的只读访问；

d）非只读的访问应仅用于对系统文件的单独拷贝，当审核完成时，应擦除这些拷贝，或者按照审核文件要求，具有保留这些文件的义务，则要给予适当的保护；

e）应明确地识别和提供执行检查所需的资源；

f）应识别和商定特定的或另外的处理要求；

g）应监视和记录所有访问，以产生参照踪迹；对关键数据或系统，应考虑使用时间戳参照踪迹；

h）应将所有的程序、要求和职责形成文件；

i）执行审核的人员应独立于审核活动。

15.3.2　信息系统审核工具的保护

控制措施

对信息系统审核工具的访问应加以保护，以防止任何可能的滥用或损害。

实施指南

信息系统审核工具，如软件或数据文件，应与开发和运行系统分开，并且不能保存在磁带库或用户区域内，除非给予合适级别的附加保护。

其他信息

如果审核涉及第三方，则可能存在审核工具被这些第三方滥用，以及信息被第三方组织访问的风险。像6.2.1（评估风险）和9.1.2（限制物理访问）中的控制措施可以考虑用来解决这种风险，并应采取措施应对任何后果，如立即改变泄露给审核人员的口令。

特别说明：国际标准"ISO/IEC 17799：2005"2007年编号改为"ISO/IEC 27002：2005"，2008年国家标准"GB/T 22081-2008"等同采用了国际标准"ISO/IEC 27002：2005"。

（三）ISO/IEC 27001：2005

国际标准ISO/IEC 27001：2005《信息技术—安全技术—信息安全管理体系要求》是建立信息安全管理系统（Information Security Management System，简称ISMS）的一套需求规范，其中详细说明了建立、实施和维护信息安全管理体系的要求，指出实施机构应该遵循风险评估标准，当然，若要得到最终的认证（对依据ISO/IEC 27001：2005建立的ISMS进行认证），还有一系列相应的注册认证过程。作为一套管理标准，ISO/IEC 27001：2005 指导相关人员怎样去应用 ISO/IEC 27001：2005，最终目的，还在于建立适合组织需要的信息安全管理系统（ISMS）。表 3－2 以标准原文目录格式，列举说明了 ISO/IEC 27001：2005 的主要内容。

表 3－2　ISO/IEC 27001：2005 标准主要内容

一级目录	二级目录	内容简介
前言		发布者、目的、内容概要、其他说明。
0. 简介	0.1 总则	本标准对组织的价值所在。
	0.2 过程方法	对过程方法进行解释，引入 PDCA 模型。
	0.3 与其他管理体系的兼容性	强调与 ISO 9001：2000、ISO14001：2004 的一致性。
1. 范围	1.1 总则	本标准规定了 ISMS 建设的要求及根据需要实施安全控制措施的要求。
	1.2 应用	本标准适用于所有的组织。控制选择与否应根据风险评估和适用法规需求。
2. 规范性引用文件		引用 ISO 9001、ISO 17799、ISO 14001：2004。
3. 术语和定义		资产、CIA、信息安全、ISMS、信息安全事件、风险评估、风险管理、适用性声明（SOA）等。
4. 信息安全管理体系（ISMS）	4.1 总要求	在组织整体业务活动和风险环境中，应该建立、实施、维护并持续改进文档化的 ISMS。
	4.2 建立和管理 ISMS	4.2.1 建立 ISMS（Plan） 确定 ISMS 的范围和边界，确定 ISMS 方针，确定组织的风险评估方法，识别风险分析和评价风险识别和评价风险处理的可选措施为处理风险选择控制目标和控制措施，获得管理者对建议的残余风险的批准，获得管理者对实施和运行 ISMS 的授权准备适用性声明（SoA）。

续表

一级目录	二级目录	内容简介
4. 信息安全管理体系（ISMS）	4.2 建立和管理 ISMS	4.2.2 实施和运行 ISMS（Do） 制定风险处理计划；实施风险处理计划；实施所选的控制措施，以满足控制目标。 确定如何测量所选择的控制措施的有效性，实施培训和意识教育管理 ISMS 的运行管理 ISMS 的资源实施能够迅速检测安全事态和响应安全事件的控制。
		4.2.3 监视和评审 ISMS（Check） 执行监视与评审程序和控制措施；对 ISMS 有效性的进行定期评审；测量控制措施的有效性；复审残余风险和可接受风险的水平；实施 ISMS 内部审核；定期进行 ISMS 管理评审；考虑监视和评审活动的结果，更新安全计划；记录可能影响 ISMS 的有效性或执行情况的措施和事态。
		4.2.4 保持和改进 ISMS（Act） 实施已识别的 ISMS 改进措施；采取合适的纠正和预防措施；向所有相关方沟通措施和改进情况；确保改进达到了预期目标。
	4.3 文件要求	4.3.1 总则 说明 ISMS 应该包含的文件。 4.3.2 文件控制 ISMS 所要求的文件应予以保护和控制。 4.3.3 记录控制 应建立并记录。

一级目录	二级目录	内容简介
5. 管理职责	5.1 管理承诺	管理者应通过以下活动，对建立和改进 ISMS 的承诺提供证据：制定 ISMS 方针；确保 ISMS 目标和计划得以制定；建立信息安全的角色和职责；向组织传达满足信息安全目标、符合信息安全方针、履行法律责任和持续改进的重要性；提供足够资源，以建立、实施、运行、监视、评审、保持和改进 ISMS（见 5.2.1）；决定接受风险的准则和风险的可接受级别；确保 ISMS 内部审核的执行（见第 6 章）；实施 ISMS 的管理评审（见第 7 章）。
	5.2 资源管理	5.2.1 资源提供 组织应确定并提供所需的资源。 5.2.2 培训、意识和能力 通过培训，确保所有分配有 ISMS 职责的人员具有执行任务的能力。
6. 内部 ISMS 审核		组织应通过定期的内部 ISMS 审核，以确定其 ISMS 的控制目标、控制措施、过程和程序满足相关要求。
7. ISMS 的管理评审	7.1 总则	管理者应对组织的 ISMS 定期进行评审，以确保其持续的适宜性、充分性和有效性。
	7.2 评审输入	评审时需要的输入资料，包括内审结果。
	7.3 评审输出	评审成果，应该包含任何决策及相关行动。
8. ISMS 改进	8.1 持续改进	组织应通过使用信息安全方针、安全目标、审核结果、监视事态的分析、纠正和预防措施以及管理评审（见第 7 章），持续改进 ISMS 的有效性。
	8.2 纠正措施	组织应采取措施，以消除与 ISMS 要求不符合的原因，以防止再发生。
	8.3 预防措施	组织应确定措施，以消除潜在不符合的原因，防止其发生。预防措施应与潜在问题的影响程度相适应。

续表

一级目录	二级目录	内容简介
附录 A 控制目标和 控制措施	A.5 安全方针	以列表（表 A.1）方式展开，A.5～A.15 所列的控制目标和控制措施，是直接从 ISO/IEC 17799：2005 正文 5～15 那里引用来的。此处列举的控制目标和控制措施，应该被 4.2.1 规定的 ISMS 过程所选择。
	A.6 信息安全组织	
	A.7 资产管理	
	A.8 人力资源安全	
	A.9 物理和环境安全	
	A.10 通信和操作管理	
	A.11 访问控制	
	A.12 信息系统获取、开发和维护	
	A.13 信息安全事件管理	
	A.14 业务连续性管理	
	A.15 符合性	
附录 B OECD 原则 和本标准		OECD 在信息系统和网络安全方面的指导原则，在依据 PDCA 模型建立 ISMS 的本标准中有对应。表 B.1 给出了这种对应关系。
附录 C ISO 9001：2000， ISO 14001：2004 和本标准 之间的对照		以列表（表 C.1）方式展示 ISO 27001：2005 与 ISO 9001：2000，ISO 14001：2004 目录（内容）的一致性。

ISO/IEC 27001：2005 已被全球广为接受，这是因为它不仅提供了一套普遍适用且行之有效的全面的安全控制措施，更重要的是，还在于它提出了建立信息安全管理体系的目标，这和人们加强对信息安全管理的认识是相适应的。与以往技术为主的安全体系不同，ISO/IEC 27001：2005 提出的信息安全管理体系（ISMS）是一个系统化、程序化和文档化的管理体系，这其中，技术措施只是作为依据安全需求有选择有侧重地实现安全目标的手段而已。

ISO/IEC 27001：2005 标准指出 ISMS 应该包含这些内容：用于组织信息资产风险管理、确保组织信息安全的、包括为制定、实施、评审和维护信息安全策略所需的组织机构、目标、职责、程序、过程和资源。

ISO/IEC 27001：2005 标准要求的建立 ISMS 框架的过程：制定信息安全策略（方针），确定体系范围，明确管理职责，通过风险评估确定控制目标和控制方式。体系一旦建立，组织应该实施、维护和持续改进 ISMS，保持体系的有效性。

ISO/IEC 27001：2005 标准非常强调信息安全管理过程中文件化的工作，ISMS 文件体系应该包括安全策略、适用性声明文件（选择与未选择的控制目标和控制措施）、实施安全控制所需的程序文件、ISMS 管理和操作程序，以及组织围绕 ISMS 开展的所有活动的证明材料。

作为最新的信息安全管理认证的国际标准，ISO/IEC 27001：2005 势必在未来几年里在信息安全领域掀起一股热潮，并且给全球范围内的各类组织和企业在信息化发展方面带来深远的影响。

特别说明：2008 年国家标准 "GB/T 22080－2008" 等同采用了国际标准 "ISO/IEC 27001：2005"。

第三节　我国信息安全标准化建设概况

一、我国信息安全标准化建设工作的意义

信息安全标准是确保信息安全的产品和系统在设计、研发、生产、建设、使用、测评中保持其一致性、可靠性、可控性、先进性和符合性的技术规范、技术依据。信息安全保障体系的建设、应用，是一个极其庞大的复杂系统，没有配套的安全标准，就不能构造出一个可用的信息安全保障体系；没有自主开发的安全标准，就不能构造出一个自主可控的信息安全保障体系。信息安全标准是我国信息安全保障体系的重要组成部分，开展信息安全标准化工

作具有极其重要的意义。

信息安全标准化工作对于解决信息安全问题具有重要的技术支撑作用。信息安全标准体系是信息安全保障体系十分重要的技术体系，其作用突出地体现在能够确保有关产品、设施的技术先进性、可靠性和一致性，确保信息化安全技术工程的整体合理、可用、互联互通操作；能够按国际规则实行 IT 产品市场准入时为相关产品的安全性合格评定提供依据，以强化和保证我国信息化的安全产品、工程、服务的技术自主可控性。信息安全标准化不仅关系到国家安全，同时也是保护国家利益、促进产业发展的一种重要手段。在互联网飞速发展的今天，网络和信息安全问题不容忽视，积极推动信息安全标准化，牢牢掌握在信息时代全球化竞争中的主动权是非常重要的。

二、我国信息安全标准化的现状

信息安全标准是我国信息安全保障体系的重要组成部分，是政府进行宏观管理的重要依据。虽然国际上有很多标准化组织在信息安全方面制定了许多的标准，但是信息安全标准事关国家安全利益，任何国家都不会轻易相信和过分依赖别人，总要通过自己国家的组织和专家制定出自己可以信任的标准来保护民族的利益。因此，各个国家在充分借鉴国际标准的前提下，制订和扩展自己国家对信息安全的管理领域，这样，许多国家建立了自己的信息安全标准化组织和制定了本国的信息安全标准。

目前，我国按照国务院授权，在国家质量监督检验检疫总局管理下，由国家标准化管理委员会统一管理全国标准化工作，下设 255 个专业技术委员会。中国标准化工作实行统一管理与分工负责相结合的管理体制，有 88 个国务院有关行政主管部门和国务院授权的有关行业协会分工管理本部门、本行业的标准化工作，有 31 个省、自治区、直辖市政府有关行政主管部门分工管理本行政区域内本部门、本行业的标准化工作。成立于 1984 年的全国信息技术安全标准化技术委员会（CITS），在国家标准化管理委员会和信息产业部的共同领导下负责全国信息技术领域以及与 ISO/IEC JTC1 相对应的标准化工作，目前下设 24 个分技术委员会和特别工作组，是目前国内最大的标准化技术委员会。它是一个具有广泛代表性、权威性和军民结合的信息安全标准化组织。全国信息技术安全标准化技术委员会的工作范围是负责信息和通信安全的通用框架、方法、技术和机制的标准化，归口国内外对应的标准化工作。其技术安全包括：开放式安全体系结构、各种安全信息交换的语义规则、有关的应用程序接口和协议引用安全功能的接口等。

我国信息安全标准化工作，虽然起步较晚，但是近年来发展较快，入世后标准化工作在公开性、透明度等方面取得更多实质性进展。我国从 20 世纪 80 年代开始，本着积极采用国际标准的原则，转化了一批国际信息安全基础技术标准，制定了一批符合中国国情的信息安全标准，同时一些重点行业还颁布了一批信息安全的行业标准，为我国信息安全技术的发展做出了很大的贡献。据统计，我国从 1985 年发布了第一个有关信息安全方面的标准以来到 2004 年底共制定、报批和发布有关信息安全技术、产品、测评和管理的国家标准 76 个，正在制定中的标准 51 个，为信息安全的开展奠定了基础。

三、我国信息安全标准体系框架

在对国内外信息安全标准化工作研究的基础上，可将信息安全标准从总体上划分为：基础标准、技术与机制标准、管理标准、测评标准、密码技术标准和保密技术标准等六大类，并由此构成了我国信息安全标准体系总体框架（见图 3 - 2）。

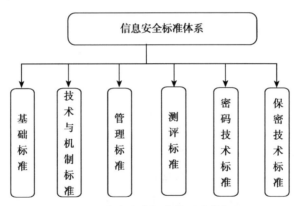

图 3 - 2　信息安全标准体系总体框架

（一）基础标准

基础标准是为其他标准的制定提供支撑的公用标准，包括安全术语、体系结构、模型、框架标准四个组成部分，基础标准体系框架见图 3 - 3。

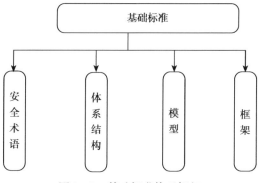

图 3 – 3　基础标准体系框架

（二）技术与机制标准

技术与机制标准包括标识与鉴别、授权与访问控制、实体管理和物理安全技术标准。技术与机制标准体系框架见图 3 – 4。

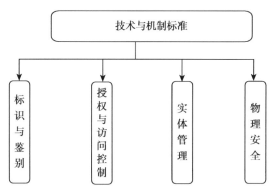

图 3 – 4　技术与机制标准体系框架

（三）管理标准

管理标准包括管理基础标准、管理要素标准、管理支撑技术标准和工程与服务标准，信息安全管理标准体系框架见图 3 – 5。

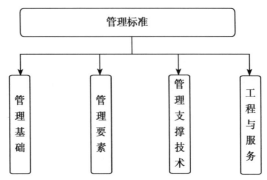

图3-5 信息安全管理标准体系框架

（四）测评标准

测评标准包括测评基础标准、产品测评标准和系统测评标准，信息安全测评标准体系框架见图3-6。

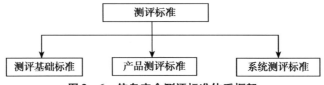

图3-6 信息安全测评标准体系框架

（五）密码技术标准

密码技术标准包括基础标准、技术标准和管理标准，密码技术标准体系框架见图3-7。

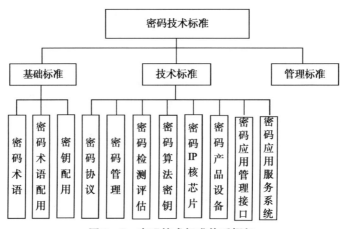

图3-7 密码技术标准体系框架

（六）保密技术标准

保密技术标准包括技术标准和管理标准，体系框架见图 3-8。

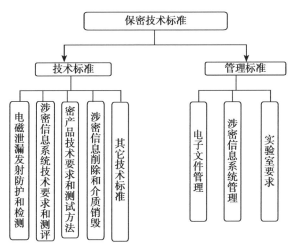

图 3-8　保密技术标准体系框架

四、我国信息安全相关标准介绍

近年来，我国信息安全标准化工作取得了显著成就，围绕信息安全保障体系建设，以信息安全技术、机制、服务、管理和评估为重点，我国共发布信息安全国家标准 54 项。特别是 2002 年 4 月全国信息安全标准化技术委员会成立后，先后研究制定信息安全等级保护、鉴别与授权、信息安全管理、信息安全测评认证等方面的国家标准 33 项，截至 2010 年底，累计发布信息安全国家标准 92 项。这些标准为推进我国信息安全标准化工作奠定了良好基础，在国家信息安全保障体系建设中发挥了重要作用。

表 3-3　我国已颁发的信息安全国家标准列表

	序号	完成发布标准号	标准发布名称
一、 基础 标准	1	GB/T 9387.2-1995	信息安全体系结构
	2	GB/T 25069-2010	信息安全技术　术语
	3	GB/T 5271.8-2001	信息技术　词汇　第 8 部分：安全

	序号	完成发布标准号	标准发布名称
二、技术与机制标准	4	GB/T 15843.1－2008	信息技术 安全技术 实体鉴别 第1部分：概述
	5	GB/T 15843.2－2008	信息技术 安全技术 实体鉴别 第2部分：采用对称加密算法的机制
	6	GB/T 15843.3－2008	信息技术 安全技术 实体鉴别 第3部分：采用非对称签名技术的机制
	7	GB/T 15843.4－2008	信息技术 安全技术 实体鉴别 第4部分：采用密码校验函数的机制
	8	GB/T 15843.5－2008	信息技术 安全技术 实体鉴别 第5部分：采用零知识技术的机制
	9	GB/T 15852.1－2008	信息技术 安全技术 消息鉴别码 第1部分：采用分组密码的机制
	10	GB/T 17903.1－2008	信息技术 安全技术 抗抵赖 第1部分：概述
	11	GB/T 17903.2－2008	信息技术 安全技术 抗抵赖 第2部分：采用对称技术的机制
	12	GB/T 17903.3－2008	信息技术 安全技术 抗抵赖 第3部分：采用非对称技术的机制
	13	GB/T 17964－2008	信息技术 安全技术 分组密码算法的工作模式
	14	GB/T 17902.1－2005	信息技术 安全技术 带附录的数字签名 第1部分：概述
	15	GB/T 17902.2－2005	信息技术 安全技术 带附录的数字签名 第2部分：基于身份的机制

续表

	序号	完成发布标准号	标准发布名称
二、技术与机制标准	16	GB/T 17902.3 – 2005	信息技术 安全技术 带附录的数字签名 第3部分：基于证书的机制
	17	GB/Z 19717 – 2005	基于多用途互联网邮件扩展（MIME）的安全报文交换
	18	GB 15851 – 1995	信息技术 安全技术 带消息恢复的数字签名方案
	19	GB/T 18238.1 – 2000	信息技术 安全技术 散列函数 第1部分：概述
	20	GB/T 18238.2 – 2002	信息技术 安全技术 散列函数 第2部分：采用n位块密码的散列函数
	21	GB/T 18238.3 – 2002	信息技术 安全技术 散列函数 第3部分：专用散列函数
三、管理标准	22	GB/T 17901.1 – 1999	信息技术 安全技术 密钥管理 第1部分：框架
	23	GB 17859 – 1999	计算机信息系统安全保护等级划分准则
	24	GB/T 19715.1 – 2005	信息技术 信息技术安全管理指南 第1部分：信息技术安全概念和模型
	25	GB/T 19715.2 – 2005	信息技术 信息技术安全管理指南 第2部分：管理和规划信息技术安全
	26	GB/T 19716 – 2005	信息技术 信息安全管理实用规则
	27	GB/T 20282 – 2006	信息安全技术 信息系统安全工程管理要求
	28	GB/T 20269 – 2006	信息安全技术 信息系统安全管理要求
	29	GB/T 20984 – 2007	信息安全技术 信息安全风险评估规范
	30	GB/Z 20985 – 2007	信息技术 安全技术 信息安全事件管理指南
	31	GB/Z 20986 – 2007	信息安全技术 信息安全事件分类分级指南
	32	GB/T 20988 – 2007	信息安全技术 信息系统灾难恢复规范
	33	GB/T 22080 – 2008	信息技术 安全技术 信息安全管理体系要求
	34	GB/T 22081 – 2008	信息技术 安全技术 信息安全管理实用规则
	35	GB/T 24363 – 2009	信息安全技术 信息安全应急响应计划规范
	36	GB/T 24364 – 2009	信息安全技术 信息安全风险管理指南
	37	GB/T 25062 – 2010	信息安全技术鉴别与授权基于角色的访问 安全访问控制模型与管理规范

	序号	完成发布标准号	标准发布名称
四、测评标准	38	GB/T 20008 – 2005	信息安全技术　操作系统安全评估准则
	39	GB/T 20009 – 2005	信息安全技术　数据库管理系统安全评估准则
	40	GB/T 20010 – 2005	信息安全技术　包过滤防火墙安全评估准则
	41	GB/T 20011 – 2005	信息安全技术　路由器安全评估准则
	42	GB/T 20270 – 2006	信息安全技术　网络基础安全技术要求
	43	GB/T 20271 – 2006	信息安全技术　信息系统通用安全技术要求
	44	GB/T 20272 – 2006	信息安全技术　操作系统安全技术要求
	45	GB/T 20273 – 2006	信息安全技术　数据库管理系统安全技术要求
	46	GB/T 20274.1 – 2006	信息安全技术　信息系统安全保障评估框架　第1部分：简介和一般模型
	47	GB/T 20274.2 – 2008	信息安全技术　信息系统安全保障评估框架　第2部分：技术保障
	48	GB/T 20274.3 – 2008	信息安全技术　信息系统安全保障评估框架　第3部分：管理保障
	49	GB/T 20274.4 – 2008	信息安全技术　信息系统安全保障评估框架　第4部分：工程保障
	50	GB/T 20275 – 2006	信息安全技术　入侵检测系统技术要求和测试评价方法
	51	GB/T 20278 – 2006	信息安全技术　网络脆弱性扫描产品技术要求
	52	GB/T 20276 – 2006	信息安全技术　智能卡嵌入式软件安全技术要求（EAL4 增强级）
	53	GB/T 20277 – 2006	信息安全技术　网络和终端设备隔离部件测试评价方法
	54	GB/T 20279 – 2006	信息安全技术　网络和终端设备隔离部件安全技术要求
	55	GB/T 20280 – 2006	信息安全技术　网络脆弱性扫描产品测试评价方法
	56	GB/T 20281 – 2006	信息安全技术　防火墙技术要求和测试评价方法
	57	GB/T 20283 – 2006	信息安全技术　保护轮廓和安全目标的产生指南
	58	GB/T 20979 – 2007	信息安全技术　虹膜识别系统技术要求
	59	GB/T 20983 – 2007	信息安全技术　网上银行系统信息安全保障评估准则

续表

	序号	完成发布标准号	标准发布名称
四、测评标准	60	GB/T 20984－2007	信息安全技术 信息安全风险评估规范
	61	GB/T 20987－2007	信息安全技术 网上证券交易系统信息安全保障评估准则
	62	GB/T 21050－2007	信息安全技术 网络交换机安全技术要求（评估保证级3）
	63	GB/T 21052－2007	信息安全技术 信息系统物理安全技术要求
	64	GB/T 21053－2007	信息安全技术 公钥基础设施 PKI 系统安全等级保护技术要求
	65	GB/T 21054－2007	信息安全技术 公钥基础设施 PKI 系统安全等级保护评估准则
	66	GB/T18336.1－2008	信息技术 安全技术 信息技术安全性评估准则第1部分：简介和一般模型
	67	GB/T18336.2－2008	信息技术 安全技术 信息技术安全性评估准则第2部分：安全功能要求
	68	GB/T18336.3－2008	信息技术 安全技术 信息技术安全性评估准则第3部分：安全保证要求
	69	GB/T22239－2008	信息安全技术 信息系统安全等级保护基本要求
	70	GB/T22240－2008	信息安全技术 信息系统安全等级保护定级指南
	71	GB/T22186－2008	信息安全技术 具有中央处理器的集成电路（IC）卡芯片安全技术要求（评估保证级4增强级）
	72	GB/T 20945－2007	信息安全技术 信息系统安全审计产品技术要求和测试评价方法
	73	GB/T 18018－2007	信息安全技术 路由器安全技术要求
	74	GB/T 25063－2010	信息安全技术 服务器安全测评要求
	75	GB/T 25058－2010	信息安全技术 信息系统安全等级保护实施指南
	76	GB/T 25070－2010	信息安全技术 信息系统等级保护安全技术设计要求

续表

	序号	完成发布标准号	标准发布名称
五、密码技术与保密技术标准	77	GB/T 19771－2005	信息技术　安全技术　公钥基础设施 PKI 组件最小互操作规范
	78	GB/T 19713－2005	信息技术　安全技术　公钥基础设施　在线证书状态协议
	79	GB/T 19714－2005	信息技术　安全技术　公钥基础设施　证书管理协议
	80	GB/T 16264.8－2005	信息技术　开放系统互连　目录　第8部分：公钥和属性证书框架
	81	GB/T 20518－2006	信息安全技术　公钥基础设施　数字证书格式
	82	GB/T 20519－2006	信息安全技术　公钥基础设施特定权限管理中心技术规范
	83	GB/T 20520－2006	信息安全技术　公钥基础设施　时间戳规范
	84	GB/T 17964－2008	信息安全技术　分组密码算法的工作模式
	85	GB/T 25055－2010	信息安全技术　公钥基础设施安全支撑平台技术框架
	86	GB/T 25056－2010	信息系统安全技术　证书认证系统密码及其相关安全技术规范
	87	GB/T 25057－2010	信息安全技术　公钥基础设施　电子签名卡应用接口基本要求
	88	GB/T 25059－2010	信息安全技术　公钥基础设施　简易在线证书状态协议
	89	GB/T 25060－2010	信息安全技术　公钥基础设施 X.509 数字证书应用接口规范

	序号	完成发布标准号	标准发布名称
五、密码技术与保密技术标准	90	GB/T 25061 – 2010	信息安全技术　公钥基础设施 XML 数字签名语法与处理规范
	91	GB/T 25064 – 2010	信息安全技术　公钥基础设施　电子签名格式规范
	92	GB/T 25065 – 2010	信息安全技术　公钥基础设施　签名生成应用程序的安全要求
	说明	截至 2010 年底，我国已颁发的信息安全国家标准 92 项，包括：1. 基础标准（3 项）；2. 技术与机制标准（19 项）；3. 管理标准（15 项）；4. 测评标准（39 项）；5. 密码技术与保密技术标准（16 项）。	

学习单元4

信息安全法律法规

☞ 【学习目的与要求】

信息安全不是孤立存在的，它存在于我国的国情中，通过本单元的学习，了解我国信息安全相关法律法规。

第一节 信息安全法律法规概述

一、构建信息安全法律法规的意义

构建信息安全法律法规的宗旨是通过规范信息资源主体的开发和利用活动，不断地协调和解决信息自由与安全、信息不足与过滥、信息公开与保密、信息共享与垄断，以及个体营利性和社会公益性的矛盾，从而兼顾效率与公平，保障国家利益、社会公共利益和基本人权。通过制定和实施相关立法，鼓励企业、社会公众和其他组织开展公益性信息服务，鼓励社会力量投资设立公益性信息机构，鼓励著作权人许可公益性信息机构无偿利用其相关资源开展公益性服务，就能够产生对国家利益、社会公共利益的积极保护作用，特别是对国家信息安全，社会资源共享的积极保护作用。立法是充分保护信息权利的必然要求。

加强信息安全法律法规的建设，保障政府信息安全，可以建立健全政府信息公开、交换、共享、保密制度；可以为公益性信息服务发展提供法律保障；可以保障企业建立并逐步完善各类信息系统，在生产、经营、管理等环节中深度开发并充分利用信息资源，提高企业的竞争能力和经济效益；可以依法保护信息内容产品的知识产权，建立和完善信息内容市场监督体系；有利于创建安全健康的信息和网络环境。

作为一名合格的信息安全专业人员，了解一个机构的法律责任和道德义务是至关重要的。在控制机构保密和安全风险的过程中，信息安全专业人员起着重要的作用。现代社会法律诉讼案件极为常见，有时是在民事法庭进行判决，原告可以获得较大的损失赔偿，而被告会受到惩罚。为了降低民事责任，信息安全从业者必须了解当前的法律环境，最好及时了解新的法律、规则和道德规范的发展动态。对员工和管理层进行培训，让他们懂得各自的法律责任和道德义务以及如何适当地使用信息技术和信息安全技术，才能使整个机构朝着其首要目标努力。

二、构建信息安全法律法规体系的任务

构建国家信息安全法律法规体系是指依据宪法，制定国家关于信息安全的基本法以及与之相配套、相协调、相统一，并且与现有法律、法规相衔接的信息安全法律、法规和部门规章，形成一套能够覆盖信息安全领域基本问题、主要内容的，系统、完整、有机的信息安全法律规范体系。建立健全信息安全法律法规体系的任务是：确立我国信息安全领域的基本法律原则、基本法律责任和基本法律制度，从不同层次妥善处理信息安全各方主体的权利义务关系，系统、全面地解决我国信息安全立法中的基本问题，规范公民、法人和其他组织的信息安全行为，明确信息安全的执法主体，为信息安全各个职能部门提供执法依据。

三、我国信息安全法律法规体系框架

全面了解和掌握我国的立法体系和立法内容，是信息网络安全领域法律、技术和管理等各项工作的重要基础。我国信息网络安全领域的相关法律体系框架分为法律、行政法规、部门规章及规范性文件三个层面。

（一）法律

法律有广义、狭义两种理解。从广义上讲，法律泛指法律、有法律效力的解释及其行政机关为执行法律而制定的规范性文件；从狭义上讲，法律仅指全国人大及其常委会制定的规范性文件。在与法规等一起谈时，法律是指狭义上的法律。这一层面是指由全国人民代表大会及其常委会通过的有关法律，主要包括：《中华人民共和国宪法》、《中华人民共和国刑法》、《中华人民共和国人民警察法》、《中华人民共和国治安管理处罚法》、《中华人民共和国国家安全法》、《中华人民共和国保守国家秘密法》、《中华人民共和国行政处罚法》、《中华人民共和国立法法》、《中华人民共和国著作权法》、《中华人民共和国专利法》、《中华人民共和国标准化法》、《中华人民共和国产品质量法》、《中华人民共和国反不正当竞争法》、《中华人民共和国电子签名法》、《中华人民共和国刑事诉讼法》、《中华人民共和国行政诉讼法》、《中华人民共和国行政复议法》、《中华人民共和国国家赔偿法》、《全国人大常委会关于维护互联网安全的决定》等。

（二）行政法规

法规，在法律体系中，主要指行政法规、地方性法规、民族自治法规及经济特区法规等。这一层面主要是指国务院为执行宪法和法律的规定而制定的行政法规，主要包括：《中华人民共和国计算机信息系统安全保护条例》、《互联网信息服务管理办法》、《中华人民共和国计算机信息网络国际联网管理暂行规定》、《商用密码管理条例》、《中华人民共和国电信条例》、《互联网信息服务管理办法》、《计算机软件保护条例》、《互联网上网服务营业场所管理条例》、《信息网络传播权保护条例》等。

（三）部门规章及规范性文件

这一层面的部门规章主要指国务院组成部门及直属机构，省、自治区、直辖市人民政府及省、自治区政府所在地的市和经国务院批准的较大的市的人民政府，在它们的职权范围内，为执行法律、法规，需要制定的事项或属于本行政区域的具体行政管理事项而制定的规范性文件。与信息网络安全相关的部门规章及规范性文件主要包括：

1. 公安部制定的《计算机信息系统安全专用产品检测和销售许可证管理办法》、《计算机信息网络国际联网安全保护管理办法》、《计算机病毒防治管理办法》、《互联网安全保护技术措施规定》；公安部和中国人民银行联合制定的《金融机构计算机信息系统安全保护工作暂行规定》；公安部和国家保密局、国家密码管理局、国务院信息工作办公室联合制定的《信息安全等级保护管理办法》等。

2. 原信息产业部（现工业和信息化部）制定的《互联网电子公告服务管理规定》、《软件产品管理办法》、《公用电信网间互联管理规定》、《通信工程质量监督管理规定》、《电信业务经营许可管理办法》、《中国互联网络域名管理办法》以及与国务院新闻办公室联合制定的《互联网站从事登载新闻业务管理暂行规定》等。

3. 国家保密局制定的《计算机信息系统保密管理暂行规定》、《计算机信息系统国际联网保密管理规定》、《涉及国家秘密的通信、办公自动化和计算机信息系统审批暂行办法》、《涉及国家秘密的计算机信息系统集成资质管理办法（试行）》等。

4. 教育部制定的《中国教育和科研计算机网暂行管理办法》、《教育网站和网校暂行管理办法》等。

5. 新闻出版总署和信息产业部联合制定的《互联网出版管理暂行规定》等。

6. 国家广播电影电视总局制定的《互联网等信息网络传播视听节目管理办法》等。

7. 司法部制定的《司法鉴定机构登记管理办法》等。

8. 此外，一些省、自治区、直辖市根据本行政区域的具体情况和实际需要，还制定了若干部有关信息网络安全的地方性法规和规章。

第二节　信息系统安全保护法律规范的基本原则

一、谁主管、谁负责的原则

例如：《互联网上网服务营业场所管理条例》第 4 条规定："县级以上人民政府文化行政部门负责互联网上网服务营业场所经营单位的设立审批，并负责对依法设立的互联网上网服务营业场所经营单位经营活动的监督管理；公安机关负责对互联网上网服务营业场所经营单位的信息网络安全、治安及消防安全的监督管理；工商行政管理部门负责对互联网上网服务营业场所经营单位登记注册和营业执照的管理，并依法查处无照经营活动；电信管理等其他有关部门在各自职责范围内，依照本条例和有关法律、行政法规的规定，对互联网上网服务营业场所经营单位分别实施有关监督管理。"

二、突出重点的原则

例如：《中华人民共和国计算机信息系统安全保护条例》第 4 条规定："计算机信息系统的安全保护工作，重点维护国家事务、经济建设、国防建设、尖端科学技术等重要领域的计算机信息系统的安全。"

三、预防为主的原则

如对计算机病毒的预防，对非法入侵的防范（使用防火墙、IDS 设备）等。

四、安全审计的原则

例如：在《计算机信息系统安全保护等级划分准则》的第 4.4.6 款中，有关审计的说明如下：计算机信息系统可信计算基能创建和维护受保护客体的访问审计跟踪记录，并能阻止非授权的用户对它访问或破坏。计算机信息系统可信计算基能记录下述事件：使用身份鉴别机制；将客体引入用户地址空间（例如：打开文件、程序初始化）；删除客体；由操作员、系统管理员或（和）系统安全管理员实施的动作，以及其他与系统安全有关的事件。对于每一事件，其审计记录包括：事件的日期和时间、用户、事件类型、事件是否成功。对于身份鉴别事件，审计记录包含请求的来源（例如：终端标识符）；对于客体引入用户地址空间的事件及客体删除事件，审计记录包含客体及客体的安全级别。此外，计算机信息系统可信计算基具有审计更改可读输出记号的能力。对不能由计算机信息系统可信计算基独立分辨的审计事件，审计机制提供审计记录接口，可由授权主体调用。这些审计记录区别于计算机信息系统可信计算基独立分辨的审计记录。计算机信息系统可信计算基能够审计利用隐蔽存储信道时可能被使用的事件。

五、风险管理的原则

风险是构成所谓"安全性"基础的基本概念。风险是需要保护的潜在损失。任何信息安全系统中都存在脆弱点，它可以存在于计算机系统和网络中或者管理过程中。脆弱点可以利用它的技术难度和级别来表征。脆弱点也很容易受到威胁或攻击。

解决问题的最好方法就是进行风险管理。风险管理是指在一个肯定有风险的环境里把风险减至最低的管理过程。

对于信息系统的安全，风险管理主要要做的是：

1. 主动寻找系统的脆弱点，识别出威胁，采取有效的防范措施，化解风险于萌芽状态；

2. 当威胁出现后或攻击成功时，对系统所遭受的损失及时进行评估，制定防范措施，避免风险的再次出现；

3. 研究制定风险应变策略，从容应对各种可能的风险的发生。

第三节　我国现有主要的信息安全法律法规简介

依法治国，依法办事，遵纪守法，依法保护国家和自己的利益是国家及每一个公民的权利和义务，也是各行各业必须遵循的规范，信息安全保障也不例外。

本节简单介绍我国现有主要的信息安全相关法律法规。

一、《中华人民共和国国家安全法》

《中华人民共和国国家安全法》于1993年2月22日第七届全国人民代表大会常委会第三十次会议通过，自1993年2月22日起施行。本法分为5章，共34条，其主要内容摘录如下：

第一章　总则

第一条　为了维护国家安全，保卫中华人民共和国人民民主专政的政权和社会主义制度，保障改革开放和社会主义现代化建设的顺利进行，根据宪法，制定本法。

第四条　任何组织和个人进行危害中华人民共和国国家安全的行为都必须受到法律追究。

本法所称危害国家安全的行为，是指境外机构、组织、个人实施或者指使、资助他人实施的，或者境内组织、个人与境外机构、组织、个人相勾结实施的下列危害中华人民共和国国家安全的行为：

（一）阴谋颠覆政府，分裂国家，推翻社会主义制度的；

（二）参加间谍组织或者接受间谍组织及其代理人的任务的；

（三）窃取、刺探、收买、非法提供国家秘密的；

（四）策动、勾引、收买国家工作人员叛变的；

（五）进行危害国家安全的其他破坏活动的。

第二章　国家安全机关在国家安全工作中的职权

第七条　国家安全机关的工作人员依法执行国家安全工作任务时，经出示相应证件，有权查验中国公民或者境外人员的身份证明；向有关组织和人员调查、询问有关情况。

第十条　国家安全机关因侦察危害国家安全行为的需要，根据国家有关规定，经过严格的批准手续，可以采取技术侦察措施。

第十一条　国家安全机关为维护国家安全的需要，可以查验组织和个人的电子通信工具、器材等设备、设施。

第三章　公民和组织维护国家安全的义务和权利

第十五条　机关、团体和其他组织应当对本单位的人员进行维护国家安全的教育，动员、组织本单位的人员防范、制止危害国家安全的行为。

第十九条　任何公民和组织都应当保守所知悉的国家安全工作的国家秘密。

第二十条　任何个人和组织都不得非法持有属于国家秘密的文件、资料和其他物品。

第二十一条　任何个人和组织都不得非法持有、使用窃听、窃照等专用间谍器材。

第四章　法律责任

第二十九条　对非法持有属于国家秘密的文件、资料和其他物品的，以及非法持有、使用专用间谍器材的，国家安全机关可以依法对其人身、物品、住处和其他有关的地方进行搜查；对其非法持有的属于国家秘密的文件、资料和其他物品，以及非法持有、使用的专用间谍器材予以没收。

非法持有属于国家秘密的文件、资料和其他物品，构成泄露国家秘密罪的，依法追究刑事责任。

二、《中华人民共和国保守国家秘密法》

《中华人民共和国保守国家秘密法》于2010年4月29日由第十一届全国人民代表大会常委会第十四次会议修订通过，自2010年10月1日起施行，本法分为6章共53条，其主要内容摘录如下：

第一章　总则

第三条　国家秘密受法律保护。

一切国家机关、武装力量、政党、社会团体、企业事业单位和公民都有保守国家秘密的义务。

任何危害国家秘密安全的行为，都必须受到法律追究。

第二章　国家秘密的范围和密级

第九条　下列涉及国家安全和利益的事项，泄露后可能损害国家在政治、经济、国防、外交等领域的安全和利益的，应当确定为国家秘密：

（一）国家事务重大决策中的秘密事项；

（二）国防建设和武装力量活动中的秘密事项；

（三）外交和外事活动中的秘密事项以及对外承担保密义务的秘密事项；

（四）国民经济和社会发展中的秘密事项；

（五）科学技术中的秘密事项；

（六）维护国家安全活动和追查刑事犯罪中的秘密事项；

（七）经国家保密行政管理部门确定的其他秘密事项。

政党的秘密事项中符合前款规定的，属于国家秘密。

第十条　国家秘密的密级分为绝密、机密、秘密三级。

绝密级国家秘密是最重要的国家秘密，泄露会使国家安全和利益遭受特别严重的损害；机密级国家秘密是重要的国家秘密，泄露会使国家安全和利益遭受严重的损害；秘密级国家秘密是一般的国家秘密，泄露会使国家安全和利益遭受损害。

第十六条　国家秘密的知悉范围，应当根据工作需要限定在最小范围。

国家秘密的知悉范围能够限定到具体人员的，限定到具体人员；不能限定到具体人员的，限定到机关、单位，由机关、单位限定到具体人员。

国家秘密的知悉范围以外的人员，因工作需要知悉国家秘密的，应当经过机关、单位负责人批准。

第十七条　机关、单位对承载国家秘密的纸介质、光介质、电磁介质等载体（以下简称国家秘密载体）以及属于国家秘密的设备、产品，应当做出国家秘密标志。

不属于国家秘密的，不应当做出国家秘密标志。

第三章　保密制度

第二十一条　国家秘密载体的制作、收发、传递、使用、复制、保存、维修和销毁，应当符合国家保密规定。

绝密级国家秘密载体应当在符合国家保密标准的设施、设备中保存，并指定专人管理；未经原定密机关、单位或者其上级机关批准，不得复制和摘抄；收发、传递和外出携带，应当指定人员负责，并采取必要的安全措施。

第二十五条　机关、单位应当加强对国家秘密载体的管理，任何组织和个人不得有下列行为：

（一）非法获取、持有国家秘密载体；

（二）买卖、转送或者私自销毁国家秘密载体；

（三）通过普通邮政、快递等无保密措施的渠道传递国家秘密载体；

（四）邮寄、托运国家秘密载体出境；

（五）未经有关主管部门批准，携带、传递国家秘密载体出境。

第二十六条　禁止非法复制、记录、存储国家秘密。

禁止在互联网及其他公共信息网络或者未采取保密措施的有线和无线通信中传递国家秘密。

禁止在私人交往和通信中涉及国家秘密。

第二十七条 报刊、图书、音像制品、电子出版物的编辑、出版、印制、发行，广播节目、电视节目、电影的制作和播放，互联网、移动通信网等公共信息网络及其他传媒的信息编辑、发布，应当遵守有关保密规定。

第四章 监督管理

第四十四条 保密行政管理部门对机关、单位遵守保密制度的情况进行检查，有关机关、单位应当配合。保密行政管理部门发现机关、单位存在泄密隐患的，应当要求其采取措施，限期整改；对存在泄密隐患的设施、设备、场所，应当责令停止使用；对严重违反保密规定的涉密人员，应当建议有关机关、单位给予处分并调离涉密岗位；发现涉嫌泄露国家秘密的，应当督促、指导有关机关、单位进行调查处理。涉嫌犯罪的，移送司法机关处理。

第五章 法律责任

第四十八条 违反本法规定，有下列行为之一的，依法给予处分；构成犯罪的，依法追究刑事责任：

（一）非法获取、持有国家秘密载体的；

（二）买卖、转送或者私自销毁国家秘密载体的；

（三）通过普通邮政、快递等无保密措施的渠道传递国家秘密载体的；

（四）邮寄、托运国家秘密载体出境，或者未经有关主管部门批准，携带、传递国家秘密载体出境的；

（五）非法复制、记录、存储国家秘密的；

（六）在私人交往和通信中涉及国家秘密的；

（七）在互联网及其他公共信息网络或者未采取保密措施的有线和无线通信中传递国家秘密的；

（八）将涉密计算机、涉密存储设备接入互联网及其他公共信息网络的；

（九）在未采取防护措施的情况下，在涉密信息系统与互联网及其他公共信息网络之间进行信息交换的；

（十）使用非涉密计算机、非涉密存储设备存储、处理国家秘密信息的；

（十一）擅自卸载、修改涉密信息系统的安全技术程序、管理程序的；

（十二）将未经安全技术处理的退出使用的涉密计算机、涉密存储设备赠送、出售、丢弃或者改作其他用途的。

有前款行为尚不构成犯罪，且不适用处分的人员，由保密行政管理部门督促其所在机关、单位予以处理。

三、《中华人民共和国刑法》

《中华人民共和国刑法》于 1979 年 7 月 1 日第五届全国人民代表大会第二次会议通过，2011 年 2 月 25 日第十一届全国人民代表大会第十九次会议修订通过《刑法修正案（八）》，自 2011 年 5 月 1 日起施行。本法共分 2 编，15 章，452 条，其主要内容摘录如下：

第一编　总则

第一章　刑法的任务、基本原则和适用范围

第二条　中华人民共和国刑法的任务，是用刑罚同一切犯罪行为作斗争，以保卫国家安全，保卫人民民主专政的政权和社会主义制度，保护国有财产和劳动群众集体所有的财产，保护公民私人所有的财产，保护公民的人身权利、民主权利和其他权利，维护社会秩序、经济秩序，保障社会主义建设事业的顺利进行。

第三条　法律明文规定为犯罪行为的，依照法律定罪处刑；法律没有明文规定为犯罪行为的，不得定罪处刑。

第二章　犯罪

第十七条　已满 16 周岁的人犯罪，应当负刑事责任。

已满 14 周岁不满 16 周岁的人，犯故意杀人、故意伤害致人重伤或者死亡、强奸、抢劫、贩卖毒品、放火、爆炸、投放危险物质罪的，应当负刑事责任。

已满 14 周岁不满 18 周岁的人犯罪，应当从轻或者减轻处罚。

因不满 16 周岁不予刑事处罚的，责令他的家长或者监护人加以管教；在必要的时候，也可以由政府收容教养。

第三章　破坏社会主义市场经济秩序罪

第二百一十七条　以营利为目的，有下列侵犯著作权情形之一，违法所得数额较大或者有其他严重情节的，处 3 年以下有期徒刑或者拘役，并处或者单处罚金；违法所得数额巨大或者有其他特别严重情节的，处 3 年以上 7 年以下有期徒刑，并处罚金：

（一）未经著作权人许可，复制发行其文字作品、音乐、电影、电视、录像作品、计算机软件及其他作品的；

（二）出版他人享有专有出版权的图书的；

（三）未经录音录像制作者许可，复制发行其制作的录音录像的；

（四）制作、出售假冒他人署名的美术作品的。

第六章　妨害社会管理秩序罪

第二百八十条　伪造、变造、买卖或者盗窃、抢夺、毁灭国家机关的公文、证件、印章的，处3年以下有期徒刑、拘役、管制或者剥夺政治权利；情节严重的，处3年以上10年以下有期徒刑。

伪造公司、企业、事业单位、人民团体的印章的，处3年以下有期徒刑、拘役、管制或者剥夺政治权利。

伪造、变造居民身份证的，处3年以下有期徒刑、拘役、管制或者剥夺政治权利；情节严重的，处3年以上7年以下有期徒刑。

第二百八十二条　以窃取、刺探、收买方法，非法获取国家秘密的，处3年以下有期徒刑、拘役、管制或者剥夺政治权利；情节严重的，处3年以上7年以下有期徒刑。

非法持有属于国家绝密、机密的文件、资料或者其他物品，拒不说明来源与用途的，处3年以下有期徒刑、拘役或者管制。

第二百八十五条　违反国家规定，侵入国家事务、国防建设、尖端科学技术领域的计算机信息系统的，处3年以下有期徒刑或者拘役。

违反国家规定，侵入前款规定以外的计算机信息系统或者采用其他技术手段，获取该计算机信息系统中存储、处理或者传输的数据，或者对该计算机信息系统实施非法控制，情节严重的，处3年以下有期徒刑或者拘役，并处或者单处罚金；情节特别严重的，处3年以上7年以下有期徒刑，并处罚金。

提供专门用于侵入、非法控制计算机信息系统的程序、工具，或者明知他人实施侵入、非法控制计算机信息系统的违法犯罪行为而为其提供程序、工具，情节严重的，依照前款的规定处罚。

第二百八十六条　违反国家规定，对计算机信息系统功能进行删除、修改、增加、干扰，造成计算机信息系统不能正常运行，后果严重的，处5年以下有期徒刑或者拘役；后果特别严重的，处5年以上有期徒刑。

违反国家规定，对计算机信息系统中存储、处理或者传输的数据和应用程序进行删除、修改、增加的操作，后果严重的，依照前款的规定处罚。

故意制作、传播计算机病毒等破坏性程序，影响计算机系统正常运行，后果严重的，依照第1款的规定处罚。

第二百八十七条　利用计算机实施金融诈骗、盗窃、贪污、挪用公款、窃取国家秘密或者其他犯罪的，依照本法有关规定定罪处罚。

第三百六十三条　以牟利为目的，制作、复制、出版、贩卖、传播淫秽物品的，处3年以下有期徒刑、拘役或者管制，并处罚金；情节严重的，处3年以上10年以下有期徒刑，并处罚金；情节特别严重的，处十年以上有期徒刑或者无期徒刑，并处罚金或者没收财产。

为他人提供书号，出版淫秽书刊的，处3年以下有期徒刑、拘役或者管制，并处或者单处罚金；明知他人用于出版淫秽书刊而提供书号的，依照前款的规定处罚。

第三百六十四条　传播淫秽的书刊、影片、音像、图片或者其他淫秽物品，情节严重的，处2年以下有期徒刑、拘役或者管制。

组织播放淫秽的电影、录像等音像制品的，处3年以下有期徒刑、拘役或者管制，并处罚金；情节严重的，处3年以上10年以下有期徒刑，并处罚金。

制作、复制淫秽的电影、录像等音像制品组织播放的，依照第2款的规定从重处罚。

向不满18周岁的未成年人传播淫秽物品的，从重处罚。

第三百六十五条　组织进行淫秽表演的，处3年以下有期徒刑、拘役或者管制，并处罚金；情节严重的，处3年以上10年以下有期徒刑，并处罚金。

四、《中华人民共和国治安管理处罚法》

《中华人民共和国治安管理处罚法》由中华人民共和国第十届全国人大常委会第十七次会议于2005年8月28日通过，自2006年3月1日起施行。本法共分6章，119条，其主要内容摘录如下：

第一章　总则

第一条　为维护社会治安秩序，保障公共安全，保护公民、法人和其他组织的合法权益，规范和保障公安机关及其人民警察依法履行治安管理职责，制定本法。

第二条　扰乱公共秩序，妨害公共安全，侵犯人身权利、财产权利，妨害社会管理，具有社会危害性，依照《中华人民共和国刑法》的规定构成犯罪的，依法追究刑事责任；尚不够刑事处罚的，由公安机关依照本法给予治安管理处罚。

第二章　处罚的种类和适用

第十条　治安管理处罚的种类分为：

（一）警告；

（二）罚款；

（三）行政拘留；

（四）吊销公安机关发放的许可证。

对违反治安管理的外国人，可以附加适用限期出境或者驱逐出境。

第十二条　已满 14 周岁不满 18 周岁的人违反治安管理的，从轻或者减轻处罚；不满 14 周岁的人违反治安管理的，不予处罚，但是应当责令其监护人严加管教。

第三章　违反治安管理的行为和处罚

第二十九条　有下列行为之一的，处 5 日以下拘留；情节较重的，处 5 日以上 10 日以下拘留：

（一）违反国家规定，侵入计算机信息系统，造成危害的；

（二）违反国家规定，对计算机信息系统功能进行删除、修改、增加、干扰，造成计算机信息系统不能正常运行的；

（三）违反国家规定，对计算机信息系统中存储、处理、传输的数据和应用程序进行删除、修改、增加的；

（四）故意制作、传播计算机病毒等破坏性程序，影响计算机信息系统正常运行的。

第六十八条　制作、运输、复制、出售、出租淫秽的书刊、图片、影片、音像制品等淫秽物品或者利用计算机信息网络、电话以及其他通讯工具传播淫秽信息的，处 10 日以上 15 日以下拘留，可以并处 3000 元以下罚款；情节较轻的，处 5 日以下拘留或者 500 元以下罚款。

五、《中华人民共和国计算机信息系统安全保护条例》

《中华人民共和国计算机信息系统安全保护条例》于 1994 年 2 月 18 日国务院以 147 号令发布并施行。该条例是我国在信息系统安全保护方面制定最早的一部法规，也是我国信息系统安全保护最基本的一部法规，它确立了我国信息系统安全保护的基本原则，为以后相关法规的制定奠定了基础。该条例分 5 章，共 31 条，其主要内容摘录如下：

第一章　总则

第二条　本条例所称的计算机信息系统，是指由计算机及其相关的和配套的设备、设施（含网络）构成的，按照一定的应用目标和规则对信息进行采集、加工、存储、传输、检索等处理的人机系统。

第三条　计算机信息系统的安全保护，应当保障计算机及其相关的和配套的设备、设施（含网络）的安全，运行环境的安全，保障信息的安全，保障计算机功能的正常发挥，以维护计算机信息系统的安全运行。

第四条　计算机信息系统的安全保护工作，重点维护国家事务、经济建设、国防建设、尖端科学技术等重要领域的计算机信息系统的安全。

第五条　中华人民共和国境内的计算机信息系统的安全保护，适用本条例。

未联网的微型计算机的安全保护办法，另行制定。

第六条　公安部主管全国计算机信息系统安全保护工作。

国家安全部、国家保密局和国务院其他有关部门，在国务院规定的职责范围内做好计算机信息系统安全保护的有关工作。

第二章　安全保护制度

第九条　计算机信息系统实行安全等级保护。安全等级的划分标准和安全等级保护的具体办法，由公安部会同有关部门制定。

第十条　计算机机房应当符合国家标准和国家有关规定。

在计算机机房附近施工，不得危害计算机信息系统的安全。

第十一条　进行国际联网的计算机信息系统，由计算机信息系统的使用单位报省级以上人民政府公安机关备案。

第十二条　运输、携带、邮寄计算机信息媒体进出境的，应当如实向海关申报。

第十三条　计算机信息系统的使用单位应当建立健全安全管理制度，负责本单位计算机信息系统的安全保护工作。

第十四条　对计算机信息系统中发生的案件，有关使用单位应当在 24 小时内向当地县级以上人民政府公安机关报告。

第十五条　对计算机病毒和危害社会公共安全的其他有害数据的防治研究工作，由公安部归口管理。

第十六条　国家对计算机信息系统安全专用产品的销售实行许可证制度。具体办法由公安部会同有关部门制定。

第四章　法律责任

第二十条　违反本条例的规定，有下列行为之一的，由公安机关处以警告或者停机整顿：

（一）违反计算机信息系统安全等级保护制度，危害计算机信息系统安全的；

（二）违反计算机信息系统国际联网备案制度的；

（三）不按照规定时间报告计算机信息系统中发生的案件的；

（四）接到公安机关要求改进安全状况的通知后，在限期内拒不改进的；

（五）有危害计算机信息系统安全的其他行为的。

第二十二条　运输、携带、邮寄计算机信息媒体进出境，不如实向海关申报的，由海关依照《中华人民共和国海关法》和本条例以及其他有关法律、法规的规定处理。

第二十三条　故意输入计算机病毒以及其他有害数据危害计算机信息系统安全的，或者未经许可出售计算机信息系统安全专用产品的，由公安机关处以警告或者对个人处以 5000 元以下的罚款、对单位处以 15 000 元以下的罚款；有违法所得的，除予以没收外，可以处以违法所得 1~3 倍的罚款。

六、《互联网信息服务管理办法》

《互联网信息服务管理办法》经 2000 年 9 月 25 日国务院以 292 号令发布并施行。该办法分 27 条，其主要内容摘录如下：

第一条　为了规范互联网信息服务活动，促进互联网信息服务健康有序发展，制定本办法。

第四条　国家对经营性互联网信息服务实行许可制度；对非经营性互联网信息服务实行备案制度。

未取得许可或者未履行备案手续的，不得从事互联网信息服务。

第五条　从事新闻、出版、教育、医疗保健、药品和医疗器械等互联网信息服务，依照法律、行政法规以及国家有关规定须经有关主管部门审核同意，在申请经营许可或者履行备案手续前，应当依法经有关主管部门审核同意。

第七条　从事经营性互联网信息服务，应当向省、自治区、直辖市电信管理机构或者国务院信息产业主管部门申请办理互联网信息服务增值电信业务经营许可证（以下简称经营许可证）。

省、自治区、直辖市电信管理机构或者国务院信息产业主管部门应当自收到申请之日起 60 日内审查完毕，作出批准或者不予批准的决定。予以批准的，颁发经营许可证；不予批准的，应当书面通知申请人并说明理由。

申请人取得经营许可证后，应当持经营许可证向企业登记机关办理登记手续。

第八条 从事非经营性互联网信息服务，应当向省、自治区、直辖市电信管理机构或者国务院信息产业主管部门办理备案手续。办理备案时，应当提交下列材料：

（一）主办单位和网站负责人的基本情况；

（二）网站网址和服务项目；

（三）服务项目属于本办法第五条规定范围的，已取得有关主管部门的同意文件。

省、自治区、直辖市电信管理机构对备案材料齐全的，应当予以备案并编号。

第九条 从事互联网信息服务，拟开办电子公告服务的，应当在申请经营性互联网信息服务许可或者办理非经营性互联网信息服务备案时，按照国家有关规定提出专项申请或者专项备案。

第十一条 互联网信息服务提供者应当按照经许可或者备案的项目提供服务，不得超出经许可或者备案的项目提供服务。

非经营性互联网信息服务提供者不得从事有偿服务。

互联网信息服务提供者变更服务项目、网站网址等事项的，应当提前30日向原审核、发证或者备案机关办理变更手续。

第十二条 互联网信息服务提供者应当在其网站主页的显著位置标明其经营许可证编号或者备案编号。

第十四条 从事新闻、出版以及电子公告等服务项目的互联网信息服务提供者，应当记录提供的信息内容及其发布时间、互联网地址或者域名；互联网接入服务提供者应当记录上网用户的上网时间、用户账号、互联网地址或者域名、主叫电话号码等信息。

互联网信息服务提供者和互联网接入服务提供者的记录备份应当保存60日，并在国家有关机关依法查询时，予以提供。

第十五条 互联网信息服务提供者不得制作、复制、发布、传播含有下列内容的信息：

（一）反对宪法所确定的基本原则的；

（二）危害国家安全，泄露国家秘密，颠覆国家政权，破坏国家统一的；

（三）损害国家荣誉和利益的；

（四）煽动民族仇恨、民族歧视，破坏民族团结的；

（五）破坏国家宗教政策，宣扬邪教和封建迷信的；

（六）散布谣言，扰乱社会秩序，破坏社会稳定的；

（七）散布淫秽、色情、赌博、暴力、凶杀、恐怖或者教唆犯罪的；

（八）侮辱或者诽谤他人，侵害他人合法权益的；

（九）含有法律、行政法规禁止的其他内容的。

第十六条　互联网信息服务提供者发现其网站传输的信息明显属于本办法第15条所列内容之一的，应当立即停止传输，保存有关记录，并向国家有关机关报告。

第十八条　国务院信息产业主管部门和省、自治区、直辖市电信管理机构，依法对互联网信息服务实施监督管理。

新闻、出版、教育、卫生、药品监督管理、工商行政管理和公安、国家安全等有关主管部门，在各自职责范围内依法对互联网信息内容实施监督管理。

七、《互联网上网服务营业场所管理条例》

《互联网上网服务营业场所管理条例》于2002年8月14日通过（国务院第363号令），2002年11月15日起施行。共有5章37条，其主要内容摘录如下：

第一章　总则

第一条　为了加强对互联网上网服务营业场所的管理，规范经营者的经营行为，维护公众和经营者的合法权益，保障互联网上网服务经营活动健康发展，促进社会主义精神文明建设，制定本条例。

第二条　本条例所称互联网上网服务营业场所，是指通过计算机等装置向公众提供互联网上网服务的网吧、电脑休闲室等营业性场所。

学校、图书馆等单位内部附设的为特定对象获取资料、信息提供上网服务的场所，应当遵守有关法律、法规，不适用本条例。

第四条　县级以上人民政府文化行政部门负责互联网上网服务营业场所经营单位的设立审批，并负责对依法设立的互联网上网服务营业场所经营单位经营活动的监督管理；公安机关负责对互联网上网服务营业场所经营单位的信息网络安全、治安及消防安全的监督管理；工商行政管理部门负责对互联网上网服务营业场所经营单位登记注册和营业执照的管理，并依法查处无照经营活动；电信管理等其他有关部门在各自职责范围内，依照本条例和有关法律、行政法规的规定，对互联网上网服务营业场所经营单位分别实施有关监督管理。

第二章　设立

第八条　设立互联网上网服务营业场所经营单位，应当采用企业的组织形式，并具备下列条件：

（一）有企业的名称、住所、组织机构和章程；

（二）有与其经营活动相适应的资金；

（三）有与其经营活动相适应并符合国家规定的消防安全条件的营业场所；

（四）有健全、完善的信息网络安全管理制度和安全技术措施；

（五）有固定的网络地址和与其经营活动相适应的计算机等装置及附属设备；

（六）有与其经营活动相适应并取得从业资格的安全管理人员、经营管理人员、专业技术人员；

（七）法律、行政法规和国务院有关部门规定的其他条件。

互联网上网服务营业场所的最低营业面积、计算机等装置及附属设备数量、单机面积的标准，由国务院文化行政部门规定。

审批设立互联网上网服务营业场所经营单位，除依照本条第 1 款、第 2 款规定的条件外，还应当符合国务院文化行政部门和省、自治区、直辖市人民政府文化行政部门规定的互联网上网服务营业场所经营单位的总量和布局要求。

第九条　中学、小学校园周围 200 米范围内和居民住宅楼（院）内不得设立互联网上网服务营业场所。

第三章　经营

第二十一条　互联网上网服务营业场所经营单位不得接纳未成年人进入营业场所。

互联网上网服务营业场所经营单位应当在营业场所入口处的显著位置悬挂未成年人禁入标志。

第二十三条　互联网上网服务营业场所经营单位应当对上网消费者的身份证等有效证件进行核对、登记，并记录有关上网信息。登记内容和记录备份保存时间不得少于 60 日，并在文化行政部门、公安机关依法查询时予以提供。登记内容和记录备份在保存期内不得修改或者删除。

第四章 罚则

第二十七条 违反本条例的规定，擅自设立互联网上网服务营业场所，或者擅自从事互联网上网服务经营活动的，由工商行政管理部门或者由工商行政管理部门会同公安机关依法予以取缔，查封其从事违法经营活动的场所，扣押从事违法经营活动的专用工具、设备；触犯刑律的，依照刑法关于非法经营罪的规定，依法追究刑事责任；尚不够刑事处罚的，由工商行政管理部门没收违法所得及其从事违法经营活动的专用工具、设备；违法经营额 1 万元以上的，并处违法经营额 5 倍以上 10 倍以下的罚款；违法经营额不足 1 万元的，并处 1 万元以上 5 万元以下的罚款。

八、《信息网络传播权保护条例》

《信息网络传播权保护条例》已经 2006 年 5 月 10 日国务院第 135 次常务会议通过（国务院令第 468 号），自 2006 年 7 月 1 日起施行，共有 27 条，其主要内容摘录如下：

第三条 依法禁止提供的作品、表演、录音录像制品，不受本条例保护。

权利人行使信息网络传播权，不得违反宪法和法律、行政法规，不得损害公共利益。

第五条 未经权利人许可，任何组织或者个人不得进行下列行为：

（一）故意删除或者改变通过信息网络向公众提供的作品、表演、录音录像制品的权利管理电子信息，但由于技术上的原因无法避免删除或者改变的除外；

（二）通过信息网络向公众提供明知或者应知未经权利人许可被删除或者改变权利管理电子信息的作品、表演、录音录像制品。

第六条 通过信息网络提供他人作品，属于下列情形的，可以不经著作权人许可，不向其支付报酬：

（一）为介绍、评论某一作品或者说明某一问题，在向公众提供的作品中适当引用已经发表的作品；

（二）为报道时事新闻，在向公众提供的作品中不可避免地再现或者引用已经发表的作品；

（三）为学校课堂教学或者科学研究，向少数教学、科研人员提供少量已经发表的作品；

（四）国家机关为执行公务，在合理范围内向公众提供已经发表的作品；

（五）将中国公民、法人或者其他组织已经发表的、以汉语言文字创作的作品翻译成的少数民族语言文字作品，向中国境内少数民族提供；

（六）不以营利为目的，以盲人能够感知的独特方式向盲人提供已经发表的文字作品；

（七）向公众提供在信息网络上已经发表的关于政治、经济问题的时事性文章；

（八）向公众提供在公众集会上发表的讲话。

第十四条　对提供信息存储空间或者提供搜索、链接服务的网络服务提供者，权利人认为其服务所涉及的作品、表演、录音录像制品，侵犯自己的信息网络传播权或者被删除、改变了自己的权利管理电子信息的，可以向该网络服务提供者提交书面通知，要求网络服务提供者删除该作品、表演、录音录像制品，或者断开与该作品、表演、录音录像制品的链接。通知书应当包含下列内容：

（一）权利人的姓名（名称）、联系方式和地址；

（二）要求删除或者断开链接的侵权作品、表演、录音录像制品的名称和网络地址；

（三）构成侵权的初步证明材料。

权利人应当对通知书的真实性负责。

第十五条　网络服务提供者接到权利人的通知书后，应当立即删除涉嫌侵权的作品、表演、录音录像制品，或者断开与涉嫌侵权的作品、表演、录音录像制品的链接，并同时将通知书转送提供作品、表演、录音录像制品的服务对象；服务对象网络地址不明、无法转送的，应当将通知书的内容同时在信息网络上公告。

第二十三条　网络服务提供者为服务对象提供搜索或者链接服务，在接到权利人的通知书后，根据本条例规定断开与侵权的作品、表演、录音录像制品的链接的，不承担赔偿责任；但是，明知或者应知所链接的作品、表演、录音录像制品侵权的，应当承担共同侵权责任。

九、《计算机信息网络国际联网安全保护管理办法》

《计算机信息网络国际联网安全保护管理办法》于 1997 年 12 月 11 日经国务院批准，1997 年 12 月 30 日由公安部发布实施，共 5 章 25 条，其主要内容摘录如下：

第一章 总则

第二条 中华人民共和国境内的计算机信息网络国际联网安全保护管理，适用本办法。

第六条 任何单位和个人不得从事下列危害计算机信息网络安全的活动：

（一）未经允许，进入计算机信息网络或者使用计算机信息网络资源的；

（二）未经允许，对计算机信息网络功能进行删除、修改或者增加的；

（三）未经允许，对计算机信息网络中存储、处理或者传输的数据和应用程序进行删除、修改或者增加的；

（四）故意制作、传播计算机病毒等破坏性程序的；

（五）其他危害计算机信息网络安全的。

第二章 安全保护责任

第十条 互联单位、接入单位及使用计算机信息网络国际联网的法人和其他组织应当履行下列安全保护职责：

（一）负责本网络的安全保护管理工作，建立健全安全保护管理制度；

（二）落实安全保护技术措施，保障本网络的运行安全和信息安全；

（三）负责对本网络用户的安全教育和培训；

（四）对委托发布信息的单位和个人进行登记，并对所提供的信息内容按照本办法第5条进行审核；

（五）建立计算机信息网络电子公告系统的用户登记和信息管理制度；

（六）发现有本办法第4条、第5条、第6条、第7条所列情形之一的，应当保留有关原始记录，并在24小时内向当地公安机关报告；

（七）按照国家有关规定，删除本网络中含有本办法第5条内容的地址、目录或者关闭服务器。

第十一条 用户在接入单位办理入网手续时，应当填写用户备案表。备案表由公安部监制。

十、《计算机病毒防治管理办法》

《计算机病毒防治管理办法》经2000年3月30日公安部部长办公会议通过（公安部第51号令），2000年4月26日发布施行，共22条，其主要内容摘录如下：

第一条 为了加强对计算机病毒的预防和治理，保护计算机信息系统安全，保障计算机的应用与发展，根据《中华人民共和国计算机信息系统安全保护条例》的规定，制定本办法。

第二条 本办法所称的计算机病毒,是指编制或者在计算机程序中插入的破坏计算机功能或者毁坏数据,影响计算机使用,并能自我复制的一组计算机指令或者程序代码。

第五条 任何单位和个人不得制作计算机病毒。

第六条 任何单位和个人不得有下列传播计算机病毒的行为:

(一)故意输入计算机病毒,危害计算机信息系统安全;

(二)向他人提供含有计算机病毒的文件、软件、媒体;

(三)销售、出租、附赠含有计算机病毒的媒体;

(四)其他传播计算机病毒的行为。

第十一条 计算机信息系统的使用单位在计算机病毒防治工作中应当履行下列职责:

(一)建立本单位的计算机病毒防治管理制度;

(二)采取计算机病毒安全技术防治措施;

(三)对本单位计算机信息系统使用人员进行计算机病毒防治教育和培训;

(四)及时检测、清除计算机信息系统中的计算机病毒,并备有检测、清除的记录;

(五)使用具有计算机信息系统安全专用产品销售许可证的计算机病毒防治产品;

(六)对因计算机病毒引起的计算机信息系统瘫痪、程序和数据严重破坏等重大事故及时向公安机关报告,并保护现场。

十一、《计算机信息系统保密管理暂行规定》

《计算机信息系统保密管理暂行规定》由国家保密局于 1998 年 2 月 26 日发布实施,共有 8 章 31 条,其主要内容摘录如下:

第一章 总则

第一条 为保护计算机信息系统处理的国家秘密安全,根据《中华人民共和国保守国家秘密法》,制定本规定。

第二条 本规定适用于采集、存储、处理、传递、输出国家秘密信息的计算机信息系统。

第二章 涉密系统

第六条 计算机信息系统应当采取有效的保密措施,配置合格的保密专用设备,防泄密、防窃密。所采取的保密措施应与所处理信息的密级要求相一致。

第三章　涉密信息

第十一条　国家秘密信息不得在与国际网络联网的计算机信息系统中存储、处理、传递。

第四章　涉密媒体

第十二条 存储国家秘密信息的计算机媒体，应按所存储信息的最高密级标明密级，并按相应密级的文件进行管理。

存储在计算机信息系统内的国家秘密应当采取保护措施。

第五章　涉密场所

第十七条　涉密信息处理场所应当根据涉密程度和有关规定设立控制区，未经管理机关批准无关人员不得进入。

第十八条　涉密信息处理场所应当定期或者根据需要进行保密技术检查。

第十九条　计算机信息系统应采取相应的防电磁信息泄漏的保密措施。

第六章　系统管理

第二十二条　计算机信息系统的使用单位应根据系统所处理的信息涉密等级和重要性制订相应的管理制度。

第二十五条　各单位保密工作机构应对计算机信息系统的工作人员进行上岗前的保密培训，并定期进行保密教育和检查。

第二十六条　任何单位和个人发现计算机信息系统泄密后，应及时采取补救措施，并按有关规定及时向上级报告。

第七章　奖惩

第二十九条　违反本规定泄露国家秘密，依据《中华人民共和国保守国家秘密法》及其实施办法进行处理，并追究单位领导的责任。

十二、《计算机信息系统国际联网保密管理规定》

《计算机信息系统国际联网保密管理规定》由国家保密局于 2000 年 1 月发布，2000 年 1 月 1 日施行，共有 4 章 20 条，其主要内容摘录如下：

第一章　总则

第一条　为了加强计算机信息系统国际联网的保密管理，确保国家秘密的安全，根据《中华人民共和国保守国家秘密法》和国家有关法规的规定，制定本规定。

第四条　计算机信息系统国际联网的保密管理，实行控制源头、归口管理、分级负责、突出重点、有利发展的原则。

第二章　保密制度

第六条　涉及国家秘密的计算机信息系统，不得直接或间接地与国际互联网或其他公共信息网络相联接，必须实行物理隔离。

第八条　上网信息的保密管理坚持"谁上网谁负责"的原则。凡向国际联网的站点提供或发布信息，必须经过保密审查批准。保密审批实行部门管理，有关单位应当根据国家保密法规，建立健全上网信息保密审批领导责任制。提供信息的单位应当按照一定的工作程序，健全信息保密审批制度。

第十一条　用户使用电子函件进行网上信息交流，应当遵守国家有关保密规定，不得利用电子函件传递、转发或抄送国家秘密信息。

互联单位、接入单位对其管理的邮件服务器的用户，应当明确保密要求，完善管理制度。

第十二条　互联单位和接入单位，应当把保密教育作为国际联网技术培训的重要内容。互联单位与接入单位、接入单位与用户所签定的协议和用户守则中，应当明确规定遵守国家保密法律，不得泄露国家秘密信息的条款。

第三章　保密监督

第十三条　各级保密工作部门应当有相应机构或人员负责计算机信息系统国际联网的保密管理工作，应当督促互联单位、接入单位及用户建立健全信息保密管理制度，监督、检查国际联网保密管理制度规定的执行情况。

对于没有建立信息保密管理制度或责任不明、措施不力、管理混乱，存在明显威胁国家秘密信息安全隐患的部门或单位，保密工作部门应责令其进行整改，整改后仍不符合保密要求的，应当督促其停止国际联网。

十三、《互联网站从事登载新闻业务管理暂行规定》

《互联网站从事登载新闻业务管理暂行规定》由国务院新闻办公室、信息产业部于 2000 年 11 月 6 日发布实施，共 19 条，其主要内容摘录如下：

第一条　为了促进我国互联网新闻传播事业的发展，规范互联网站登载新闻的业务，维护互联网新闻的真实性、准确性、合法性，制定本规定。

第二条　本规定适用于在中华人民共和国境内从事登载新闻业务的互联网站。

本规定所称登载新闻，是指通过互联网发布和转载新闻。

第三条　互联网站从事登载新闻业务，必须遵守宪法和法律、法规。

国家保护互联网站从事登载新闻业务的合法权益。

第四条　国务院新闻办公室负责全国互联网站从事登载新闻业务的管理

工作。

省、自治区、直辖市人民政府新闻办公室依照本规定负责本行政区域内互联网站从事登载新闻业务的管理工作。

第十三条 互联网站登载的新闻不得含有下列内容：

（一）违反宪法所确定的基本原则；

（二）危害国家安全，泄露国家秘密，煽动颠覆国家政权，破坏国家统一；

（三）损害国家的荣誉和利益；

（四）煽动民族仇恨、民族歧视，破坏民族团结；

（五）破坏国家宗教政策，宣扬邪教，宣扬封建迷信；

（六）散布谣言，编造和传播假新闻，扰乱社会秩序，破坏社会稳定；

（七）散布淫秽、色情、赌博、暴力、恐怖或者教唆犯罪；

（八）侮辱或者诽谤他人，侵害他人合法权益；

（九）法律、法规禁止的其他内容。

十四、《互联网新闻信息服务管理规定》

《互联网新闻信息服务管理规定》由国务院新闻办公室、信息产业部于 2005 年 9 月 25 日联合发布实施，共 6 章 33 条，其主要内容摘录如下：

第一章 总则

第二条 在中华人民共和国境内从事互联网新闻信息服务，应当遵守本规定。

本规定所称新闻信息，是指时政类新闻信息，包括有关政治、经济、军事、外交等社会公共事务的报道、评论，以及有关社会突发事件的报道、评论。

本规定所称互联网新闻信息服务，包括通过互联网登载新闻信息、提供时政类电子公告服务和向公众发送时政类通讯信息。

第三章 互联网新闻信息服务规范

第十九条 互联网新闻信息服务单位登载、发送的新闻信息或者提供的时政类电子公告服务，不得含有下列内容：

（一）违反宪法确定的基本原则的；

（二）危害国家安全，泄露国家秘密，颠覆国家政权，破坏国家统一的；

（三）损害国家荣誉和利益的；

（四）煽动民族仇恨、民族歧视，破坏民族团结的；

（五）破坏国家宗教政策，宣扬邪教和封建迷信的；

（六）散布谣言，扰乱社会秩序，破坏社会稳定的；

（七）散布淫秽、色情、赌博、暴力、恐怖或者教唆犯罪的；

（八）侮辱或者诽谤他人，侵害他人合法权益的；

（九）煽动非法集会、结社、游行、示威、聚众扰乱社会秩序的；

（十）以非法民间组织名义活动的；

（十一）含有法律、行政法规禁止的其他内容的。

第二十条　互联网新闻信息服务单位应当建立新闻信息内容管理责任制度。不得登载、发送含有违反本规定第 3 条第 1 款、第 19 条规定内容的新闻信息；发现提供的时政类电子公告服务中含有违反本规定第 3 条第 1 款、第 19 条规定内容的，应当立即删除，保存有关记录，并在有关部门依法查询时予以提供。

第二十一条　互联网新闻信息服务单位应当记录所登载、发送的新闻信息内容及其时间、互联网地址，记录备份应当至少保存 60 日，并在有关部门依法查询时予以提供。

十五、《互联网安全保护技术措施规定》

《互联网安全保护技术措施规定》于 2005 年以中华人民共和国公安部第 82 号令发布，2006 年 3 月 1 日起施行，共 19 条，其主要内容摘录如下：

第一条　为加强和规范互联网安全技术防范工作，保障互联网网络安全和信息安全，促进互联网健康、有序发展，维护国家安全、社会秩序和公共利益，根据《计算机信息网络国际联网安全保护管理办法》，制定本规定。

第二条　本规定所称互联网安全保护技术措施，是指保障互联网网络安全和信息安全、防范违法犯罪的技术设施和技术方法。

第三条　互联网服务提供者、联网使用单位负责落实互联网安全保护技术措施，并保障互联网安全保护技术措施功能的正常发挥。

第四条　互联网服务提供者、联网使用单位应当建立相应的管理制度。未经用户同意不得公开、泄露用户注册信息，但法律、法规另有规定的除外。

互联网服务提供者、联网使用单位应当依法使用互联网安全保护技术措施，不得利用互联网安全保护技术措施侵犯用户的通信自由和通信秘密。

第七条　互联网服务提供者和联网使用单位应当落实以下互联网安全保护技术措施：

（一）防范计算机病毒、网络入侵和攻击破坏等危害网络安全事项或者行

为的技术措施;

(二) 重要数据库和系统主要设备的冗灾备份措施;

(三) 记录并留存用户登录和退出时间、主叫号码、账号、互联网地址或域名、系统维护日志的技术措施;

(四) 法律、法规和规章规定应当落实的其他安全保护技术措施。

第八条 提供互联网接入服务的单位除落实本规定第 7 条规定的互联网安全保护技术措施外,还应当落实具有以下功能的安全保护技术措施:

(一) 记录并留存用户注册信息;

(二) 使用内部网络地址与互联网网络地址转换方式为用户提供接入服务的,能够记录并留存用户使用的互联网网络地址和内部网络地址对应关系;

(三) 记录、跟踪网络运行状态,监测、记录网络安全事件等安全审计功能。

第九条 提供互联网信息服务的单位除落实本规定第 7 条规定的互联网安全保护技术措施外,还应当落实具有以下功能的安全保护技术措施:

(一) 在公共信息服务中发现、停止传输违法信息,并保留相关记录;

(二) 提供新闻、出版以及电子公告等服务的,能够记录并留存发布的信息内容及发布时间;

(三) 开办门户网站、新闻网站、电子商务网站的,能够防范网站、网页被篡改,被篡改后能够自动恢复;

(四) 开办电子公告服务的,具有用户注册信息和发布信息审计功能;

(五) 开办电子邮件和网上短信息服务的,能够防范、清除以群发方式发送伪造、隐匿信息发送者真实标记的电子邮件或者短信息。

第十条 提供互联网数据中心服务的单位和联网使用单位除落实本规定第 7 条规定的互联网安全保护技术措施外,还应当落实具有以下功能的安全保护技术措施:

(一) 记录并留存用户注册信息;

(二) 在公共信息服务中发现、停止传输违法信息,并保留相关记录;

(三) 联网使用单位使用内部网络地址与互联网网络地址转换方式向用户提供接入服务的,能够记录并留存用户使用的互联网网络地址和内部网络地址对应关系。

第十一条 提供互联网上网服务的单位,除落实本规定第 7 条规定的互联网安全保护技术措施外,还应当安装并运行互联网公共上网服务场所安全管理系统。

第十三条 互联网服务提供者和联网使用单位依照本规定落实的记录留存技术措施，应当具有至少保存 60 天记录备份的功能。

第十四条 互联网服务提供者和联网使用单位不得实施下列破坏互联网安全保护技术措施的行为：

（一）擅自停止或者部分停止安全保护技术设施、技术手段运行；

（二）故意破坏安全保护技术设施；

（三）擅自删除、篡改安全保护技术设施、技术手段运行程序和记录；

（四）擅自改变安全保护技术措施的用途和范围；

（五）其他故意破坏安全保护技术措施或者妨碍其功能正常发挥的行为。

第十五条 违反本规定第 7~14 条规定的，由公安机关依照《计算机信息网络国际联网安全保护管理办法》第 21 条的规定予以处罚。

十六、《信息安全等级保护管理办法》

《信息安全等级保护管理办法》由公安部、国家保密局、国家密码管理局、国务院信息工作办公室联合制定，并于 2007 年 6 月 22 日正式发布并实施，本办法共 7 章 44 条，其主要内容摘录如下：

第一章 总则

第一条 为规范信息安全等级保护管理，提高信息安全保障能力和水平，维护国家安全、社会稳定和公共利益，保障和促进信息化建设，根据《中华人民共和国计算机信息系统安全保护条例》等有关法律法规，制定本办法。

第四条 信息系统主管部门应当依照本办法及相关标准规范，督促、检查、指导本行业、本部门或者本地区信息系统运营、使用单位的信息安全等级保护工作。

第五条 信息系统的运营、使用单位应当依照本办法及其相关标准规范，履行信息安全等级保护的义务和责任。

第二章 等级划分与保护

第六条 国家信息安全等级保护坚持自主定级、自主保护的原则。信息系统的安全保护等级应当根据信息系统在国家安全、经济建设、社会生活中的重要程度，信息系统遭到破坏后对国家安全、社会秩序、公共利益以及公民、法人和其他组织的合法权益的危害程度等因素确定。

第七条 信息系统的安全保护等级分为以下五级：

第一级，信息系统受到破坏后，会对公民、法人和其他组织的合法权益造成损害，但不损害国家安全、社会秩序和公共利益。

第二级，信息系统受到破坏后，会对公民、法人和其他组织的合法权益产生严重损害，或者对社会秩序和公共利益造成损害，但不损害国家安全。

第三级，信息系统受到破坏后，会对社会秩序和公共利益造成严重损害，或者对国家安全造成损害。

第四级，信息系统受到破坏后，会对社会秩序和公共利益造成特别严重损害，或者对国家安全造成严重损害。

第五级，信息系统受到破坏后，会对国家安全造成特别严重损害。

第三章　等级保护的实施与管理

第九条　信息系统运营、使用单位应当按照《信息系统安全等级保护实施指南》具体实施等级保护工作。

第十条　信息系统运营、使用单位应当依据本办法和《信息系统安全等级保护定级指南》确定信息系统的安全保护等级。有主管部门的，应当经主管部门审核批准。

跨省或者全国统一联网运行的信息系统可以由主管部门统一确定安全保护等级。

对拟确定为第四级以上信息系统的，运营、使用单位或者主管部门应当请国家信息安全保护等级专家评审委员会评审。

第十二条　在信息系统建设过程中，运营、使用单位应当按照《计算机信息系统安全保护等级划分准则》（GB17859－1999）、《信息系统安全等级保护基本要求》等技术标准，参照《信息安全技术　信息系统通用安全技术要求》（GB/T20271－2006）、《信息安全技术　网络基础安全技术要求》（GB/T20270－2006）、《信息安全技术　操作系统安全技术要求》（GB/T20272－2006）、《信息安全技术　数据库管理系统安全技术要求》（GB/T20273－2006）、《信息安全技术　服务器技术要求》、《信息安全技术　终端计算机系统安全等级技术要求》（GA/T671－2006）等技术标准同步建设符合该等级要求的信息安全设施。

第十三条　运营、使用单位应当参照《信息安全技术　信息系统安全管理要求》（GB/T20269－2006）、《信息安全技术　信息系统安全工程管理要求》（GB/T20282－2006）、《信息系统安全等级保护基本要求》等管理规范，制定并落实符合本系统安全保护等级要求的安全管理制度。

第十四条　信息系统建设完成后，运营、使用单位或者其主管部门应当选择符合本办法规定条件的测评机构，依据《信息系统安全等级保护测评要求》等技术标准，定期对信息系统安全等级状况开展等级测评。第三级信息系统应当每年至少进行一次等级测评，第四级信息系统应当每半年至少进行一次等级测评，第五级信息系统应当依据特殊安全需求进行等级测评。

第四章 涉及国家秘密信息系统的分级保护管理

第二十四条 涉密信息系统应当依据国家信息安全等级保护的基本要求，按照国家保密工作部门有关涉密信息系统分级保护的管理规定和技术标准，结合系统实际情况进行保护。

非涉密信息系统不得处理国家秘密信息。

第五章 信息安全等级保护的密码管理

第三十四条 国家密码管理部门对信息安全等级保护的密码实行分类分级管理。根据被保护对象在国家安全、社会稳定、经济建设中的作用和重要程度，被保护对象的安全防护要求和涉密程度，被保护对象被破坏后的危害程度以及密码使用部门的性质等，确定密码的等级保护准则。

信息系统运营、使用单位采用密码进行等级保护的，应当遵照《信息安全等级保护密码管理办法》、《信息安全等级保护商用密码技术要求》等密码管理规定和相关标准。

第三部分　信息安全技术应用

学习单元5

信息安全技术应用概述

☞ 【学习目的与要求】

学习了解当前信息安全防范的主要技术手段：数据加密技术、网络信息安全扫描技术、防火墙技术、网络入侵检测技术、黑客诱骗技术、数据灾备技术、计算机病毒防范技术、访问控制技术等。

攻击与防范是一对"矛"与"盾"，在黑客技术不断发展、泛滥的同时，人们也在不断地研究信息安全防范技术。随着Internet的发展，网络信息安全防范技术也在与网络攻击技术的对抗中不断发展。从总体上看，经历了从静态到动态、从被动防范到主动防范的发展过程。信息安全防范的主要手段和技术有：数据加密技术、网络信息安全扫描技术、防火墙技术、网络入侵检测技术、黑客诱骗技术、数据灾备技术、计算机病毒防范技术、访问控制技术等。

一、数据加密技术

数据加密技术是最基本的信息安全防范技术，也是信息安全的核心。最初主要是要保证数据在存储和传输过程中的保密性。它通过变换和置换等各种方法将被保护信息置换成密文，然后再进行信息的存储或传输，这样即使加密信息在存储或者传输过程中为非授权人员所截获，也可以保证这些信息不为其所认知，从而达到保护信息安全的目的。

二、防火墙技术

尽管近年来各种信息安全技术不断涌现，但到目前为止，防火墙仍是网络系统安全保护中最常用的技术。防火墙产品、信息安全扫描和入侵检测产品依旧是信息安全的主要屏障。

防火墙系统是一种信息安全部件，它可以是硬件，也可以是软件，还可以是硬件和软件的结合。这种安全部件处于被保护网络和其他网络的边界，接收进出被保护网络的数据流，并根据防火墙所配置的访问控制策略进行过滤或做出其他操作。防火墙系统不仅能够保护网络资源不受外部的侵入，而且还能够拦截从被保护网络向外传送有价值的信息。防火墙系统可以用于内部网络与 Internet 之间的隔离，也可用其所长于内部网络之中不同网段间的隔离，后者通常称为 Internet 防火墙。

防火墙一般通过包过滤或应用层网关的方法，实现内部网络的访问控制及其他安全策略，从而降低内部网络的安全风险，达到保护内部网络安全的目的。

三、网络信息安全扫描技术

网络信息安全扫描技术是为使系统管理员能够及时了解系统中存在的安全漏洞，并采取相应防范措施，从而降低系统的安全风险而发展起来的一种安全技术。利用安全扫描技术，可以对局域网、Web 站点、主机操作系统、系统服务以及防火墙系统的安全漏洞进行扫描。因而系统管理员可以了解在运行的网络系统中存在的不安全的网络服务；在操作系统中存在的可能遭受缓冲区溢出攻击或者拒绝服务攻击的安全漏洞；还可以检测主机系统中是否被安装了窃听程序；防火墙系统是否存在安全漏洞和配置错误。

四、网络入侵检测技术

入侵检测，顾名思义，是对入侵行为的发觉，即监视计算机系统或者网络上发生的事件，然后对其进行安全分析的过程。它可以用来发现外部攻击与合法用户滥用特权的行为，根据用户的历史行为，基于用户的当前操作，完成对入侵的检测，记录入侵证据，为数据恢复和事故处理提供依据。进入入侵检测的软件与硬件的组合便是入侵检测系统。网络入侵检测系统也叫网络实时监控技术，它通过硬件或软件对网络中的数据流进行实时检查，并与系统中的入侵特征数据库进行比较，一旦发现有被攻击的迹象，立即根据用户所定义的动作作出反应，如切断网络连接，或通知防火墙系统对访问控制策略进行调整，将入侵的数据包过滤掉等。IDS 是防火墙系统的有效补充，能弥补防火墙的不足，为受保护网络提供有效的入侵检测及采取相应的防护手段。我们也会在后面的章节中详细介绍入侵检测系统。

五、黑客诱骗技术

黑客诱骗技术是近几年发展起来的一种信息安全技术，它通过一个由网络信息安全专家精心设置的特殊系统来引诱黑客，并对黑客进行跟踪和记录。这种黑客诱骗系统通常也称为"蜜罐"系统，其最重要的功能是特殊设置对系统中所有操作进行监视和记录，信息安全专家通过精心地伪装使得黑客在进入目标系统后，仍不知晓自己所有的行为已处于系统的监视之中。为了吸引黑客，信息安全专家通常还在蜜罐系统上故意留下一些安全后门来吸引黑客上钩，或者放置一些网络攻击者希望得到的敏感信息，当然这些信息都是虚假信息。这样，当黑客正为攻入目标系统而沾沾自喜的时候，他在目标系统中的所有行为，包括输入的字符、执行的操作都已经为蜜罐系统所记录。有些蜜罐系统甚至可以对黑客网上聊天的内容进行记录。蜜罐系统管理人员通过研究和分析这些记录，可以知道黑客采用的攻击工具、攻击手段、攻击目的和攻击水平，通过分析黑客的网上聊天内容还可以获得黑客的活动范围以及下一步的攻击目标。根据这些信息，管理人员可以提前对系统进行保护。同时在蜜罐系统中记录下的信息还可以作为对黑客进行起诉的证据。

六、无线网络安全防护技术

无线网络和无线局域网的出现大大提升了信息交换的速度和质量，为很多的用户提供了快捷和方便网络的服务，但同时也由于无线网络本身的特点造成了安全上的隐患。随着信息化技术的飞速发展，很多网络都开始实现无线网络的覆盖以此来实现信息电子化交换和资源共享。具体地说来，就是无线介质信号由于其传播的开放性设计，使得其在传输的过程中很难对传输介质实施有效的保护从而造成传输信号有可能被他人截获，被不法之徒利用其漏洞来攻击网络。

针对无线网络的安全威胁主要有：数据窃听和截取以及篡改传输数据。

数据窃听可导致机密敏感数据泄漏、未加保护的用户凭据曝光，引发身份盗用。它还允许有经验的入侵者熟悉有关用户的 IT 环境信息，然后利用这些信息攻击其他情况下不易遭到攻击的系统或数据。甚至为攻击者提供进行社会工程学攻击的一系列商业信息。

如果攻击者能够连接到内部网络，则他可以使用恶意计算机通过伪造网关等途径来截获甚至修改两个合法用户正常传输的网络数据。

目前的无线网络安全措施基本都是在接入关口对入侵者设防，常见的安全措施有：MAC 地址过滤、隐藏 SSID、端口访问控制技术、WPA 技术等。

七、数据灾备技术

一般来说，灾难的发生是不可避免的。数据备份与灾难恢复（简称数据灾备）就是指利用技术、管理手段以及相关资源，对既定的关键数据（包括系统数据、应用程序和业务数据）进行备份，以确保关键数据、关键数据处理系统和关键业务在灾难发生后可以迅速恢复的过程。

数据灾备是以"恢复"为目标，"备份"为手段。不同的业务系统，存在不同的安全需求、不同的保护等级，因此需要选取不同的灾备模式、不同的灾备标准，完善实现各系统的灾难恢复。

常见的数据备份技术包括硬件备份技术和软件备份技术。硬件备份技术主要是磁带机等存储硬件技术，因为磁带具有高容量、高可靠性以及可管理性，而且价格便宜，因此是硬件备份的首选设备；软件备份技术是指通用和专用备份软件技术。备份软件技术在整个数据存储备份过程中具有相当的重要性。除了操作系统本身提供的一些基本的备份功能之外，专业的备份软件的功能是十分重要的。

除此之外，诸如计算机病毒防范技术、访问控制技术等也是实现信息安全防范的主要措施。

在上述信息安全防范技术中，数据加密是其他一切安全技术的核心和基础，是保证数据传输安全和存储安全的关键技术；防火墙和 IDS 是保护网络安全的主要技术，防火墙是第一道安全屏障，IDS 是实现动态检测；扫描技术是扫描缺陷，即找出缺陷和漏洞，进行评估，以便进行修补的主要技术。在实际网络系统的安全实施中，可以根据系统的安全需求，配合使用各种安全技术来实现一个完整的网络信息安全解决方案。例如，目前常用的自适应网络信息管理模型，就是通过防火墙、信息安全扫描、网络入侵检测等技术的结合来实现网络系统动态的可适应的信息安全目标。

黑客攻击和信息安全是紧密结合在一起的，研究信息安全不研究黑客攻击技术等同于纸上谈兵，研究攻击技术不研究信息安全等同于闭门造车。从某种意义上说，没有攻击就没有安全，系统管理员可以利用常见的攻击手段对系统进行检测，并对相关的漏洞采取措施。

学习单元6

常见的网络攻击手段

☞ 【学习目的与要求】

当前网络面临的威胁主要是来自于：对硬件实体的威胁和攻击、对信息的威胁和攻击、同时攻击软、硬件系统，通过本章的学习，主要了解常见的网络攻击手段。

第一节　网络面临的主要威胁

网络面临的主要威胁是什么？

网络中存储了大量的信息，无论是个人、企业、还是政府机关，这就自然而然地成了攻击者攻击的目标，也必然受到方方面面带来的威胁。

一、　网络面临的主要威胁

网络面临的威胁大体可分为三类：第一类是针对网络实体设施的威胁；第二类是针对网络系统的威胁，对系统中的软件、数据和文档资料进行攻击；第三类是各种恶意程序的威胁。

（一）网络实体面临的威胁

这类威胁主要是对计算机硬件、外部设备乃至网络设备和通信线路而言的，如各种自然灾害、人为破坏、操作失误、设备故障、电磁干扰、被盗和各种不同类型的不安全因素所致物质损失、数据资料损失等。

（二）网络系统面临的威胁

这类威胁更强调的是网络系统处理所涉及的国家、部门、各类组织团体和个人的机密、重要及敏感性信息，以及构成网络系统的软件部分，文档资料等。

（三）恶意程序的威胁

在早期的网络所面临的威胁研究中，恶意程序的威胁更多的是指计算机病毒。但随着攻击手段的不断丰富，恶意程序的范围更加广泛，除一般的计算机病毒程序外，还包括了网络蠕虫、间谍软件、木马程序、流氓软件，等等。这些恶意的程序给网络带来了巨大的安全隐患。

二、威胁网络安全的原因

造成计算机网络不安全的因素究竟是什么？

归纳起来，主要包括三个方面：自然因素、人为因素和系统本身因素。

（一）自然因素

自然因素一般来自于各种自然灾害、恶劣的场地环境、电磁干扰，等等。这些无目的的事件，有时会直接威胁网络安全，影响信息的存储媒体。如2009年年初南方遇到的罕见冰雪天气，导致通信中断，造成很大损失。

（二）人为因素

人为因素主要包括两类：恶意威胁和非恶意威胁。恶意威胁是计算机网络系统面临的最大威胁。

先来说说非恶意威胁，它主要来自于一些人为的误操作或一些无意的行为。比如，文件的误删除、输入错误的数据、操作员安全配置不当、用户口令选择不慎、用户将自己的账号随意转借他人或与别人共享，等等，这些无意的行为都可能给信息系统的安全带来威胁。

恶意威胁网络安全主要有三种人：故意破坏者、不遵守规则者和刺探秘密者。故意破坏者企图通过各种手段去破坏网络资源与信息，例如涂抹别人的主页、修改系统配置、造成系统瘫痪。不遵守规则者企图访问不允许访问的系统，他可能仅仅是到网中看看，找些资料，也可能想盗用别人的计算机资源。刺探秘密者的企图非常明确，即通过非法手段侵入他人系统，以窃取商业秘密与个人资料。无论三种人中的哪一类人，更多的是采用主动攻击的手段。

1. 主动攻击。刚才提到的主动攻击，这是一种破坏力极大的攻击手段。主动攻击是指避开或打破安全防护，引入恶意代码，破坏数据和系统的完整性。比如，篡改网络中的信息（像修改数据内容，删除其中的部分内容，用一条虚假的数据替代原始数据，或者将某些额外数据插入其中，等等）。再比如，就是抵赖，否认自己曾经发布过的信息、伪造对方来信、修改来信，等等。还有就是制造和传播计算机病毒，这是一种破坏力极大的攻击手段。

2. 被动攻击。被动攻击是指监视公共媒体上的信息传送。这种攻击表面上不对系统造成什么破坏，但实际上一般是为了进一步破坏而进行的前期准备工作。比如口令嗅探（目的是什么？当然是为了获取口令，一旦获取到口令，接下来的就是实施攻击了）。

3. 内部人员攻击。上面谈到的攻击是从主动和被动的角度来考虑的，还有一种考虑的角度就是从攻击来源的地方，是来自于外部还是来自于内部。

由网络外部因素引起的安全问题都是来自于外部的，比如自然威胁、外部入侵者对网络的威胁等。而由网络内部因素引起的安全问题就是内部威胁，比如网络系统内部入侵者对网络进行有意或无意的攻击，系统本身的问题，等等。实际上，内部人员往往是利用偶然发现的系统弱点或预谋突破网络系统安全进行攻击。由于内部人员更了解网络结构，因此他们的非法行为对网络威胁更大。我曾经看到一个统计资料，说来自于内部人员的攻击在所有受到的攻击事件中占到80%以上，这是非常可怕的。这里我们将来自于内部人员的攻击称为内部人员攻击。

（三）系统本身因素

网络面临的威胁并不仅仅来自于自然或人为，事实上很多时候来自于系统本身，比如系统本身的电磁辐射或硬件故障、不知道的软件"后门"、软件自身的漏洞，等等。

三、网络安全的目标

根据网络安全面临的威胁，分析安全需求，概括网络安全目标，应为：完整性、保密性、可用性、可控性和不可否认性等五个方面。这五个方面也是网络安全的基本要素或叫基本属性。

（一）完整性

完整性是指网络中的信息安全、精确与有效，不因种种不安全因素而改变信息原有的内容、形式与流向，确保信息在存储或传输过程中不被修改、不被破坏和丢失。

比如，一个非法用户成为系统级网络管理员，修改了用户权限，这就破坏了用户信息的完整性，其结果就是他将会拥有非常大的权限，可以肆意对系统进行攻击。

破坏信息的完整性是对信息安全发动攻击的最终目的。保证完整性的目的就是保证计算机系统上的数据和信息处于一种完整和未受损害的状态，这就是说，数据不会因有意或无意的事件而被改变或丢失。信息完整性的丧失直接影响到数据的可用性。

（二）保密性

保密性是指网络上的保密信息只供经过允许的人员，以经过允许的方式使用，信息不泄露给未授权的用户、实体或过程，或供其利用。

也就是说，保密性是使非授权用户不能够获取计算机及网络资源的访问权。保密性是在可靠性和可用性基础上，保障信息安全的重要手段。

数据保密性分为网络传输保密性和数据存储保密性。就像电话可以被窃听一样，网络传输也可以被窃听，解决这个问题的办法就是对传输数据进行加密处理，也就是所谓的信息保密技术，它是信息安全技术的核心技术，是保障信息安全的重要手段，这个技术将在后面的章节中为大家介绍。

（三）可用性

可用性是指网络资源在需要时即可使用，不因系统故障或误操作等使资源丢失或妨碍对资源的使用。

也就是说，在需要时，允许授权用户或实体以正确的方式使用信息资源。例如，网络环境下拒绝服务、破坏网络和有关系统的正常运行等都属于对可用性的攻击。Internet蠕虫的事例就是依靠在网络上大量复制并且传播，它占用大量 CPU 处理时间，导致系统越来越慢，直到网络发生崩溃，用户的正常数据请求不能得到处理，这就是一个典型的"拒绝服务"攻击。当然，为了保证授权用户能正确使用信息资源而不会被拒绝使用，应该使用身份认证、访问控制、业务流控制、路由选择控制、审计跟踪等手段和方法。

（四）不可否认性

不可否认性，是面向通信双方信息真实统一的安全要求，包括收、发方均不可抵赖。也就是说，所有参与者不可能否认或抵赖曾经完成的操作和承诺。利用信息源证据可以防止发方不真实地否认已发送的信息，利用递交接收证据可以防止收方事后否认已经接收的信息。

信息传输中信息的发送方可以要求提供回执，但是不能否认从未发过任何信息并声称该信息是接收方伪造的。信息的接收方不能对收到的信息进行任何的修改和伪造，也不能抵赖收到的信息。

（五）可控性

可控性是指对信息的传播及内容具有控制能力的特性。信息接收方应能证实它所收到的信息内容和顺序都是真实、合法、有效的，应能检验收到的信息是否过时或为重播的信息。信息交换的双方应能对对方的身份进行鉴别，以保证收到的信息是由确认的对方发送过来的。

网络安全的内在含义就是指采用一切可能的方法和手段，千方百计保住上述"五性"的安全。有什么方法和手段呢？当然，这是我们这门课要解决的问题。在后面相当一部分章节中，我们都要作深入的讨论。但在我们具体讨论这个问题之前，还是应该搞清楚到底是什么是谁在威胁着网络的安全。

第二节　常见的网络攻击手段

一、TCP SYN 拒绝服务攻击

一般情况下，一个 TCP 连接的建立需要经过三次握手的过程，即：

1. 建立发起者向目标计算机发送一个 TCP SYN 报文；

2. 目标计算机收到这个 SYN 报文后，在内存中创建 TCP 连接控制块（TCB），然后向发起者回送一个 TCP ACK 报文，等待发起者的回应；

3. 发起者收到 TCP ACK 报文后，再回应一个 ACK 报文，这样 TCP 连接就建立起来了。

利用这个过程，一些恶意的攻击者可以进行所谓的 TCP SYN 拒绝服务攻击：

1. 攻击者向目标计算机发送一个 TCP SYN 报文；

2. 目标计算机收到这个报文后，建立 TCP 连接控制结构（TCB），并回应一个 ACK，等待发起者的回应；

3. 而发起者则不向目标计算机回应 ACK 报文，这样导致目标计算机一致处于等待状态。

可以看出，目标计算机如果接收到大量的 TCP SYN 报文，而没有收到发起者的第三次 ACK 回应，会一直等待，处于这样尴尬状态的半连接如果很多，则会把目标计算机的资源（TCB 控制结构，TCB，一般情况下是有限的）耗尽，而不能响应正常的 TCP 连接请求。

二、ICMP 洪水

正常情况下，为了对网络进行诊断，一些诊断程序，比如 PING 等，会发出 ICMP 响应请求报文（ICMP ECHO），接收计算机接收到 ICMP ECHO 后，会回应一个 ICMP ECHO Reply 报文。而这个过程是需要 CPU 处理的，有的情况下还可能消耗掉大量的资源，比如处理分片的时候。这样如果攻击者向目标计算机发送大量的 ICMP ECHO 报文（产生 ICMP 洪水），则目标计算机会忙于处理这些 ECHO 报文，而无法继续处理其他的网络数据报文，这也是一种拒绝服务攻击（DOS）。

三、UDP 洪水

原理与 ICMP 洪水类似，攻击者通过发送大量的 UDP 报文给目标计算机，导致目标计算机忙于处理这些 UDP 报文而无法继续处理正常的报文。

四、端口扫描

根据 TCP 协议规范，当一台计算机收到一个 TCP 连接建立请求报文（TCP SYN）的时候，做这样的处理：

1. 如果请求的 TCP 端口是开放的，则回应一个 TCP ACK 报文，并建立 TCP 连接控制结构（TCB）；

2. 如果请求的 TCP 端口没有开放，则回应一个 TCP RST（TCP 头部中的 RST 标志设为 1）报文，告诉发起计算机，该端口没有开放。

相应地，如果 IP 协议栈收到一个 UDP 报文，做如下处理：

1. 如果该报文的目标端口开放，则把该 UDP 报文送上层协议（UDP）处理，不回应任何报文（上层协议根据处理结果而回应的报文例外）；

2. 如果该报文的目标端口没有开放，则向发起者回应一个 ICMP 不可达报文，告诉发起者计算机该 UDP 报文的端口不可达。

利用这个原理，攻击者计算机便可以通过发送合适的报文，判断目标计算机哪些 TCP 或 UDP 端口是开放的，过程如下：

1. 发出端口号从 0 开始依次递增的 TCP SYN 或 UDP 报文（端口号是一个 16 比特的数字，这样最大为 65 535，数量很有限）；

2. 如果收到了针对这个 TCP 报文的 RST 报文，或针对这个 UDP 报文的 ICMP 不可达报文，则说明这个端口没有开放；

3. 相反，如果收到了针对这个 TCP SYN 报文的 ACK 报文，或者没有接收到任何针对该 UDP 报文的 ICMP 报文，则说明该 TCP 端口是开放的，UDP 端口可能开放（因为有的实现中可能不回应 ICMP 不可达报文，即使该 UDP 端口没有开放）。

这样继续下去，便可以很容易地判断出目标计算机开放了哪些 TCP 或 UDP 端口，然后针对端口的具体数字，进行下一步攻击，这就是所谓的端口扫描攻击。

五、没有设置任何标志的 TCP 报文攻击

正常情况下，任何 TCP 报文都会设置 SYN，FIN，ACK，RST，PSH 五个标志中的至少一个标志，第一个 TCP 报文（TCP 连接请求报文）设置 SYN 标志，后续报文都设置 ACK 标志。有的协议栈基于这样的假设，没有针对不设置任何标志的 TCP 报文的处理过程，因此，这样的协议栈如果收到了这样的报文，可能会崩溃。攻击者利用了这个特点，对目标计算机进行攻击。

六、死亡之 PING

TCP/IP 规范要求 IP 报文的长度在一定范围内（比如，0K ~ 64K），但有的攻击计算机可能向目标计算机发出大于 64K 长度的 PING 报文，导致目标计算机 IP 协议栈崩溃。

七、泪滴攻击

对于一些大的 IP 包，需要对其进行分片传送，这是为了迎合链路层的 MTU（最大传输单元）的要求。比如，一个 4500 字节的 IP 包，在 MTU 为 1500 的链路上传输的时候，就需要分成三个 IP 包。

在 IP 报头中有一个偏移字段和一个分片标志（MF），如果 MF 标志设置为 1，则表面这个 IP 包是一个大 IP 包的片断，其中偏移字段指出了这个片断在整个 IP 包中的位置。

例如，对一个 4500 字节的 IP 包进行分片（MTU 为 1500），则三个片断中偏移字段的值依次为：0，1500，3000。这样接收端就可以根据这些信息成功地组装该 IP 包。

如果一个攻击者打破这种正常情况，把偏移字段设置成不正确的值，即可能出现重合或断开的情况，就可能导致目标操作系统崩溃。比如，把上述偏移设置为 0，1300，3000。这就是所谓的泪滴攻击。

八、IP 地址欺骗

一般情况下，路由器在转发报文的时候，只根据报文的目的地址查路由表，而不管报文的源地址是什么，因此，这样就　可能面临一种危险：如果一个攻击者向一台目标计算机发出一个报文，而把报文的源地址填写为第三方的一个 IP 地址，这样这个报文在到达目标计算机后，目标计算机便可能向毫无知觉的第三方计算机回应。这便是所谓的 IP 地址欺骗攻击。

比较著名的 SQL Server 蠕虫病毒，就是采用了这种原理。该病毒（可以理解为一个攻击者）向一台运行 SQL Server 解析服务的服务器发送一个解析

服务的 UDP 报文，该报文的源地址填写为另外一台运行 SQL Server 解析程序（SQL Server 2000 以后版本）的服务器，这样由于 SQL Server 解析服务的一个漏洞，就可能使得该 UDP 报文在这两台服务器之间往复，最终导致服务器或网络瘫痪。

九、WinNuke 攻击

NetBIOS 作为一种基本的网络资源访问接口，广泛地应用于文件共享，打印共享，进程间通信（IPC），以及不同操作系统之间的数据交换。一般情况下，NetBIOS 是运行在 LLC2 链路协议之上的，是一种基于组播的网络访问接口。为了在 TCP/IP 协议栈上实现 NetBIOS，RFC 规定了一系列交互标准，以及几个常用的 TCP/UDP 端口：

139：NetBIOS 会话服务的 TCP 端口；

137：NetBIOS 名字服务的 UDP 端口；

136：NetBIOS 数据报服务的 UDP 端口。

WINDOWS 操作系统的早期版本（WIN95/98/NT）的网络服务（文件共享等）都是建立在 NetBIOS 之上的，因此，这些操作系统都开放了 139 端口（最新版本的 WINDOWS 2000/XP/2003 等，为了兼容，也实现了 NetBIOS over TCP/IP 功能，开放了 139 端口）。

WinNuke 攻击就是利用了 WINDOWS 操作系统的一个漏洞，向这个 139 端口发送一些携带 TCP 带外（OOB）数据报文，但这些攻击报文与正常携带 OOB 数据报文不同的是，其指针字段与数据的实际位置不符，即存在重合，这样 WINDOWS 操作系统在处理这些数据的时候，就会崩溃。

十、Land 攻击

LAND 攻击利用了 TCP 连接建立的三次握手过程，通过向一个目标计算机发送一个 TCP SYN 报文（连接建立请求报文）而完成对目标计算机的攻击。与正常的 TCP SYN 报文不同的是，LAND 攻击报文的源 IP 地址和目的 IP 地址是相同的，都是目标计算机的 IP 地址。这样目标计算机接收到这个 SYN 报文后，就会向该报文的源地址发送一个 ACK 报文，并建立一个 TCP 连接控制结构（TCB），而该报文的源地址就是自己，因此，这个 ACK 报文就发给了自己。这样如果攻击者发送了足够多的 SYN 报文，则目标计算机的 TCB 可能会耗尽，最终不能正常服务。这也是一种 DOS 攻击。

十一、Script/ActiveX 攻击

Script 是一种可执行的脚本，它一般由一些脚本语言写成，比如常见的 JAVA SCRIPT，VB SCRIPT 等。这些脚本在执行的时候，需要一个专门的解释器来翻译，翻译成计算机指令后，在本地计算机上运行。这种脚本的好处是，可以通过少量的程序写作，而完成大量的功能。

这种 SCRIPT 的一个重要应用就是嵌入在 WEB 页面里面，执行一些静态 WEB 页面标记语言（HTML）无法完成的功能，比如本地计算，数据库查询和修改，以及系统信息的提取等。这些脚本在带来方便和强大功能的同时，也为攻击者提供了方便的攻击途径。如果攻击者写一些对系统有破坏的 SCRIPT，然后嵌入在 WEB 页面中，一旦这些页面被下载到本地，计算机便以当前用户的权限执行这些脚本，这样，当前用户所具有的任何权限，SCRIPT 都可以使用，可以想象这些恶意的 SCRIPT 的破坏程度有多强。这就是所谓的 SCRIPT 攻击。

ActiveX 是一种控件对象，它是建立在 MICROSOFT 的组件对象模型（COM）之上的，而 COM 则几乎是 Windows 操作系统的基础结构。可以简单地理解，这些控件对象是由方法和属性构成的，方法即一些操作，而属性则是一些特定的数据。这种控件对象可以被应用程序加载，然后访问其中的方法或属性，以完成一些特定的功能。可以说，COM 提供了一种二进制的兼容模型（所谓二进制兼容，指的是程序模块与调用的编译环境，甚至操作系统没有关系）。但需要注意的是，这种对象控件不能自己执行，因为它没有自己的进程空间，而只能由其他进程加载，并调用其中的方法和属性，这时候，这些控件便在加载进程的进程空间运行，类似与操作系统的可加载模块，比如 DLL 库。

ActiveX 控件可以嵌入在 WEB 页面里面，当浏览器下载这些页面到本地后，相应地也下载了嵌入在其中的 ActiveX 控件，这样这些控件便可以在本地浏览器进程空间中运行（ActiveX 空间没有自己的进程空间，只能由其他进程加载并调用），因此，当前用户的权限有多大，ActiveX 的破坏性便有多大。如果一个恶意的攻击者编写一个含有恶意代码的 ActiveX 控件，然后嵌入在 WEB 页面中，被一个浏览用户下载后执行，其破坏作用是非常大的。这便是所谓的 ActiveX 攻击。

十二、路由协议攻击

网络设备之间为了交换路由信息，常常运行一些动态的路由协议，这些

路由协议可以完成诸如路由表的建立，路由信息的分发等功能。常见的路由协议有 RIP，OSPF，IS–IS，BGP 等。这些路由协议在方便路由信息管理和传递的同时，也存在一些缺陷，如果攻击者利用了路由协议的这些缺陷，对网络进行攻击，可能造成网络设备路由表紊乱（这足以导致网络中断），网络设备资源大量消耗，甚至导致网络设备瘫痪。

第三节　网络攻击的一般过程

虽然攻击者攻击网络的目标不同、技能有高有低、手法多种多样，但他们采用的攻击方式和手段是非常相似的，入侵过程几乎是一样的。一般攻击者的攻击分五步完成：首先收集信息，然后制定攻击策略和确定攻击目标，接着使用扫描工具探测和分析系统的安全弱点，并实施攻击，最后清理现场，销毁痕迹。

一、收集信息

收集信息的目的是为了进入所要攻击的目标网络的数据库。攻击者常常会利用公开协议或工具，来收集驻留在网络系统中的各个主机系统的相关信息。这一步可以通过扫描器和嗅探器来实现，由于 TCP/IP 协议自身的原因，目前还没有很好的办法可以完全禁止其他主机扫描本地计算机的端口开放情况。

二、确定攻击目标

当收集到所攻击的目标系统的一般网络信息后，攻击者就要确定攻击的对象。一般情况下，攻击者希望获得的是一个主机系统上或者是一个可用的最大网段的根访问权限，因此攻击的目标往往是小型网络。一是因为一般小型网络的使用单位由于财力、物力有限，可能没有使用防火墙；二是小型网络的安全管理和配置往往不太严格，通常成功入侵一台主机后，攻击者就可以控制整个网络。但也有些攻击者更愿意攻击那些安全防御措施比较完备的大组织或大企业的网络，一是看看该网络有没有已经存在但网络管理员还未弥补的安全漏洞；二是试试他们自己的能力。由于网络中主机运行的操作系统平台比较多，攻击者往往只会攻击他们熟悉的操作系统平台的主机。

三、探测系统安全弱点

攻击者确定了要攻击的目标系统之后，开始探测该目标系统中的所有主机，以寻找该系统的安全漏洞或安全弱点，并试图找到安全性最弱的主要主机作为攻击的对象。一般攻击者会使用下列手段来扫描驻留在网络上的主机。

（一）使用自编程序

对于某些产品或者系统，已经发现了一些安全漏洞的，生产厂商一般会提供一些"补丁"程序给予弥补。但是，如果用户没有及时使用这些"补丁"程序，那么当攻击者发现这些"补丁"程序的接口后就会自己编写程序，通过该接口进入目标主机，这时该目标主机对于攻击者来讲就变得一览无遗了。

（二）利用公开的工具

攻击者可利用 Internet 的电子安全扫描程序 IIS（Internet Security Scanner）、审计网络用的安全分析工具 SATAN（Security Analysis Tool for Auditing Network）等这些公开的工具，对整个网络或子网进行扫描，寻找安全漏洞，一旦发现安全漏洞，就可以对目标主机实施攻击。实际上，这些工具都具有两面性，它们既可以帮助系统管理员发现所管理的网络系统内部隐藏的安全漏洞，也可以被攻击者利用来收集目标系统的信息，从而获取攻击目标主机的非法访问权。

四、攻击目标主机

攻击者使用上述方法，收集或探测到一些"有用"信息后，对这些信息进行分析，并找出目标主机存在的安全漏洞，以获得对攻击的目标主机的访问权。一旦获得访问权，攻击者就会通过这台最薄弱的主机对网络进行攻击。一般情况下，攻击者可能会进行如下攻击行为：

（一）建立新的安全漏洞或后门

在受到损害的系统上建立另外的新的安全漏洞或后门，以便在先前的攻击点被发现之后，继续访问这个系统。

（二）安装某些特殊功能的软件

在目标系统中安装像特洛伊木马程序等一类的探测器软件，这样攻击者一是可以借此窥探所在系统的活动，收集自己感兴趣的一切信息，如 Telnet 和 FTP 的账号名和口令等；二是在用户系统上对正常用户形成拒绝服务的局面；三是在某种条件满足时，使用户系统死机，甚至格式化用户主机的硬盘。

（三）获得目标主机的特许访问权

如果攻击者在这台受损系统上获得了特许访问权，那么它就可以读取邮件，搜索和盗窃私人文件，毁坏重要数据，破坏整个系统的信息，这将造成不堪设想的严重后果。这是最高级别的入侵行为，是任何受保护的系统都应极力避免的。

五、清理现场，销毁痕迹

具有一定安全级别的操作系统一般都会有审计和日志文件功能。因此，当攻击者实施网络攻击后，会采取清除被攻击主机中的系统日志或者是伪造系统日志等方法来销毁入侵痕迹，以免被追踪，有的攻击者为了下次继续攻击还会留下后门程序。一般黑客想要隐藏自己的踪迹的话，就会对日志进行修改。

综上所述，一般的网络攻击行为可以概括为以下几个阶段：

网络扫描→确定目标→发现漏洞→实施攻击→销毁证据

学习单元7

数据加密技术与应用

☞ 【学习目的与要求】

通过本单元的学习，理解单钥体制（One - key System）和公钥体制（Two - key System）密码体制的内涵和工作原理，理解数据加密技术。了解密码技术的新发展，如信息隐藏、生物特征、量子密码技术等。

第一节　引言

2011 年 12 月 21 日，CSDN（中国最大的开发者技术社区）用户数据库首先在网上被疯狂转发，其中包括 600 余万个明文的注册邮箱和密码。此后，"178 游戏网"等 5 家网站用户数据库又相继被公开，更有数十家大型网站被曝已经遭黑客"爆库"。安全专家表示，发生资料泄露源于黑客入侵了网站的 Web 服务器，盗取了大量用户注册信息，其中包括注册邮箱、用户名、密码（多是密文、部分网站是明文），并将这些数据在互联网中进行传播。由于大部分用户存在一个密码通行多个网站的习惯，所以泄露事件的危害性会进一步扩大。

现在人们除了用电脑上网，智能手机也开始越来越普遍被运用。电脑上网信息可能被窃取，那手机会安全么？当然也不会。就在前不久的上海，发生在一家咖啡馆的 Wifi 钓鱼事件给人们敲响了警钟。黑客可以利用同一个 Wifi 热点窃取手机用户的全部信息，除了联系人、短信外还包括支付宝、网银等重要信息。

另外像笔记本电脑丢失、存储介质丢失、涉密设备或局域网私自接入互联网等导致国家机密和企业商业机密泄漏事件也经常发生，对国家和企业都造成了巨大的损失。

对于泄密问题除了通过制订并推行信息安全策略从管理上解决信息安全问题，还要从技术角度来保护，即使用密码技术对相应数据信息加密。

第二节　数据加密基本概念

加密，是将一条信息变换成为不可理解的形式的过程。输入到该变换器的信息叫明文，输出的叫密文。将密文转换成明文的过程叫解密。注意明文和密文是一对相对应的概念：前者是指一个加密算法的输入，后者是指输出。明文不必是可理解的；例如，在双重加密的情形中，位于中间的密文可以看成是第二次加密的明文。图 7 – 1 给出了密码体制的简单图形描述。

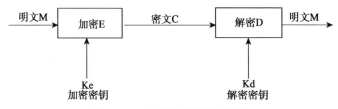

图 7 – 1　密码体制的图形描述

加密和解密算法统称为密码算法（密码系统或密码体制），加密和解密过程均由密钥（密码算法中的一种参数）控制。密码体制按照密钥方式，可以分为对称密码体制和非对称密码体制两种。在对称（单钥）密码体制中，加密和解密采用同一密钥（或相互可以简单推出）；而在非对称（公钥）密码体制中，加密和解密采用两个不同的密钥：加密密钥和解密密钥，加密密钥可以公开（因此也称为公钥）而不会泄露解密密钥和明文内容（因此公钥密码体制中的解密密钥也称为私钥）。

从不同的角度根据不同的标准，可以把密码体制分成若干类。按应用技术或历史发展阶段分为手工密码、机械密码、计算机密码三类；按保密程度分为理论上保密的密码、实际上保密的密码两类；按明文形态分为模拟型密码、数字型密码两类。

第三节 现代加密算法

一、单钥体制

单钥体制是指加密和解密数据使用同一个密钥，即加密和解密的密钥是对称的，这种密码体制也称为对称密码体制。单钥体制的基本原理如图 7－2 所示。

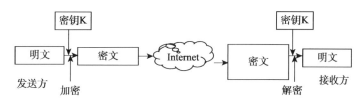

图 7－2 单钥体制

原始数据（即明文）经过对称加密算法处理后，变成了不可读的密文（即乱码）。如果想解读原文，则需要使用同样的密码算法和密钥来解密，即信息的加密和解密使用同样的算法和密钥。对称密码算法的优点是计算量小、加密速度快。缺点是加密和解密使用同一个密钥，容易产生发送者或接收者单方面密钥泄露问题，并且在网络环境下应用时必须使用另外的安全信道来传输密钥，否则容易被第三方截获，造成信息失密。

典型的对称密钥算法是 DES、IDEA、RC、AES 等算法。这种密码算法的特点是计算量小、加密效率高，但在分布式系统中应用时则存在着密钥交换和管理问题。在数据加密系统中，使用最多的对称密码算法是 DES、3DES 和 AES。

二、公钥体制

公钥体制是指加密和解密数据使用两个不同的密钥，即加密和解密的密钥是不对称的，这种密码体制也称为非对称密码体制。公钥密码学的概念首先是由 Diffie 和 Hellman 两个人在 1976 年发表的一篇名为《密码学的新方向》的著名论文中提出的，引起了很大的轰动。

与单钥体制不同的是，公钥体制将随机产生两个密钥：一个用于加密明文，其密钥是公开的，称为公钥（PK）；另外一个用来解密密文，其密钥是秘密的，称为私钥（SK）。图 7－3 所示为公钥体制加密的基本原理。

如果两个人使用公钥体制传输机密信息，则发送者首先要获得接收者的公钥，并使用接收者的公钥加密原文，然后将密文传输给接收者。接收者使用自己的私钥才能解密密文。由于加密密钥是公开的，不需要建立额外的安全信道来分发密钥，而解密密钥是由用户自己保管的，与对方无关，从而避免了在单钥体制中容易产生的任何一方单方面密钥泄露问题，以及分发密钥时的不安全因素和额外的开销。公钥体制的特点是安全性高、密钥易于管理，缺点是计算量大、加密和解密速度慢。因此，公钥体制比较适合于加密短信息。

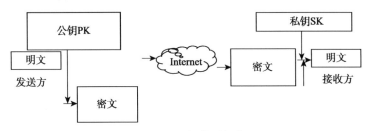

图 7-3　公钥体制加密

在实际应用中，通常采用由公钥体制和单钥体制构成的混合密码系统，发挥各自的优势。使用单钥体制来加密数据，加密速度快；使用公钥体制来加密单钥体制的密钥，形成高安全性的密钥分发信道，同时还可以用来实现数字签名和身份验证机制。

数字签名主要提供信息交换时的不可否认性，公钥和私钥的使用方式与数据加密恰好相反。当两个用户进行通信时，发送方首先使用自己的私钥来加密某些特征信息（数字签名），表明对发送的数据的认可，然后将数据和签名信息一起发送给对方。届时接收方使用发送方的公钥来解密签名信息，并验证签名信息。过程如图7-4所示。

在公钥体制使用的加密算法有 RSA、Elgamal、背包算法、Rabin、D-H、ECC（椭圆曲线加密算法），其中，最常用的就是 RSA。

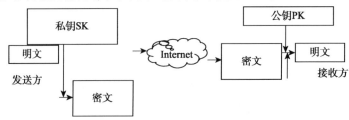

图 7-4　公钥体制验证

第四节 数字签名和 PKI

一、数字签名

数字签名的目的和生活中的签名十分类似——它以法律可以接受的方式验证文档或消息的可靠性。事实上，美国国会和法院都已经同意数字签名的文档与手写签名的纸质文档具有相同的分量。

电子文档必须满足纸质文档具备的五个特性：无法伪造性、真实性、不可重用性、不可修改性和不可抵赖性。无法伪造性证明签名者，并且只有签名者能够实际签署文档。真实性说明接收人确信文档来自签名者。不可重用性要求签名只能属于一个文档，而不能应用于其他任何文档。不可修改性要求文档被签署之后就不能够被修改。最后，不可抵赖性确保签名者不能在以后声明他或她未签署过这个文档。

使用基于 RSA 的公钥协议就能满足这五个要求（任何公钥算法都可以）。但是，整个消息必须使用 RSA 进行加密，这样速度很慢。除此之外，由于存在对 RSA 某种形式攻击的可能性，因此人们更倾向于使用它来加密很短的文字。因此，数字签名通常是依赖于整个明文内容的一小段密文。给定消息 m，标准方法是创建一个定长的消息摘要 h（m），之后签署摘要 S［h（m）］。所签署的消息以（m，S［h（m）］）对的形式发送。通过颠倒签名过程，恢复 h（m）的值，并将 h 应用到所接收到的消息上的方法验证消息。如果两个值相等，那么这个消息是真实的。这个使用过程如图 7 - 5 所示。

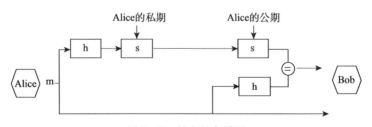

图 7 - 5 数字签名模型

二、公钥基础设施 PKI

数字签名和公钥系统通常都会受到中间人攻击。例如，Bob 想向 Alice 发送一条消息，但是，没有记住它的密钥。由于 Alice 已经将她的公钥发布到

Internet 上，以便任何人都可以向她发送安全消息，因此 Bob 登录保存那个公钥的站点并复制这个公钥。为了确保消息不被修改，他是用自己的私钥加密消息，之后他想到的事情是将 Alice 的公钥用于最后一层的保护。然而，Bob 和 Alice 都不知道的是，Eve 已经使用她自己的公钥修改了那个发布的密钥。Bob 向 Alice 发送加密的消息时，Eve 截获了消息。她先用 Bob 的公钥、再用自己的私钥恢复消息并阅读消息。使用 Alice 的真正密钥（Eve 在更换发布的密钥时就保存了这个密钥），Eve 重新构造消息，并把它发送给 Alice。由于 Alice 的私钥将能够解密 Eve 截获的消息，并在最后阶段 Bob 的公钥也能够正常工作，Alice 相信这条信息是安全的。这个过程如图 7－6 所示。

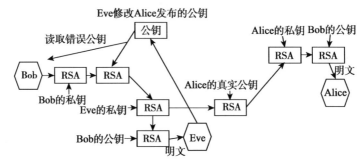

图 7－6　受数字签名的中间人攻击

　　Bob 和 Alice 所遇到的问题是一个较为普遍的信任问题。他们可以相互信任，但他们如何能够知道与其通信的人到底是不是对方所声称的人呢？如果只是 Bob 和 Alice 之间的通信，那么他们可以使用其他的密钥交换方法。但事实上，他们属于大团体的一部分，他们希望自己的公钥能够被信任并在团体中使用，因此需要一种建立信任的机制。

　　公钥基础设施（PKI）的角色就是在公钥系统的用户之间建立起高度信任。它通过提供发布公钥的安全方法——数字证书来达到这个目的。PKI 的两种基本操作是证明（将公钥值与所有者绑定的过程）和验证（验证证书依然有效的过程）。

　　PKI 由几部分组成：数字证书认证中心（CA）、数字证书注册审批机构（RA）、存储库和归档库，如图 7－7 所示。数字证书认证中心是运营 PKI、得到信任的第三方。CA 发行证书、跟踪老的或无效的证书、并维护一个状态信息归档库。RA 为 CA 验证证书的内容。存储库是用户可用的证书数据库。

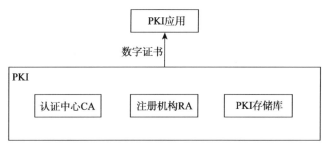

图7-7 PKI 的组成

第五节 数据加密技术的新发展

一、量子密码

20世纪下半叶以来,科学家们在"海森堡测不准原理"和"单量子不可复制定理"之上,逐渐建立了量子密码的概念。

现代密码学的安全性是建立在数学复杂度的基础之上,换句话说,如果密码被窃听者成功破译,用户是不会发现的。

而量子密码学是根据物理基本定律提供的一种密钥分发方式。在量子信息处理中,信息的载体为量子态。因此,量子信息处理,包括量子密码,都必须遵守量子力学的定理和法则。

量子力学保证,窃听者一旦测量合法用户传输的量子态,就会干扰、破坏该量子态,从而导致合法用户的测量结果发生变化。合法用户只要随机公开他们的部分结果,就会发现窃听者的窃听行为。如果合法用户确认窃听者获取的信息量不大,他们可以通过纠错和私密增强等处理手段,把窃听者获取的信息全部去除掉。也就是说,在纠错和私密增强后,窃听者再也无法知道合法用户密钥的任何内容,这样,合法用户就拥有了一段安全的密钥。接下来,合法用户就可以使用这一段密钥,使用经典的密码算法,进行安全通讯。

已经证明,如果明文的长度等于密钥的长度,且合法用户每次都使用新的密钥,那么一次一密的加密方式,是绝对安全的。因此,量子密码的核心,就是如何产生并安全地在用户间分配密钥,所以,量子密码狭义上就是指量子密钥分配。

专家也指出，虽然量子密钥分配的安全性已经获得严格证明，但由于实际系统以及其中一些元件存在各种各样的不完备性，因此，实际系统量子密钥分配的安全性，仍然需要继续深入研究。

如今科学家已经能在光纤中传递量子金钥。然而随着时代进步，人类信息交换越来越频繁，科学家希望能建立 1600 公里远的量子金钥传输，将来如果这种数据传输方式成熟，就可以在地表上，快速、安全地传送资料。也可使用此技术作为地表与低轨道卫星的通讯方式，进而建立全球资料保密传送系统。

二、基于生物特征的密码技术

生物识别技术，就是通过计算机与光学、声学、生物传感器和生物统计学原理等高科技手段密切结合，利用人体固有的生理特性（如指纹、脸相、虹膜等）和行为特征（如笔迹、声音、步态等）来进行个人身份的鉴定。

生物识别技术比传统的身份鉴定方法更具安全、保密和方便性。生物特征识别技术具有不易遗忘、防伪性能好、不易伪造或被盗、随身"携带"和随时随地可用等优点。

目前已经出现了许多生物识别技术，如指纹识别、手掌几何学识别、虹膜识别、视网膜识别、面部识别、签名识别、声音识别等，但其中一部分技术含量高的生物识别手段还处于实验阶段。随着科学技术的飞速进步，将有越来越多的生物识别技术应用到实际生活中。

（一）指纹识别

在所有生物识别技术中，指纹识别是当前应用最为广泛的一种。指纹识别即通过比较不同指纹的细节特征点来进行鉴别。由于每个人的指纹不同，就是同一人的十指之间，指纹也有明显区别，因此指纹可用于身份鉴定。其实，我国古代早就利用指纹（手印）来签押。

由于每次捺印的方位不完全一样，着力点不同会带来不同程度的变形，又存在大量模糊指纹，如何正确提取特征和实现正确匹配，是指纹识别技术的关键。指纹识别技术涉及图像处理、模式识别、计算机视觉、数学形态学、小波分析等众多学科。

目前许多公司和研究机构都在指纹识别技术领域取得了突破性进展，推出许多指纹识别与传统 IT 技术完美结合的应用产品，这些产品已经被越来越多的用户所认可。指纹识别技术多用于对安全性要求比较高的商务领域，如在商务移动办公领域颇具建树的富士通、三星及 IBM 等国际知名品牌都拥有技术与应用较为成熟的指纹识别系统。

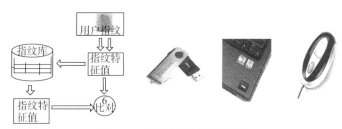

图 7 - 8 指纹识别系统及设备

(二) 手掌几何学识别

手掌几何学识别就是通过测量使用者的手掌和手指的物理特征来进行识别，高级的产品还可以识别三维图像。作为一种已经确立的方法，手掌几何学识别不仅性能好，而且使用比较方便。

它适用的场合是用户人数比较少，或者用户虽然不经常使用，但使用时很容易接受。如果需要，这种技术的准确性可以非常高，同时可以灵活地调整。

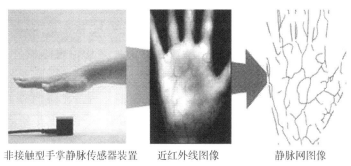

非接触型手掌静脉传感器装置   近红外线图像   静脉网图像

图 7 - 9 手掌识别系统

(三) 声音识别

声音识别就是通过分析使用者的声音的物理特性来进行识别的技术。目前，虽然已经有一些声音识别产品进入市场，但使用起来还不太方便，这主要是因为传感器和人的声音可变性都很大。另外，比起其他的生物识别技术，它使用的步骤也比较复杂，在某些场合显得不方便。

(四) 虹膜识别

虹膜识别是与眼睛有关的生物识别中对人产生较少干扰的技术。它使用相当普通的照相机元件，而且不需要用户与机器发生接触。另外，它有能力实现更高的模板匹配性能。

眼睛的外观由巩膜、虹膜、瞳孔三部分构成。虹膜位于巩膜和瞳孔之间，包含了最丰富的纹理信息，占据65%。外观上看，由许多腺窝、皱褶、色素斑等构成，是人体中最独特的结构之一。虹膜的形成由遗传基因决定。到2岁左右，虹膜就基本上发育到了足够尺寸，进入了相对稳定的时期。除非极少见的反常状况、身体或精神上大的创伤造成虹膜外观上的改变，虹膜形貌可以保持数十年没有多少变化。另一方面，虹膜是外部可见的，但同时又属于内部组织，位于角膜后面。要改变虹膜外观，需要非常精细的外科手术，而且要冒着视力损伤的危险。虹膜的高度独特性、稳定性及不可更改的特点，是虹膜可用作身份鉴别的物质基础。虹膜识别技术与相应的算法结合后，可以到达十分优异的准确度，比其他任何生物认证技术的精确度高几个到几十个数量级。综上所述，虹膜识别技术，由于其在采集、精确度等方面独特的优势，必然会成为未来社会的主流生物认证技术。

（五）面部识别

面部识别又称人脸识别、面相识别、面容识别等，是一项新兴的生物识别技术，是当今国际科技领域的高精尖技术。

面部识别系统中广泛采用区域特征分析算法，融计算机图像处理技术与生物统计学原理于一体，利用计算机图像处理技术从视频中提取人像特征，利用生物统计学的原理进行分析，建立数学模型，即人脸特征模板。利用已建成的人脸特征模板与被测者的人的面像进行特征分析，根据分析的结果来给出一个相似值。通过这个值即可确定是否为同一人。面部识别系统的主要功能模块有人脸捕获与跟踪、人脸识别比对、人脸的建模与检索、真人鉴别、图像质量检测等。

面部识别系统已具有广泛的应用：人脸识别出入管理系统、人脸识别门禁考勤系统、人脸识别监控管理、人脸识别电脑安全防范、人脸识别照片搜索等。

（六）步态识别

步态识别，使用摄像头采集人体行走过程的图像序列，进行处理后同存储的数据进行比较，来达到身份识别的目的。步态识别具有其他生物识别技术所不具有的独特优势，即在远距离或低视频质量情况下的识别潜力，且步态难以隐藏或伪装等。步态识别主要是针对含有人的运动图像序列进行分析处理，通常包括运动检测、特征提取与处理和识别分类三个阶段。

但是其发展还存在很多问题，比如拍摄角度发生改变，被识别人的衣着不同，携带有不同的东西，所拍摄的图像进行轮廓提取的时候会发生改变等，影响识别效果。

学习单元 8

无线网络安全防护技术和应用

☞【学习目的与要求】

了解无线网络的标准、构架以及常用组网设备以及无线网络中存在的安全隐患及其危害；掌握无线网络安全防护技术及其基本应用。

第一节　无线网络标准

无线技术包括无线局域网技术和以 GPRS/3G 为代表的无线上网技术，这些标准和技术发展到今天，已经出现了包括 IEEE802.11、蓝牙技术和 Hom-eRF 等在内的多项标准和规范。以 IEEE（电气和电子工程师协会）为代表的多个研究机构针对不同的应用场合，制定了一系列协议标准，推动了无线局域网的实用化。这些协议由 Wi－Fi 组织制定和进行认证，Wi－Fi 联盟是一家世界性组织，成立的目标是确保符合 802.11 标准的 WLAN 产品之间的相互协作性。下面列出了一些主要的无线局域网标准。

一、IEEE 802.11 系列协议

IEEE 802.11 标准是 IEEE 制定的无线局域网标准，主要对网络的物理层（PH）和媒质访问控制层（MAC）进行规定，其中对 MAC 层的规定是重点。

迄今为止，电子电器工程师协会（IEEE）已经开发并制定了 4 种 IEEE 802.11 无线局域网规范：IEEE 802.11、IEEE 802.11b、IEEE 802.11a、IEEE 802.11g。这 4 种规范都使用了防数据丢失特征的载波检测多址连接（CDMA/CD）作为路径共享协议，并且任何局域网应用、网络操作系统以及网络协议（包括互联网协议、TCP/IP）都可以轻松运行在基于 IEEE 802.11 规范的无线局域网上。

早期的 IEEE 802.11 标准数据传输率为 2Mbps，后经过改进，传输速率达 11Mbps 的 IEEE 802.11b 也紧跟着出台。IEEE 802.11b 的带宽为 11Mbps，实际传输速率在 5Mbps 左右，无论是家庭无线组网还是中小企业的内部局域网，IEEE 802.11b 都能基本满足其使用要求。由于是基于开放的 2.4GHz 频段，因此对 IEEE 802.11b 的使用无需申请。它既可作为对有线网络的补充，又可自行独立组网，灵活性很强。但随着网络的发展，特别是 IP 语音、视频数据流等高带宽网络的频繁应用，IEEE 802.11b 规范 11Mbps 的数据传输率不免有些力不从心。

IEEE 802.11a 产生的目的，并不是制造出与 IEEE 802.11b 编号上一字之差的简单升级产品，高达 54Mbps 的数据传输带宽，才是 IEEE 802.11a 的真正意义所在。此外，IEEE 802.11a 的无线网络产品较 IEEE 802.11b 有着更低的功耗，这对笔记本电脑以及 PDA 等移动设备来说也有着重大意义。

然而，IEEE 802.11a 的普及也并非一帆风顺。它所面临的难题是来自厂商方面的压力和相关法律法规的限制。许多拥有 IEEE 802.11b 成熟产品的厂商会对 IEEE 802.11a 持谨慎态度，不少厂商为了均衡市场需求，直接将其产品做成了 a+b 的形式，这种做法固然解决了"兼容"问题，但也带来了成本增加的负面影响。它令 IEEE 802.11a 具有了低干扰使用环境的 5.2GHz 高频，因此无法在全球各个国家中获得批准和认可。此外，欧盟也只允许将 5.2GHz 频率用于其自己制定的另一个无线标准——HiperLAN。

于是，与 IEEE802.11a 同样具有 54Mbps 高传输速率的 IEEE 802.11g 随即诞生了。

不可否认，IEEE 802.11g 的问世为无线网络市场注入了一剂"强心针"。与 IEEE 802.11a 相同，IEEE 802.11g 也使用了 Orthogonal Frequency Division Multiplexing（正交分频多任务，OFDM）的模块设计，具有 54Mbps 高速传输性能，同时 IEEE 802.11g 的工作频段和 IEEE 802.11b 一致。如此一来，IEEE 802.11g 提供的平滑过渡选择，令 IEEE 802.11b 的使用者所担心的兼容性问题迎刃而解。

此外，IEEE 802.11g 的信号抗衰减能力优于 IEEE 802.11a，并且还具备更优秀的"穿透"能力，能适应更加复杂的使用环境。然而，正是因为工作在 2.4GHz 频段，又使得 IEEE 802.11g 与 IEEE 802.11b 一样，所以存在信号抗干扰能力较差的问题，并且 IEEE 802.11g 的信号比 IEEE 802.11b 的信号能够覆盖的范围要小很多，用户必须添置足够的无线接入点才能满足原有使用面积的信号覆盖。

需要另外提到的是新兴的 802.11n 标准，它具有高达 600Mbps 的速率和双频工作模式，能够提供对带宽最为敏感的应用所需要的速率、范围和可靠性，是下一代无线网络技术的转折。

二、WLAN 常用设备与结构

（一）WLAN 常用设备

WLAN 可以跨越山川河流，可以避开市政施工，能够快速实现，且相对于有线网络费用较低。WLAN 网络产品的多元使用，方便地解决了许多以线缆方式难以实现网络互联需求的问题。

通常，构成 WLAN 主要硬件的设备有：无线网卡、接入控制器设备（Access Controller，AC）、无线接入点（Access Point，AP）、无线集线器、无线网桥等。需要提到的是，几乎所有的无线网络产品中都自带无线收发功能，且通常为一机多用。

1. 无线网卡。无线网卡是无线网络的终端设备，具体来说就是使电脑提供通过无线上网的一个装置。只有无线网卡还无法达成连接互联网的目的，它必须依赖一个可以连接的无线网络。实际上，只要有两台都具有无线网卡的计算机，就能实现点到点的通信，从而组成一个最小的无线局域网。

2. 无线接入点 AP。AP 是 Access Point 的简称，一般译为"无线访问节点"，主要提供无线工作站对有线局域网和从有线局域网对无线工作站的访问。只要在访问接入点覆盖范围内的无线工作站，都可以通过 AP 进行相互通信。如图 8 - 1 所示。

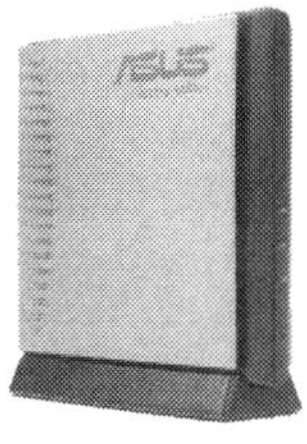

无线 AP 是一个包含很广的名称，它不仅包含单纯性无线接入点（无线 AP），同时也是无线路由器（含无线网关、无线网桥）等类设备的统称。因此，在没有特别说明时，仅将所称呼的无线 AP 理解为单纯性无线 AP，以示和无线路由器相区分。无线 AP 是无线网络中重要的环节，常以连接无线网和有

图 8 - 1

线网的桥梁身份存在，其作用类似于有线网络中的集线器。无线 AP 的覆盖范围是一个向外扩散的圆形区域，在无障碍前提下，其实际使用范围是室内 30 米、室外 100 米。因此，应当尽量把无线 AP 放置在无线网络的中心位置，而且各无线客户端与无线 AP 的直线距离最好不要超过 30 米，以避免因通讯信号衰减过多而导致通信失败。

通常，单纯的无线 AP 在那些需要大量 AP 来进行大面积覆盖的公司使用较多，所有 AP 通过以太网连接起来并连到独立的无线局域网防火墙。

3. 无线路由器（Wireless Router）。无线路由器是单纯型 AP 与宽带路由器的一种结合体，不仅具备单纯性无线 AP 的所有功能（如支持 DHCP 客户端、支持 VPN、防火墙、支持 WEP 加密等），还具备网络地址转换功能（NAT），支持局域网用户的网络连接共享。在没有额外无线局域网系统安装或设置代理服务器时，无线路由器可支持无线网络用户访问互联网。无线路由器在 SOHO 的环境中使用得比较多，在这种环境下，一个 AP 就足够了。这样的话，整合了宽带接入路由器和 AP 的无线路由器就提供了单个机器的解决方案，比起使用两个分开机器的方案，它要容易管理和便宜一些。

常见的无线路由器品牌有思科 CISCO、华为 HUAWEI、D – Link、友讯、TP – LINK 路由器等，图 8 – 2 中所示为华硕无线路由器。

（二）WLAN 设计结构

WLAN 有三种主要的拓扑结构，即自组织网络（也就是对等网络）、基础结构网络（Infrastructure Network）和分布式 WLAN。

1. 自组织型。自组织型 WLAN 是一种对等模型的网络。它的建立是为了满足暂时需求的服务。如图 8 – 3 所示。

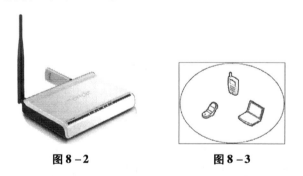

图 8 – 2   图 8 – 3

自组织 WLAN 由一组有无线接口卡的无线终端组成。这些无线终端以相同的工作组名、扩展服务集标识号（ESSID）和密码等对等的方式相互直连。它在 WLAN 的覆盖范围之内进行点组建。自组织网络不需要增添任何网络基础设施，仅需要移动节点及配置一种普通的协议。

在自组织 WLAN 拓扑结构中，不需要中央控制器的协调。因此，自组织网络使用非集中式的 MAC 协议，例如 CSMA/CA。但由于该协议所有节点具有相同的功能性，故实施复杂并且造价昂贵。

　　自组织 WLAN 的另一个重要方面，在于它不能采用全连接的拓扑结构。原因是对于两个移动节点而言，某一个节点可能会暂时处于另一个节点传输范围以外，它接收不到另一个节点的传输信号，因此无法在这两个节点之间直接建立通信。

　　2. 基础结构型。基础结构型 WLAN 指在高速有线或无线骨干传输网络前提下，移动节点依靠 AP 协调接入到无线信道中的无线网络结构类型。在这里，AP 的主要作用是将移动节点与现有的有线网络连接起来。如图 8 - 4 所示。

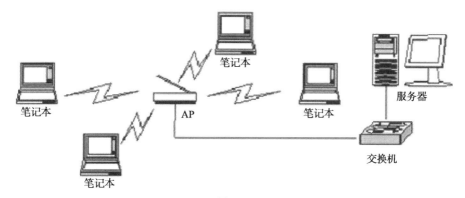

图 8 - 4

　　基础结构 WLAN 虽然也会使用非集中式 MAC 协议（如基于竞争的 802.11 协议），但大多数基础结构 WLAN 都使用集中式 MAC 协议（如轮询机制）。

　　由于大多数的协议过程都由 AP 执行，移动节点只需要执行一小部分的功能，所以其复杂性大大低于在基础结构型 WLAN 中，存在的些许 AP 及 AP 覆盖范围下的移动节点形成的蜂窝小区，AP 在小区内可以实现全网覆盖。目前的实际应用中，大部分无线 WLAN 都是基于基础结构的无线网络。

　　3. 分布式 WLAN。除上述两种拓扑结构应用比较广泛外，还有另外一种拓扑结构即完全分布式网络。这种结构要求相关节点在数据传输过程中完成一定的功能，类似于分组无线网的概念。对每一节点而言，它可能只知道网络的部分拓扑（也可通过安装专门软件获取全部拓扑），但它可通过与邻近节点按某种方式共享对拓扑结构的认识，来完成分布路由算法。换句话说，在完全分布式网络拓扑结构中，路由网络上的每一节点需要互相协助将数据传送至目的节点。

　　分布式结构抗损性能好、移动能力强，可形成多跳网，适合较低速率的中小型网络。对于用户节点而言，它比较复杂且成本较其他拓扑结构高，同时存在多径干扰和"远—近"效应。随着网络规模的扩大，分布式 WLAN 的性能指标下降较快，但它在军事领域中具有很好的应用前景。

图 8-5 为 WLAN 分布式结构。

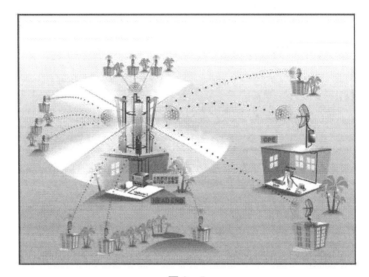

图 8-5

第二节　无线网络中的安全威胁

一、无线技术无线网络自带的安全隐患

无线网络技术提供了使用网络的便捷性和移动性，倍受人们欢迎。然而，由于使用无线信号进行数据传送，导致了无线局域网本身携带固有的不确定安全隐患，这一点又使人们无法安心使用。一个没有健全安全防范机制的无线局域网有哪些安全隐患存在呢？下面我们就来了解有关无线网络的安全隐患问题，具体有以下几点：

（一）信号外泄，网络易"曝光"

无线网络有一定的覆盖范围，但过度追求覆盖范围，会"曝光"我们的无线网络，让更多无线客户端探测到无线信号，增加无线网络受攻击的机会，因此我们应对这方面的安全隐患给予重视。另外，无线 AP 的摆放位置也是一个问题，如摆放在窗台这样的位置会增加信号外泄的机会。

（二）自身不设防，网络易被闯入

这种情况多发生在没有经验的无线网络初级使用者身边。客户在购买回无线 AP 后，由于对设备安全方面的出厂初始设置没有做任何改变，没有重设无线 AP 的管理员登录密码、SSID，没有设置 WEP 密钥，导致网络威胁最容易发生。目前，使用带有无线网卡笔记本电脑的人很多，XP 操作系统的"无线零配置"又有自动搜索无线网络的功能，因此 XP 客户端一旦进入了无线网的信号覆盖范围，就可以自动建立连接，这样就会导致不设防的闯入。

（三）设备安全设置简单，身份易被冒用

即使是对无线 AP 采取了加密措施，无线网络仍不是绝对安全的。很多有经验的无线网络用户会给自己的无线网络进行各种各样的安全设置。若以为这些设置可以抵挡住非法攻击，那就大错特错了。要知道无线安全技术在进步，攻击技术和入侵工具也同样在进步。

我们前面已经说过，无线网络的信号是在开放空间中传送的，所以只要有合适的无线客户端设备，在合适的信号覆盖范围之内就能够接收到无线网络信号。攻击者只要破解了普通无线网络安全设置，就能够以合法设备的身份进入无线网络内。

这里所说的"普通无线安全设置"，是指普通无线网络设备中内置的安全设置，包括 SSID 隐藏、WEP 加密、WPA 加密、MAC 过滤等。这些无线 AP 到无线客户端间的、无线设备间端对端的安全机制，直至目前都被认为是不够安全的。攻击者对无线网络信号的获取和破解过于轻易，导致"设备身份"常被冒用。

二、无线网络面对的外界威胁

由于无线网络通过无线电波在空中传输数据，所以在数据发射机覆盖区域内的几乎任何一个 WLAN 用户都能接触到这些数据。因此，若想将无线网络发射的数据仅对一个对象传送是不可能实现的。这就给同一网络用户群组中其他人员提供了截获或插入数据的机会，为破坏者进行信息盗取和破坏打开了方便之门。

对于 WLAN 而言，除自身携带的安全威胁外，所有常规有线网络存在的安全隐患和威胁在 WLAN 中都存在。在无线网络中，常见的安全威胁有以下几种：

（一）窃听

窃听即指数据泄露。窃听网络传输可导致机密数据泄露、未加保护的用户凭据曝光以及身份盗用。窃听允许有经验的入侵者收集相关 IT 环境信息，然后利用这些信息攻击其他情况下不易遭到攻击的系统或数据。

（二）注入和篡改数据

黑客向已有连接中注入数据来截取连接或者发送恶意数据及命令。例如，攻击者能够通过向基站（Sta–tion，STA）插入数据或者命令来篡改控制信息，从而导致用户的连接中断；攻击者可以向网络接入点（Access Point，AP）发送大量连接请求包，使接入点用户连接数超标，致使网络拒绝合法用户访问。倘若上层协议没有提供实时数据完整性检测，在连接中注入数据也是可能的。数据注入可被用作 DoS 攻击。

（三）伪装

伪装可分为客户端伪装和接入点伪装两种。通过对一个客户端的研究，模仿或者复制客户端身份信息，以获取对网络或服务的访问方法，称为客户端伪装。在这种伪装方式下，攻击者还可以通过窃取某个访问设备来访问网络。事实上，想要在无线网络中实现所有设备的物理安全是非常困难的。

伪装成接入点对无线网络进行破坏的攻击者，绝大多数具备高超的网络技术。接入点伪装的前提是在客户端未察觉的情况下，连接到攻击者伪装的接入点上，从而攻击达到者窃取用户信息的目的。这种伪装方式，还可以与通信阻断结合，被攻击者同时利用。

（四）通信阻断

大部分无线网络通信都采用的是公共频段，很容易受到来自其他设备（如移动电话、微波炉等）的干扰。这种有意或者无意的干扰源可以阻断整个无线网络通信，从而造成 DoS 攻击。

通信阻断分为客户端阻断和基站阻断两类。针对客户端的阻断，可以使攻击者占用或者冒充被阻断客户端，或是单纯的 DoS 攻击；针对基站的阻断，可以使攻击者冒充被阻断的基地。

（五）中间人攻击

中间人攻击与数据注入攻击类似，它采用多种形式来破坏会话的机密性和完整性。中间人攻击相对于大多数攻击来说较为复杂，需要对网络有深入的了解。采用这种入侵形式的攻击者常会伪装成网络资源，在受害者开始建立连接时，进行截取连接。之后，与目的端完成连接建立，将所有通信代理同步到目的端，从而可以实现数据注入、修改通信数据或者窃听。

（六）匿名攻击

所谓匿名攻击，即指攻击者隐藏在无线网络覆盖的任何角落，保持匿名状态。匿名攻击令侦查定位和犯罪调查异常困难。常见的匿名攻击便是沿街扫描（War Driving）。

沿街扫描指在特定的区域内扫描，以寻找开放的无线网络实施匿名攻击。许多攻击者不是为了入侵无线网络本身而进行匿名攻击，他们的目的在于找到接入因特网的跳板来攻击网络上的其他设备。因此，随着不安全接入点的匿名接入增多，针对互联网的网络攻击也随之增多。

（七）客户端对客户端的攻击

在无线网络上，因为没有部署个人防火墙、没有进行客户端加固而遭到攻击，导致个人机密信息（如用户名或密码等）泄漏的事件屡见不鲜。攻击者利用这些信息可以获得对网络其他资源的访问权限，由此造成的损失是无法估量的。例如，在 802.11 网的对等模式下，攻击者可以通过发送伪造路由协议报文产生的通路循环来拒绝服务攻击，或者通过发送伪造路由协议报文生成黑洞（吸收和扔掉数据报文）来形成各种攻击方式。

（八）漫游攻击

无线网络的漫游机制给终端提供了便捷的可移动特性，这也是无线网络区别于有线网络的显著优势。然而，漫游机制存在的安全漏洞则不容忽略。

漫游攻击主要表现在两个方面：①攻击者可以通过对注册过程的重放，来获取发送到移动节点的数据；②攻击者可以模拟移动节点，以非法获取网络资源。漫游攻击的方法，主要借助移动 IP 原理来实现。

移动 IP 的基本原理即地点注册和报文转发。一个与地点无关的地址用于保持 TCP/IP 连接，另一个随着地点而变化的临时地址用于访问本地网络资源。在 WLAN 中，当一个移动节点漫游到某个无线网络时，它会自动获取该 WLAN 为它分配的、与地点有关的临时地址，并注册到外地代理（移动节点漫游到的网络）上。外地代理收到注册信息后，会与所属地代理（移动节点所属网络的服务器）联系，通知它移动节点的接入情况。在这种情况下，所有到达移动节点的包，都经由所属地代理转发到外地代理上。

另外，还存在一些其他威胁，如双面恶魔、攻击加密系统、错误的配置等，都是能够给无线网络带来风险的因素，这里不再一一赘述。

第三节　常见无线网络安全防护技术

一、无线网络安全目标

为了有效保障无线局域网（WLAN）的安全性，必须实现以下几个安全目标：

1. 提供接入控制：验证用户，授权他们接入特定的资源，同时拒绝为未经授权的用户提供接入；

2. 确保连接的保密与完整：利用强有力的加密技术和校验技术，防止未经授权的用户窃听、插入或修改无线网络中传输的数据；

3. 防止拒绝服务（DoS）攻击：确保不会有用户占用某个接入点的所有可用带宽，从而影响到其他用户的正常接入。

二、常见无线网络安全防护技术

这几年无线局域网安全技术得到了快速发展和应用，下面列举的便是业界常见的几种无线局域网安全技术：

（一）服务区标识符（SSID）匹配

SSID（Service Set Identifier）指将一个无线局域网分为几个不同的子网络，只有每一个子网络都有其对应的身份标识（SSID），并在无线终端设置配对的 SSID，才能够接入相应的子网络。换句话说，SSID 是一个简单口令，它提供口令认证机制，从而实现了一定的安全性。但是，这种口令极易被无线终端探测出来，在企业级无线应用中，SSID 技术绝不能用来做安全保障，只能作为区分不同无线服务区的标识使用。

（二）MAC 地址过滤

每个无线工作站网卡都由唯一的物理地址（MAC）进行标识，该物理地址编码方式类似于以太网物理地址，是 48 位的。网络管理员可在无线局域网访问点 AP 中手工维护一组（不）允许通过 AP 访问网络地址列表，以实现基于物理地址的访问过滤。表 8 - 1 为 MAC 地址过滤优缺点比较。

表 8 - 1

优点	缺点
简化了访问控制	当 AP 和无线终端数量较多时，大大增加了管理负担
接受或拒绝预先设定的用户	
被过滤的 MAC 不能进行访问	容易受到 MAC 地址伪装攻击
提供了第二层的防护	

（三）WEP

WEP 全称为 Wired Equivalent Privacy，译为加密技术。它是 IEEE 80211. b

标准规定的一种可选加密方案，目的是 WLAN 提供与有线网络相同级别的安全保护。WEP 的安全技术源自于名为 RC4 的 RSA 数据加密技术，以满足用户更高层次的网络安全需求。

WEP 采用静态的有线等同保密密钥的基本安全方式。静态 WEP 密钥在会话过程中不发生变化也不针对各个用户而变化。

1. WEP 的好处和优势。WEP 在传输上提供了一定的安全性和保密性，能够阻止有意或无意的无线用户查看到在 AP 和 STA 之间传输的内容。其优点在于：

（1）全部报文都使用校验和加密，提供了一些抵抗篡改的功能；

（2）通过加密来维护一定的保密性，如果没有密钥，就难把报文解密；

（3）WEP 非常容易实现；

（4）WEP 为 WLAN 应用程序提供非常基本的保护。

2. WEP 的缺点。

（1）静态 WEP 密钥对于 WLAN 上的所有用户是通用的。这意味着如果某个无线设备丢失或者被盗，所有同一网络上的其他设备都必须修改静态 WEP 密钥，以保持相同等级的安全性。这就给网络管理员带来非常费时费力、不切实际的管理任务。

（2）缺少密钥管理。WEP 标准中并没有规定共享密钥的管理方案，通常是手工进行配置与维护。由于同时更换密钥困难费时，所以密钥通常长时间使用而很少更换。

（3）算法弱点。WEP 使用的 ICV 算法是一种基于 CRC - 32 的用于检测传输噪音和普通错误的算法。CRC - 32 是信息的线性函数，这意味着攻击者可以篡改加密信息，并很容易地修改 ICV，使信息在表面上看起来是可信的。另外，在 WEP 中的另一种算法 RC4 中存在弱密钥，即密钥与输出之间存在超出一个好密码所应具有的相关性。攻击者收集到足够使用弱密钥的包后，就可以对它们进行分析，只需尝试很少的密钥便可接入到网络中。

（4）认证信息易于伪造。基于 WEP 的共享密钥认证，目的就是实现访问控制。可事实却截然相反，只要一次成功的认证被监听到，攻击者便可以伪造认证。故共享密钥认证实际上降低了网络的总体安全性，使攻击者猜中 WEP 密钥异常简单。

为了提供更高的安全性，Wi - Fi 工作组提供了 WEP2 技术，该技术相比 WEP 算法，只是将 WEP 密钥的长度由 40 位加长到 128 位，将初始化向量 IV 的长度由 24 位加长到 128 位。然而，WEP 算法的安全漏洞是由于 WEP 机制本身引起的，与密钥的长度无关，即使增加加密密钥的长度，也不可能增强其安全程度。也就是说 WEP2 算法并没有起到提高安全性的实际作用。

（四）802.1x/EAP 用户认证

802.1x 是针对以太网提出的、基于端口进行网络访问控制的安全性标准草案。基于端口的网络访问控制利用物理层特性，对连接到网络端口的设备进行身份认证。如果认证失败，则禁止该设备访问 WLAN 资源。

尽管 802.1x 标准最初是为有线以太网设计制定的，但它也适用于符合802.11 标准的无线局域网，且被视为是 WLAN 的一种增强性网络安全解决方案。802.1x 体系结构包括三个主要的组件：

请求方（Supplicant）：无线网络中提出认证申请的用户接入设备。通常指待接入网络的无线客户机 STA。

认证方（Authenticator）：无线网络中允许客户机进行网络访问的实体。通常指访问接入点 AP。

认证服务器（Authentication Sever）：无线网络中为认证方提供认证服务的实体。认证服务器对请求方进行验证，然后告知认证方该请求者是否为授权用户。认证服务器可以是某个单独的服务器实体，也可以不是。后一种情况通常将认证功能集成在认证方 Authenticator 中。

802.1x 草案为认证方定义了两种访问控制端口："受控端口"和"非受控端口"。"受控端口"是分配给那些已经成功通过认证的实体进行网络访问的，而在认证尚未完成之前，所有通信数据流均从"非受控端口"出入。"非受控端口"只允许通过 802.1X 认证的数据，一旦认证成功，请求方就可以通过"受控端口"访问网络资源和服务。

802.1x 技术是一种增强型网络安全解决方案。在采用 802.1x 的 WLAN中，用户端安装 802.1x 客户端软件作为请求方，无线访问点 AP 内嵌 802.1x认证代理作为认证方，同时 AP 还要用作 Radius 认证服务器的客户端，负责用户与 Radius 服务器之间的认证信息转发。

802.1x 认证一般包括以下几种 EAP（Extensible Authentication Protocol）认证模式：

（1）EAP – MD5；

（2）EAP – TLS（Transport Layer Security）；

（3）EAP – TTLS（Tunnelled Transport Layer Security）；

（4）EAP – PEAP（Protected EAP）；

（5）EAP – LEAP（Lightweight EAP）；

（6）EAP – SIM。

802.1x 认证技术的好处和优势在于：

（1）802.1x 协议仅关注受控端口的打开与关闭；

（2）接入认证成功后，IP 数据包在二层普通 MAC 帧上传送；

（3）采用 Radius 协议进行认证，能够实现与其他认证平台的便捷对接；

（4）提供基于用户的计费系统。

802.1x 认证技术的不足之处在于：

（1）只提供用户接入认证机制，没有提供认证成功后的数据加密；

（2）一般只提供单向认证；

（3）只提供 STA 与 Radius 服务器之间的认证，而并非与 AP 之间的认证；

（4）用户的数据仍使用 RC4 算法进行加密。

（五）WPA（保护无线电脑网络安全系统）

WPA 全名为 Wi – Fi Protected Access，有 WPA 和 WPA2 两个标准，是一种保护无线电脑网络（Wi – Fi）安全的系统，它是应研究者在前一代的系统有线等效加密（WEP）中找到的几个严重的弱点而产生的。

WPA 实现了 IEEE 802.11i 标准的大部分，是在 802.11i 完备之前替代 WEP 的过渡方案。WPA 的设计可以用在所有的无线网卡上，但未必能用在第一代的无线接入点上。WPA2 实现了完整的标准，但不能用在某些古老的网卡上。

WPA 是一种基于标准的可互操作的 WLAN 安全性增强解决方案，可大大提高现有以及未来无线局域网系统的数据保护和访问控制水平。WPA 源于正在制定中的 IEEE 802.11i 标准并将与之保持前向兼容。部署适当的话，WPA 可保证 WLAN 用户的数据受到保护，并且只有授权的网络用户才可以访问 WLAN 网络。

由于 WEP 业已证明的不安全性，在 802.11i 协议完善前，可采用 WPA 为用户提供一个临时性的解决方案。该标准的数据加密采用 TKIP 协议（Temporary Key Integrity Protocol），认证有两种模式可供选择，一种是使用 802.1x 协议进行认证，一种是预先共享密钥 PSK（Pre – Shared Key）模式。

WPA2 是经由 Wi – Fi 联盟验证过的 IEEE 802.11i 标准的认证形式。WPA2 实现了 802.11i 的强制性元素，特别是 Michael 算法被公认绝对安全的 CCMP 讯息认证码所取代，而 RC4 也被 AES 取代。微软 Windows XP 对

WPA2 的正式支援于 2005 年 5 月 1 日推出，但网络卡的驱动程序可能要更新。苹果电脑在所有配备了 AirPort Extreme 的麦金塔、AirPort Extreme 基地台和 AirPort Express 的设备上都支援 WPA2，其所需的固件升级已包含在 2005 年 7 月 14 日释出的 AirPort 4.2 中。

第四节　无线网络安全配置实例

【实训情境】家庭无线网络安全之 WPA 设置

完整的 WPA 实现是比较复杂的，由于操作过程较为困难（微软针对这些设置过程还专门开设了一门认证课程），一般用户不易实现。因此，在家庭网络中通常采用 WPA 的简化版——WPA – PSK（预共享密钥）。本情景中，将以 TP – LINK 的无线宽带路由器 TL – WR941N 和无线网卡 TL – WN821N 为例，演示 WPA 设置。

设置前，使用者必须按照说明书要求准确连线，并保证有网线连接到电脑及无线路由 LAN 口，以方便随时登入路由器进行配置。

一、设置路由器 WPA

步骤一、打开路由器的"无线参数" – >"基本设置"，如图 8 – 6。

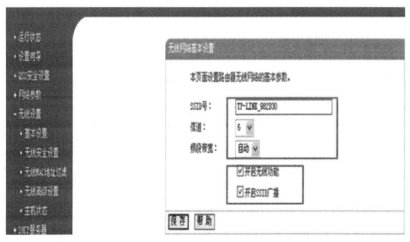

图 8 – 6

提示：SSID 号、信道、频段带宽可以选择默认状态，但"开启无线功能"前一定要打钩，否则无法无线上网。

步骤二、打开"无线安全设置",选择 WPA－PSK/WPA2－PSK,如图 8－7。

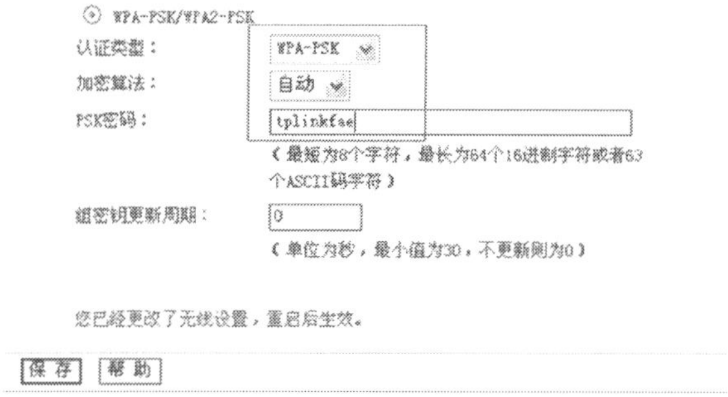

图 8－7

"认证类型"有三种选择:自动选择、WPA－PSK、WPA2－PSK,三者基本没区别。

"加密算法"有三种选择:自动选择、TKIP、AES,一般推荐使用 AES 加密算法。

提示:若手动选择 TKIP,TL－WR941N 路由器会出现如图 8－8 所示界面,意思是在此种加密模式下无线传输性能会下降,因此建议选择"自动选择或 AES"。

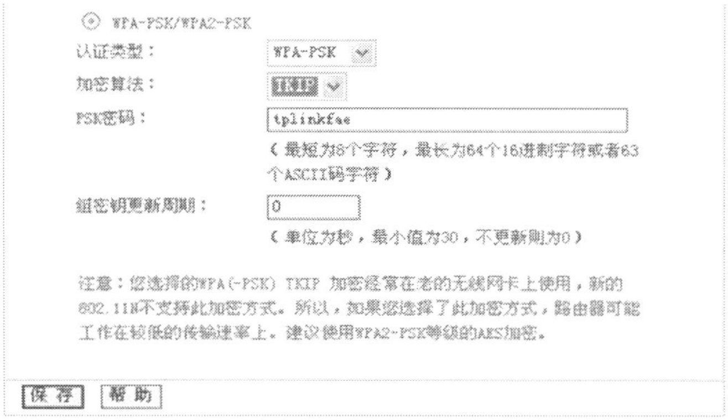

图 8－8

到此,无线路由安全配置基本设置完了,最后请选择"系统工具"－>"重启路由器"。

二、无线网卡上的设置

步骤一、通过客户端应用程序连接。

安装网卡相应的驱动和客户端应用程序后，电脑右下角出现（图8-9划出区域）标示：

图8-9

步骤二、图8-9中划出区域示为客户端程序，双击该标示打开应用程序，选择"配置文件管理"（如图8-10）。

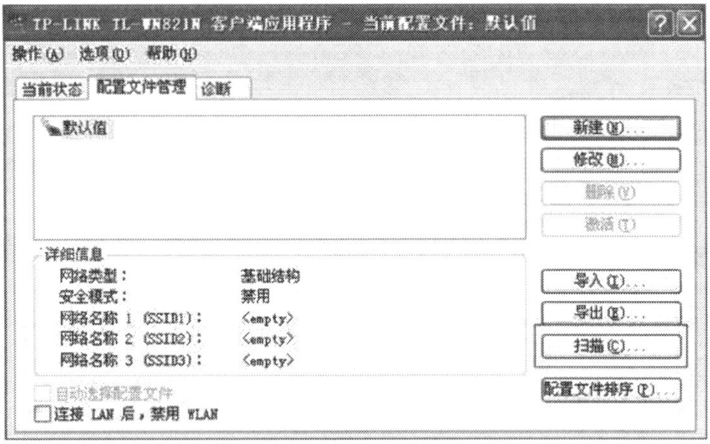

图8-10

步骤三、点击图8-10中的"扫描"，出现图8-11中给出的对话框。

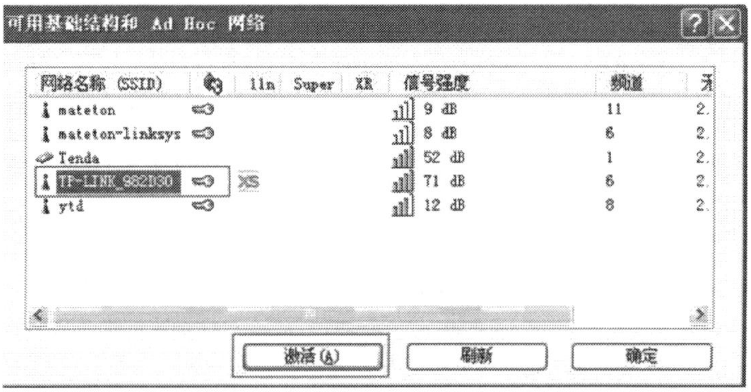

图8-11

步骤四、在图8-11中可以看到网卡搜索到的无线信号，选中自己路由器的无线信号，点击"激活"（如图8-12）。

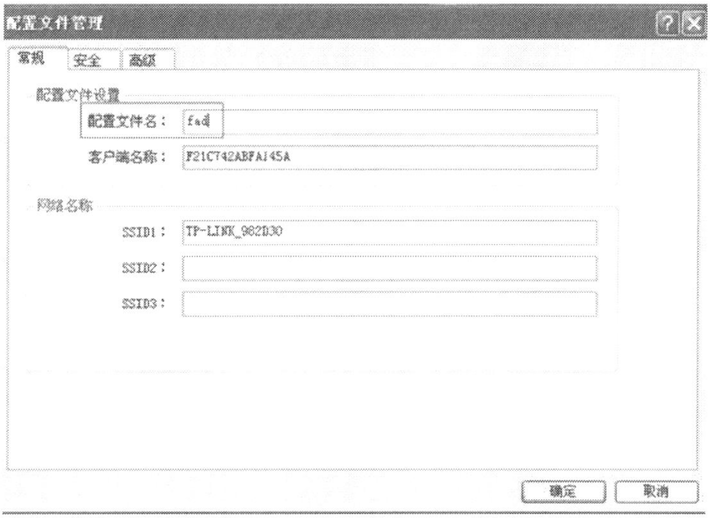

图8-12

步骤五、配置文件名可以随意填写，但是在"安全"选项中，必须把安全设置选为"WPA/WPA2密码短语"，然后点击"配置"（如图8-13）。

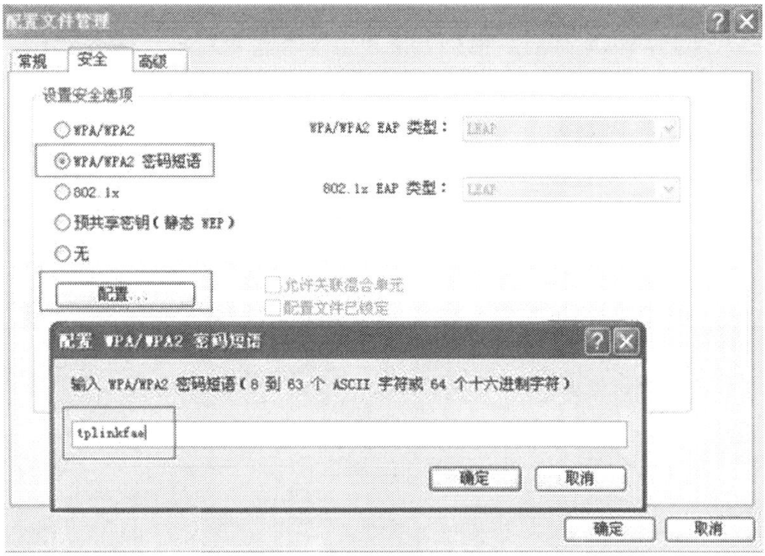

图8-13

此时，出现"配置 WPA/WPA2 密码短语"的对话框，这里输入的预共享密钥一定要和路由器里面设置的一样（对照图 8 - 8），本例中输入 tplinkfae 即可！

步骤六、"确认"，然后返回该界面，可以看到（图 8 - 14 所示）已正常连接，加密类型是 AES。

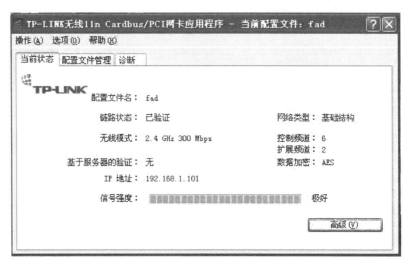

图 8 - 14

等待片刻，连接成功后，电脑右下角会显示客户端程序变为绿色，至此，家用无线网络的 WPA 安全设置便完成了。

无线网络安全设置没有想象中的难以操作，只是实现安全的技术原理还需深入理解掌握，以便在构建无线网络和制定安全策略时，能够做到心中有数、统筹兼顾。

学习单元9

数据灾备技术和应用

☞ 【学习目的与要求】

　　数据备份是数据安全首要的技术措施和手段，要做到防患于未然，就应做好数据备份。本章主要了解数据备份的方式与策略，掌握数据的备份方法。

第一节　数据备份的方式与策略

一、典型案例

　　1999 年 7 月，美国 Grand Forks 市的一场洪水，使这个城市 2/3 的企业遭到了巨大的损失，大多数企业因此而一蹶不振，直至最终倒闭，其中一家名为 Ecolab 的公司却奇迹般地没有受到任何影响，反而随着从前的竞争对手纷纷陷入困境，生意越来越红火，原因很简单，Ecolab 公司每天都通过网络对自己公司的数据进行备份，在洪水发生的前一天，Ecolab 公司的网管按惯例对网络数据进行了备份，并把备份磁带放在了安全的地方。就这样，在洪水发生的第二天，当其他的公司正在为丢失的客户数据和财务账目一筹莫展时，Ecolab 公司在早晨 7 点钟就开始营业。

　　美国 9·11 恐怖袭击事件后，摩根 & 斯坦利、JP 摩根、瑞宝银行以及雷曼兄弟等公司之所以能在 9 月 12 日恢复营业，是因为他们不仅像一般公司那样在内部进行了数据备份，而且在新泽西州的蒂内克也保留着数据备份。统计资料显示，在数据灾难袭击的时候，30% 受影响的公司被迫立即退出市场，另外有 29% 受影响的公司在 2 年内倒闭，在发达国家，如果一个公司的网络系统在瘫痪后 24 小时恢复，公司的年收入将下降 3%～5%，如果在两天内不能恢复，那么这个公司将可能在今后的 3～5 年内倒闭。

二、数据备份方式

数据备份是容灾的基础，是指为防止系统因出现操作失误或系统故障导致数据丢失，而将全部或部分数据集合从应用主机的硬盘或阵列复制到其他的存储介质的过程。传统的数据备份主要是采用内置或外置的磁带机进行冷备份，但是这种方式只能防止操作失误等人为故障，而且其恢复时间也很长；随着技术的不断发展，数据的海量增加，不少的企业开始采用网络备份，网络备份一般通过专业的数据存储管理软件并结合相应的硬件和存储设备来实现，下面介绍一些常见的数据备份工具：

1. Windows 本身的备份程序。

2. 用系统本身的备份工具（如 SQL Server/Oracle）。

3. 第三厂商购买专业备份系统。

4. 其他备份/压缩工具。

三、数据备份策略

选择存储备份软件、存储备份技术（包括存储备份硬件及存储备份介质）后，首先需确定数据备份策略。备份策略指确定需备份的内容、备份时间及备份方式后，各个单位要根据其实际情况制定不同的备份策略，目前被采用的备份策略主要有：

（一）完全备份（Full Backup）

每天对自己的系统进行完全备份。例如，星期一用一盘磁带对整个系统进行备份，星期二再用另一盘磁带对整个系统进行备份，以此类推。这种备份策略的好处是：当发生数据丢失的灾难时，只要用一盘磁带（即灾难发生前一天的备份磁带），就可以恢复丢失的数据。然而它亦有不足之处，首先，每天都对整个系统进行完全备份会造成备份数据的大量重复。这些重复的数据占用了大量的磁带空间，这对用户来说就意味着成本的增加。其次，由于需要备份的数据量较大，因此备份所需的时间也就较长。对于那些业务繁忙、备份时间有限的单位来说，选择这种备份策略是不明智的。

（二）增量备份（Incremental Backup）

星期天进行一次完全备份，然后在接下来的六天里只对当天新的或被修改过的数据进行备份。这种备份策略的优点是节省了磁带空间，缩短了备份时间。但它的缺点在于，当灾难发生时，数据的恢复比较麻烦。例如，系统在星期三的早晨发生故障，丢失了大量的数据，那么现在就要将系统恢复到星期二晚上时的状态。这时系统管理员就要首先找出星期天的那盘完全备份磁带进行系统恢复，然后再找出星期一的磁带来恢复星期一的数据，然后找出星期二的磁带来恢复星期二的数据。很明显，这种方式很繁琐。另外，这种备份的可靠性也很差。在这种备份方式下，各盘磁带间的关系就像链子一样，一环套一环，其中任何一盘磁带出了问题都会导致整条链子脱节。比如在上例中，若星期二的磁带出了故障，那么管理员最多只能将系统恢复到星期一晚上时的状态。

（三）差分备份（Differential Backup）

管理员先在星期天进行一次系统完全备份，然后在接下来的几天里，管理员再将当天所有与星期天不同的数据（新的或修改过的）备份到磁带上。差分备份策略在避免了以上两种策略缺陷的同时，又具有了它们的所有优点。首先，它无需每天都对系统做完全备份，因此备份所需时间短，并节省了磁带空间。其次，它的灾难恢复也很方便。系统管理员只需两盘磁带，即星期一磁带与灾难发生前一天的磁带，就可以将系统恢复。

在实际应用中，备份策略通常是这三种的结合。如每周一至周六进行一次增量备份或差分备份，每周日进行完全备份，每月底进行一次完全备份，每年底进行一次完全备份。

由于计算机系统中的文件主要分为系统数据和用户数据两大类型，对于这两种文件类型，可采取不同的数据备份方式。

对于安装系统软件和应用软件形成的文件，电脑借助它们才能正常运行、实现功能，这些文件不一定非要备份，因为这类文件可通过重新安装软件再次获得，但可有选择地备份系统软件中保证最低运行的重要的文件，如 Windows 的注册表文件以及软、硬件配置信息和用户信息，以及应用软件中的个人配置信息文件，这样可有效减少重装的麻烦。对这类文件只进行本地备份即可，不过，一定要进行静态备份，因为这类文件的价值在于其原始性，动态备份可能会把改变的甚至产生错误的文件保存为最终备份。

对于从网络等媒体复制的文件，如下载的软件、文献等，这类文件有些可以复得，有些过期则会消失，所以，一定要备份，重要的还要异地备份，当然也是静态备份，因为复制它的目的一般是使用而不是进行修改。

对于电脑自动生成或用户添加形成的个人信息，如输入法词库、网页收藏夹等，这类文件一旦丢失，虽可重新建立，但却要花费很大精力重新组织，因此一定要备份，不过，它们是随时都在更新变化的，所以最好进行本地动态的活备份，以便随时恢复到最新状态；当然，在一定阶段做一个异地的死备份也是必要的。

对于用户自己积累和编辑的文件，如通讯簿、电子邮件、各种文档，这是独一无二、无法复得的，应采用动态备份，随时记录最新形态；取得阶段性成果后要做静态异地备份，以便万一出错进行恢复；文件完成后，做至少两个死备份，以防备份丢失、被篡改，或因存储介质损毁而不可使用。

第二节　用 GHOST 软件备份与恢复系统实例

一、使用 GHOST 备份磁盘分区

1. 运行 Ghost 后，用光标方向键将光标从"Local"经"Disk"、"Partition"移动到"To Image"菜单项上，然后按回车。

2. 出现选择本地硬盘窗口，再按回车键，如图 9 – 1 所示。

3. 出现选择源分区窗口（源分区就是你要把它制作成镜像文件的那个分区），如图 9 – 1 所示。

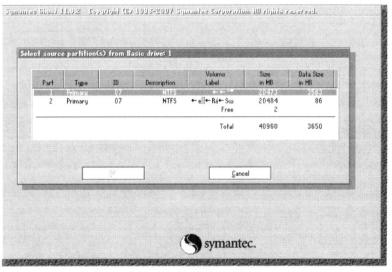

图 9 – 1　选择源分区窗口

4. 用上下光标键将蓝色光条定位到我们要制作镜像文件的分区上，按回车键确认我们要选择的源分区，再按一下 Tab 键将光标定位到 OK 键上（此时OK 键变为白色），再按回车键。

5. 进入镜像文件存储目录，如图 9 - 2 所示。默认存储目录是 Ghost 文件所在的目录，在 File name 处输入镜像文件的文件名，也可带路径输入文件名（此时要保证输入的路径是存在的，否则会提示非法路径），如输入 E：\Ghost\Windows，表示将镜像文件 Windows. gho 保存到 E：\Ghost 目录下，输好文件名后，再回车。

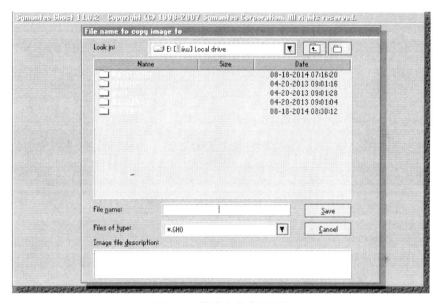

图 9 - 2　镜像文件存储目录

6. 接着出现"是否要压缩镜像文件"窗口，如图 9 - 3 所示。有"No（不压缩）、Fast（快速压缩）、High（高压缩比压缩）"，压缩比越低，保存速度越快。一般选 Fast 即可，用向右光标方向键移动到 Fast 上，回车确定。

7. 接着又出现一个提示窗口，用光标方向键移动到"Yes"上，回车确定。

8. Ghost 开始制作镜像文件。

9. 建立镜像文件成功后，会出现提示创建成功窗口，回车即可回到 Ghost 界面。

10. 再按 Q 键，回车后即可退出 Ghost。

至此，分区镜像文件制作完毕，即可将系统分区备份到指定镜像文件。

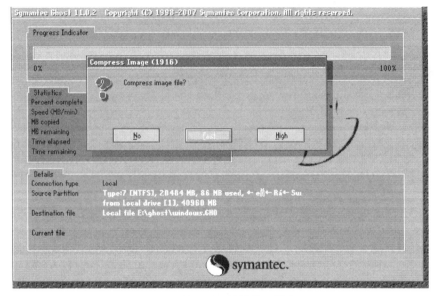

图 9－3　是否要压缩镜像文件窗口

二、使用 GHOST 从镜像文件还原分区

制作好镜像文件，就可以在系统崩溃后还原，这样又能恢复到制作镜像文件时的系统状态，镜像文件还原步骤如下：

1. 在 DOS 状态下，进入 Ghost 所在目录，输入 Ghost 回车，即可运行 Ghost。

2. 出现 Ghost 主菜单后，用光标方向键移动到菜单"Local－Partition－From Image"，然后回车。

3. 出现"镜像文件还原位置窗口"，在 File name 处输入镜像文件的完整路径及文件名（你也可以用光标方向键配合 Tab 键分别选择镜像文件所在路径、输入文件名，但比较麻烦），如 E:\Ghost\Windows. gho，再回车。

4. 出现从镜像文件中选择源分区窗口，直接回车。

5. 又出现选择本地硬盘窗口，再回车。

6. 出现选择从硬盘选择目标分区窗口，我们用光标键选择目标分区（即要还原到哪个分区），回车。

7. 出现提问窗口，选"Yes"回车确定，Ghost 开始还原分区信息。

8. 很快就还原完毕，出现还原完毕窗口，选 Reset Computer 回车重启电脑。

提示：选择目标分区时一定要注意选对，否则，后果是目标分区原来的数据将全部消失。

第三节 用 Second Copy 软件备份用户数据实例

一、软件简介

Second Copy 是一个使用方便、功能强大的备份工具，它可以实现定时备份、同时对多个文件对象执行备份、可自定义备份文件类型，支持复制、移动、压缩、同步等多种备份功能。

二、软件安装

从网上下载并安装 Second Copy V7.1，打开 Second Copy V7.1，它会自动缩小到任务托盘区中，双击即可打开程序主窗口，如图 9-4 所示。

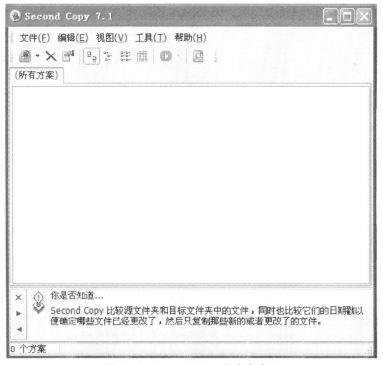

图 9-4 Second Copy 程序主窗口

三、简单备份

1. 选择菜单"文件"→"新建方案",弹出"新建方案"对话框,选择"快速设置"选项,如图9-5所示。

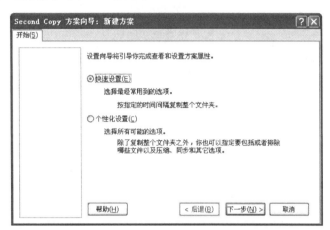

图9-5 选择"快速设置"选项

2. 单击"下一步",在打开的窗口中选择需要备份的源文件夹,如图9-6所示。

图9-6 选择需要备份的源文件夹

3. 单击"下一步",在打开的窗口中选择备份目标文件夹,如图9-7所示。

图 9－7　选择目标文件夹

4. 单击"下一步"，设置备份时间间隔，如图 9－8 所示，可设置每天备份一次。

图 9－8　设置备份时间间隔

5. 单击"下一步"，设置备份文件名称，如图 9－9 所示，单击"完成"即可完成备份文件的相关设置。

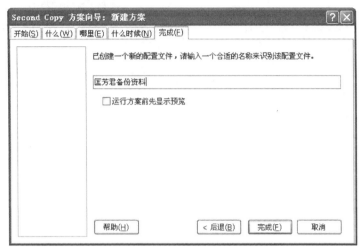

图 9 - 9　设置备份文件名称

设置完成后，刚才设置的备份任务就显示在任务窗口中，如想立即备份数据，可右击方案，选择"运行方案"，如图 9 - 10 所示。

图 9 - 10　运行备份任务

四、备份所需文件

若只想备份 *.doc、*.xls、*.ppt 文件而不是所有文件，则可进行以下设置：

1. 在 Second Copy 主窗口，右击相应的方案，选择"属性"，也可新建一个方案，在打开的窗口中选择"个性化设置"。

2. 单击"下一步"，在打开的窗口中选择备份源文件夹，再单击"下一步"，打开如图 9–11 所示的窗口，选择"只复制选定的文件和文件夹"选项，然后在"包括规则"中"选择"需要备份的文件，也可直接输入如图所示的通配符。

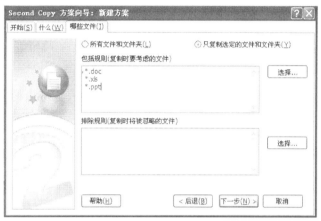

图 9–11　设置要备份文件的规则

注意：如果不想备份某些文件，如：＊.pdf、＊.bmf 文件，则可在"排除规则"中"选择"不想备份的文件，也可输入通配符，如图 9–12 所示。

图 9–12　设置备份文件的排除规则

3. 单击"下一步"，选择备份目标文件夹、备份文件名称及时间间隔等设置，最后单击"完成"即可完成备份文件的相关设置。

4. 定时备份到服务器。如想将文件备份到服务器上，只需要在选择目录路径时输入其 UNC 路径，如图 9 - 13 所示，然后开机，登录相应的服务器，即可让 Second Copy 自动备份文件到服务器的共享文件夹中。

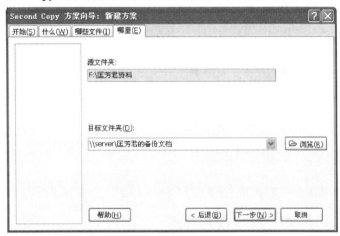

图 9 - 13　设置备份到服务器

5. 开/关机自动备份。在 Second Copy 主窗口，右击相应的方案，选择"属性"，在打开的窗口中单击"什么时候"选项卡，选中"此外还运行"下的"启动时"或"关机时"复选框，如图 9 - 14 所示，这样系统在启动时或关机时将会自动完成备份操作。

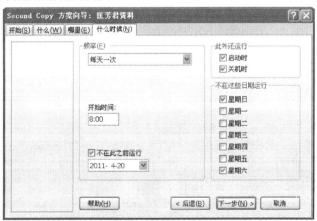

图 9 - 14　设置备份时间

提示：使用 Second Copy 备份文件时，会按文件时期来判断文件是否覆盖，因此，必须将计算机系统时间都调准确，这样才不会让一些文件被无故覆盖。

学习单元 10

C2C 电子商务网站数据库安全技术应用实例

☞【学习目的与要求】

以大学生 C2C 电子商务网站系统的后台数据库为案例构建相应的学习情境，并对数据库安全的需求及其实施进行具体的分析，从而了解数据库安全需求及实施的基本流程，掌握满足一般要求的数据库安全配置方法。

第一节   C2C 电子商务网站系统分析

一、电子商务网站概况（以海南大学生 C2C 电子商务网站为例）

海南大学生 C2C 电子商务网站系统以大学生之间的 C2C 交易为主，以校园商家对学生的 B2C 服务为辅。实现了各种商品的浏览、购买、支付及到货确认等功能。其网络结构如图 10 - 1 所示。

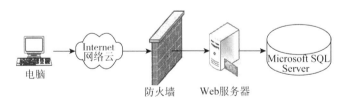

图 10 - 1   C2C 电子商务网站网络结构图

1. 该电子商务网站买家实现的功能主要包括：

（1）商品：分类展示、按商品品牌展示、商品查询展示、商品详细信息展示。

（2）购物车：添加商品、更改数量、删除商品、清空购物车、当前本次购物的详细信息。

（3）用户：会员登录、会员注册、账户金额、修改个人信息。

（4）订单：会员填写订单（金额、通讯方式、选择邮寄方式）、查看订单状态（发货还是配货）。

（5）留言：用户留言。

（6）在线沟通。

2. 该电子商务网站卖家实现的功能主要包括：

（1）商品类别管理：商品类别的添加、删除、修改。

（2）商品管理：图书的添加、修改、删除。

（3）用户管理：查看会员信息、查看会员购物信息。

（4）订单管理：查看订单、修改订单状态。

（5）库存管理：查看库存、修改库存。

（6）邮寄方式管理：添加、修改、删除邮寄信息。

二、电子商务网站后台数据库设计

根据该电子商务网站所实现的功能，使用了 MS SQL Server 2005 数据库系统进行数据库设计，数据库主要包括以下内容：

数据库名称：CtoC。

数据库表名：

（1）会员信息表（Member）：存放会员登录网站的账号、密码、姓名、联系方式等信息。

（2）商品类型表（Category）：存放商品的分类信息。

（3）购物车信息表（ShopCar）：存放会员当前的购物信息。

（4）订单明细表（OrderDetail）：会员购买商品及数量、总价格等清单信息。

（5）商品订单表（UserOrder）：购买商品的会员的邮寄方式、邮寄地址等信息。

（6）商品信息表（Product）：商品的名称、价格、上架时间等具体信息。

（7）邮寄方式表（PostStyle）：卖家邮寄方式、费用等信息。

（8）库存表（Stock）：商品存货数量等信息。

（9）管理员表（Admin）：卖家登录网站的账号、密码、姓名、联系方式等信息。

第二节　SQL Server 2005 数据库的安全问题

一、数据库系统存在的安全风险

电子商务网站等信息系统通常需要数据库服务器提供业务服务，常见的数据库系统有 MYSQL、MS SQL Server、Oracle、DB2 系统等。目前，数据库系统存在的安全风险主要包括：

1. 非授权用户的访问或通过口令猜测取得或提升系统权限。

2. 数据库系统或服务器本身存在漏洞容易受到攻击。

3. 数据库由于意外而导致数据错误或者不可恢复等。

根据电子商务网站的架构，分析 MS SQL Server 数据库系统存在的安全问题，例如：通过非法手段窃取合法用户的账号、口令进行数据库访问；非法授权合法用户的账号进行越权访问；针对数据库系统本身的漏洞和不完善进行如 SQL 注入等攻击获得数据库信息；由于系统环境或硬件故障等不可预见因素导致数据丢失不可恢复。

对于数据库设计和管理者来说，保持数据库系统的安全性是其设计中非常重要的一项。SQL Server 2005 数据库安全性管理体系是建立在登录认证（authentication）和访问许可（permission）两个机制上的。认证是指确定登陆 SQL Server 2005 数据库的用户的登录账号和密码是否正确，以此来验证其是否具有连接 SQL Server 2005 数据库的权限。但是，通过认证阶段并不代表能够访问 SQL Server 数据库中的数据，用户只有在获取访问数据库的权限之后，才能够对服务器上的数据库进行权限许可下的各种操作（主要是针对数据库对象，如表、视图、存储过程等）。同时 SQL Server 2005 还提供了完整的数据库加密体制，在不改动应用程序的情况下调用系统内建的加密体制可以方便地实现数据保密要求。SQL Server 2005 的安全控制机制是一个层次结构的安全体系的集合。

二、SQL Server 2005 提供的五层安全机制

SQL Server 2005 提供有五层安全机制，如图 10 - 2 所示。如果用户要访问数据库中的信息，必须穿越这五道门槛。

第一层 客户机安 全性	第二层 SQL Server 网络安全性	第三层 SQL Server 登录安全性	第四层 数据库 用户安全性	第五层 数据对象的 访问权限

图 10 - 2   SQL Server 2005 五层安全机制

1. 客户机安全机制。用户要通过客户计算机上的 SQL Server 2005 客户端进行访问，首先要得到客户机的操作系统使用权限。

2. 网络安全机制。SQL Server 2005 专门提供了在数据传输过程中的加、解密技术，用户不需要在应用开发上使用加、解密算法来实现数据在网络上的传输。因为在传输数据的两端需要进行加、解密运算，会影响 SQL Server 2005 的运行速度。

3. SQL Server 登录实例安全机制。每一个登录到 SQL Server 2005 服务器的用户都需要一个登录名账户和密码。可采用 Windows 系统账户登录认证，也可采用保存在 SQL Server 2005 系统中的账户与密码来认证。

4. 数据库用户安全机制。用户登录到 SQL Server 2005 服务器后还不能访问数据库，还必须在数据库中有相应的数据库用户与其对应。当用户登录到数据库服务器后，通过对应的数据库用户访问默认的数据库。

5. 数据对象安全机制。用户登录到数据库环境后，对数据库中的表等对象的操作还需有相应的权限。如 SELECT（查询）权限、UPDATE（修改）权限、DELETE（删除）权限、INSERT（插入）权限及 CREATE TABLE（创建表）权限等。同时，对于关键数据还可以使用数据库内建的密钥体系进行数据加密，通过相关密钥进行访问。

第三节   网站数据库的安全规划

根据 SQL Server 2005 数据库系统提供的安全机制和 C2C 商务网站的需求对数据库进行安全规划。C2C 数据库安全体系规划如图 10 - 3 所示。

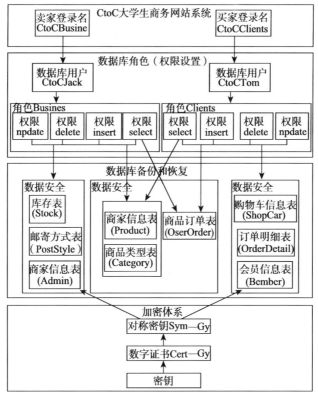

图 10 – 3　C2C 数据库安全规划

第四节　网站数据库的访问安全

根据 CtoC 数据库的安全规划，需要建立两个登录名及数据库用户对数据库中不同的表进行访问控制。下面就以登录名（卖家）CtoCBusiness 为例进行相关的安全设计。通过对数据库的安全设计能有效防止非授权用户的访问及控制合法用户的权限。

以下设置以"Windows 身份验证模式"在本地数据库服务器登录的方式进行，并且 CtoC 数据库及相关表已经建立完成。

一、网站数据库的网络安全设计

（一）授权远程访问

SQL Server 数据库服务器和 WEB 服务器不在一台主机上，因此，要让 SQL Server 数据库服务器能够接受远程用户和应用程序的访问，需要通过一个网络协议建立到 SQL Server 服务器的连接，SQL Server 服务器提供了"TCP/IP"协议，因此，必须启用"TCP/IP"协议，以保证远程访问。通过"SQL Server 配置管理器"工具可以启用该协议。如图 10 - 4 所示。

图 10 - 4　启用"TCP/IP"网络协议的工具

在默认情况下，SQL Server 禁用了许多功能特性以减少数据库系统被攻击的可能性。所以要用"SQL Server 外围应用配置器"工具来启用远程访问，基于安全和性能的考虑，这里使用 TCP/IP 协议。如图 10 - 5 所示。

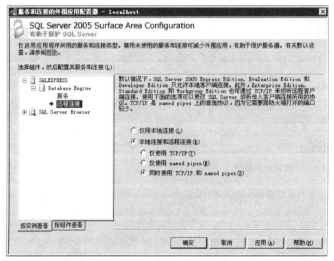

图 10 - 5　配置服务和网络连接的 SQL Server 外围应用配置器工具

（二）保护外部访问

由于数据库服务器能通过网络直接访问，因此应该保证网络环境提供了某种保护机制，如防火墙或 IDS（入侵检测系统），在该商务网站系统中设置有防火墙。

二、SQL Server 登录认证

当远程用户或应用程序连接到 SQL Server 数据库服务器后，必须提供有效的认证信息。

（一）选择 SQL Server 登录身份验证模式

针对 SQL Server 数据库服务器的访问，SQL Server 2005 支持两种身份认证模式：Windows 身份验证模式和混合身份验证模式。

在 Windows 身份验证模式下 SQL Server 依靠操作系统本身来认证请求访问 SQL Server 实例的用户。

在混合身份验证模式下 SQL Server 既可以采用 Windows 身份验证模式又可以采用 SQL Server 身份验证模式来连接 SQL Server。当采用后一种情况连接时，需要提供用户名和密码。

由于登录数据库的商务网站的用户来自远程的网络连接，这里采用混合身份验证模式。

新建一个登录账户 CtoCBusiness，并设置密码。新建的登录账户采用强制实施密码策略，以保证 SQL Server 的安全性不会随着时间的流逝逐渐弱化，如图 10 - 6 所示。具体操作如下：

1. 单击"数据库"｜"安全性"｜"登录名"节点，点击右键选择"新建登录名"。

2. 在"常规"｜"登录名"中选择"SQL Server 身份验证"。

3. 在"登录名"中输入"CtoCBusiness"，"密码"中输入"34TY $ $543"。

4. 选择"强制实施密码策略"，"默认数据库"选择"CtoC"，默认语言选择"Simplified Chinese"。

相应的代码：

```
CREATE LOGIN CtoCBusiness
WITH PASSWORD = ´34TY $ $543´, DEFAULT _ DATABAS E = Cto C,
DEFAULT _ LANGUAGE = 简体中文, CHECK _ POLICY = ON
```

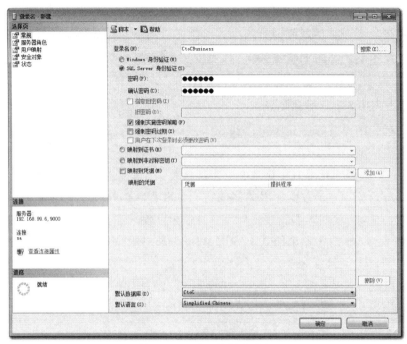

图 10 - 6　建立数据库账户

（二）拒绝用户访问

同时，由于 SQL Server 数据库系统自身有一个 sa 登录账户，该账户在系统里是不可删除的。在这里将其禁用，避免用户通过这个账户对 SQL Server进行非授权访问，如图 10 - 7 所示。具体操作如下：

1. 单击"数据库" | "安全性" | "登录名" | "sa"节点，点击右键选择"属性"。

2. 在"选择页" | "状态"中单击"登录"选项中的"禁用"。

相应的代码：

ALTER LOGIN sa DISABLE

三、对数据库进行访问授权

对于需要进行数据访问的电子商务网站的 WEB 服务器来说，设置好 SQLServer 服务器登录名 CtoCBusiness 后还不能访问 CtoC 数据库，还需要创建数据库账户并与 CtoCBusiness 登录名进行映射来授权对数据库的访问。

图 10 - 7　禁用 sa 账户

在 CtoC 数据库中创建一个名为 CtoCJack 的数据库用户，并与登录名 CtoCBusiness 进行映射，如图 10 - 8 所示。具体操作如下：

1. 单击"数据库" | "CtoC" | "安全性" | "用户"节点，点击右键选择"新建用户"。

2. 在"常规"中单击"用户名"，并输入"CtoCJack"。

3. 在"登录名"中点击"…" | "浏览"，选择 CtoCBusiness 登录名。

代码如下：

```
USE CtoC

GO

CREATE USER CtoCJack FOR LOGIN CtoCBusiness

GO
```

图 10 - 8　登录名和数据库账户名映射

四、授予数据库权限

创建好 CtoCJack 数据库用户后，就需要设置该用户的权限。一般不对单个用户进行设置。SQL Server 2005 数据库管理系统提供了角色，数据库角色是数据库的主体，可以使用数据库角色来为一组数据库用户指定数据库权限。

（一）创建数据库角色

选择数据库角色，输入"Business"角色名，所有者为默认"dbo"，并添加角色成员为"CtoCJack"数据库用户，如图 10 - 9 所示。具体操作如下：

1. 单击"数据库"｜"CtoC"｜"安全性"｜"角色"｜"数据库角色"节点，点击右键选择"新建数据库角色"。

2. 在"常规"中单击"角色名称"，并输入"Business"，在"所有者"中输入"dbo"。

3. 在"此角色成员"中点击"添加"｜"浏览"，选择 CtoCJack 数据库用户。

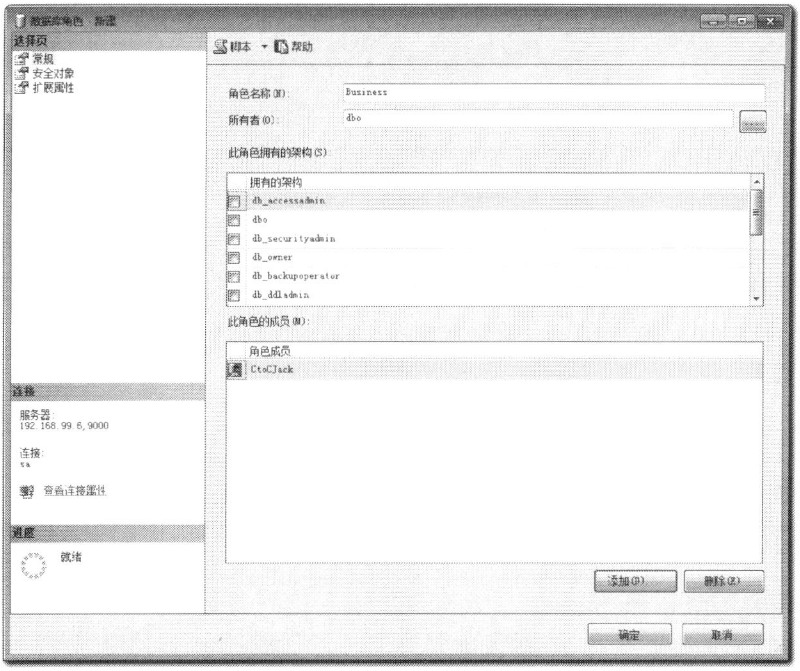

图 10 - 9 创建数据库角色

代码如下：

```
USE CtoC
GO
CREATE ROLE Business AUTHORIZATION dbo
GO
EXEC sp __addrolemember ´Business´, ´CtoCJack´
GO
```

（二）设置角色权限

建立角色"Business"后就可以进行角色权限设置，根据前节对 CtoC 数据库的权限规划，选择相应表进行权限设置，如图 10 - 10 所示。具体操作如下：

1. 单击"数据库" | "CtoC" | "安全性" | "角色" | "数据库角色" | "Business"节点，在"选择页"中点击"安全对象"。

2. 在"安全对象"中单击"添加" | "特定对象" | "对象类型" | "表"，选择 Admin、Category、PostStyle、Product、Stock 表进行添加。

图 10 − 10　角色权限设置 1

3. 对 "Admin" 表 "授权"：Select、Insert、Delete、Update 权限。

代码如下：

```
USE CtoC
GO
GRANT DELETE ON dbo. Admin TO Business
GO
GRANT INSERT ON dbo. Admin TO Business
GO
GRANT SELECT ON dbo. Admin TO Business
GO
GRANT UPDATE ON dbo. Admin TO Business
GO
```

重复上述步骤分别对 Category、PostStyle、Product、Stock 表进行 Select、

Insert、Delete、Update 权限的"授权"。同时 UserOrder 表只需设置 select 权限，如图 10 - 11 所示。

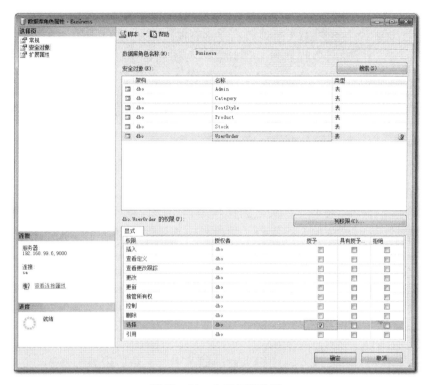

图 10 - 11　角色权限设置

代码如下:

GRANT SELECT ON dbo. UserOrder TO Business

GO

对"Business"角色的设置和添加 CtoCJack 数据库用户为角色成员，使 CtoCJack 用户具备相关表的权限，同时对 CtoC 数据库的其他表将无任何访问权限。

买家 CtoCClients 登录名、CtoCTom 数据用户及角色权限等可按上述方法完成，这里不再复述。

第五节　数据库的数据操作安全

在对 SQL Server 数据库系统的"登录认证"和"访问许可"设置后，非授权用户将不可能对数据库进行操作，授权用户的访问权限也将受到限制，CtoC 数据库相对变得安全了。但在有些情况下，数据库的信息还是存在数据被非法窃取或篡改的风险，如遭受 SQL 注入攻击或者因为数据库自身漏洞等原因造成数据泄露。针对这些问题，我们可以对重要的数据表或表字段进行加密保存，以保护重要数据的完整性和真实性。

一、数据库注入

（一）SQL 注入攻击

对于商务网站来说，有大量的操作是根据用户输入来创建查询的情况。这种动态查询将存在很大的风险。如商务网站允许用户在线搜索产品，它会生成并使用一个简单的动态查询，如下所示：

SqlDataSource1. SelectCommand = ＿

"SELECT ProductID，ProductName，ProductNum"＿

" FROM Product WHERE ProductName LIKE'"＿

& TextBox1. Text & "%'"

用户在"查找"文本框中键入商品的首字符，然后代码将搜索以这些字符为首的产品，如图 10－12 所示。

查找：	实	确　定
ProductID	ProductName	ProductNum
1	实务：数据库安全	978-7-302-13801-3
2	实务：信息安全	978-7-115-116157-4
3	实务：网络安全	978-7-115-116443-8

图 10－12　动态查询结果

对于这样一个由用户创建的查询来说，如果在"查找"文本框中键入了以下查询：'实' UNION select 0 ，@@Version，@@SERVERNAME；－－，即注入代码如下：

SELECT

ProductID,

ProductName,

ProductNum

FROM Product

WHERE ProductName LIKE '实'

UNION

Select 0，@@ Version，@@ SERVERNAME ； － － %'

会出现以下结果，如图 10 － 13 所示。

查找：	实	确　定
ProductID	ProductName	ProductNum
0	Microsoft　　SQL Server　2005　- 9.00.3042.00 (Intel X86)　　Feb 9　2007　22:47:07 Copyright　　(c) 1988-2005 Microsoft Corporation Express　Edition with　Advanced Services on Windows NT 5.1 (Build 2600: Service Pack 3)	XTZJ-563A64E 10E\SQLEXPR ESS

图 10 － 13　非法动态查询结果

通过这样一些别有用心的不良代码，使用右引号 " ' " 和注释符号 " － － " 将动态查询程序转换成多个有效的 SQL 语句，达到非法显示服务器名称及版本号信息的目的。

同样通过类似的代码注入方法，可以构建以下非法代码。在数据库中创建一个新的登录名，并且通过授权 "sysadmin" 角色来获得整个数据库的权限。如下所示：

SELECT

ProductID,

ProductName,

ProductNum

FROM Product

WHERE ProductName LIKE ´实´

USE MASTER;

CREATE LOGIN BadBoy WITH

PASSWORD = ´111111´,

DEFAULT ＿DATABASE = CtoC,

check ＿expiration = off,

check ＿policy = off;

EXEC master. . sp ＿addsrvrolemember

@ loginame = ´BadBoy´,

@ rolename = ´sysadmin´; － －%´

新建 BadBoy 登录名如图 10 – 14 所示，并且该登录名已经获得整个系统的控制权限。

图 10 – 14　SQL 注入结果

（二）防止 SQL 注入

针对 SQL 注入攻击，除了在网站代码的设计上要考虑安全性外，也可以采用以下方法保护数据库免受此类攻击。

1. 避免直接构造动态 SQL 语句，而要使用参数语句，在以上的 SQL 注入攻击语句中，使用一个@ Param1 参数来构造查询语句，将该参数与"查找"文本框进行连接。这样，文本框中的内容将严格按字符串来处理。

SELECT

ProductID,

ProductName,

ProductNum

FROM Product

WHERE ProductName LIKE @ Param1 ＋ '％'

2. 在任何允许的情况下将动态查询放到数据库的存储过程当中。

3. 使用系统存储过程 sp ＿ExecuteSql 向 SQL Server 提交查询。

二、数据存储加密

一些数据表或字段的关键内容，可能会因为各种原因（如人为管理或数据库系统漏洞等）存在着不安全因素。要从根本上解决这些问题，可以对表或字段的关键内容进行数据加密。在 CtoC 数据库中，卖家信息表（Admin表）和买家信息表（Member 表）保存着重要信息，因此可对其进行数据加密。下面就对 Admin 表的 AdminName 和 AdminPWD 两个字段进行加密。

加密字段注意：

（1）在加密列上的索引将变得无效。

（2）加密数据列的长度增长，因此 AdminName 和 AdminPWD 列长度要足够大。

（一）建立密钥体系

根据商务网站数据库的安全规划，Admin 表中的字段受对称密钥保护，而对称密钥受数字证书保护，建立数字证书Cert ＿Gy 和对称密钥 Sym ＿Gy，数字证书本身由密码'guoHK. 123'进行保护。代码如下：

USE CtoC

Go

'建立数字证书并用密码保护

CREATE CERTIFICATE Cert ＿Gy

ENCRYPTION BY PASSWORD ＝ 'guoHK. 123'

WITH SUBJECT ＝ 'cert encryption by password',

START ＿DATE ＝'2011 – 01 – 01', EXPIRY ＿DATE ＝'2016 – 12 – 31';

执行数字证书 Cert ＿Gy 结果如图 10 – 15 所示。

'建立对称密钥由数字证书加密

CREATE SYMMETRIC KEY Sym ＿Gy

WITH ALGORITHM ＝ DES ENCRYPTION BY CERTIFICATE Cert ＿Gy;

执行建立对称密钥 Sym ＿Gy 结果如图 10 – 16 所示。

图 10 – 15　建立数字证书　　　图 10 – 16　建立对称密钥

（二）数据加密存储

先打开对称密钥 Sym ＿ Gy，使用加密函数 EncryptByKey（）对数据进行加密并保存到数据库，然后关闭对称密钥。主要语句如下：

1. 打开对称密钥 Sym ＿ Gy：

OPEN SYMMETRIC KEY Sym ＿ Gy

DECRYPTION BY CERTIFICATE Cert ＿ Gy

With PASSWORD ＝´guoHK. 123´

2. 使用对称密钥 Sym ＿ Gy 对 Admin 表中的 AdminName、AdminPWD 两个字段输入的数据进行加密：

INSERT INTO Admin（AdminID，AdminName，AdminPWD，AdminPower）

VALUES（1，EncryptByKey（Key ＿ GUID（´Sym ＿ Gy´），´商家奇奇´），

EncryptByKey（Key ＿ GUID（´Sym ＿ Gy´），´55XZV543´），0）

3. 关闭 Sym ＿ Gy 对称密钥：

CLOSE SYMMETRIC KEY Sym ＿ Gy

执行数据加密存储操作，结果如图 10 – 17 所示。

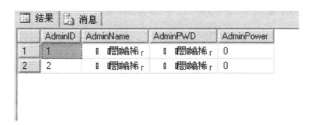

图 10 – 17　加密存储结果

（三）读取解密数据

当需要读取 Admin 表中的数据时，打开对称密钥 Sym ＿ Gy，用解密函数

decryptbykey（）进行解密数据读取出明文，最后关闭对称密钥，主要语句如下：

1. 打开对称密钥：

OPEN SYMMETRIC KEY Sym＿Gy

DECRYPTION BY CERTIFICATE Cert＿Gy

With PASSWORD ＝ ´guoHK. 123´

2. 从数据库的表中读取数据解密：

select

AdminID，

cast（decryptbykey（AdminName）as varchar（20））as AdminName，

cast（decryptbykey（AdminPWD）as varchar（20））as AdminPWD，

AdminPower

from Admin

3. 关闭 Sym＿Demo 对称密钥：

CLOSE SYMMETRIC KEY Sym＿Gy

执行数据解密操作，结果如图 10 - 18 所示。

	AdminID	AdminName	AdminPWD	AdminPower
1	1	商家奇奇	55XZV543	0
2	2	商家丽丽	334LL%43	0

图 10 - 18　解密查看结果

通过对敏感的数据进行加/解密操作，有效地降低了数据被篡改和窃取的可能性，进一步保证了数据的安全性。

第六节　网站数据库的管理安全

为了防止数据库由于意外而导致数据错误或者不可恢复，采用备份和恢复技术来还原数据库是必要的措施。

一、数据库备份恢复策略

数据库备份包括完整数据库备份、差异数据库备份、事务日志备份及文件和文件组备份等几种方式。CtoC 商务网站的每一笔交易信息都是重要的，因此，根据数据库的保护级别和要求，需采用完整数据库备份结合差异数据库备份的策略。完整数据库备份的特点在于能重建数据库的所有数据，但执行一次备份却非常耗时，并会降低数据库的执行性能，不适合频繁地执行完整数据库备份。差异数据库备份只能够存储在上一次完整备份之后发生改变的数据，因此，适合频繁备份数据库的改变部分。在本商务网站中，数据库备份策略如图 10 - 19 所示。

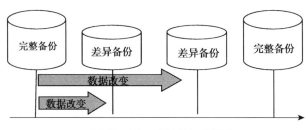

图 10 - 19　数据库备份策略

二、数据库备份与恢复

（一）数据库备份

差异备份必须依赖完整备份，因此，先进行完整备份，然后进行差异备份。在备份之前 SQL Server 需要事先设置备份类型，依据备份类型的不同对数据库进行不同的配置。同时，备份的保存位置也需要指定，一般我们将备份存放到专门的备份设备上，如磁盘阵列等，如图 10 - 20 所示。具体操作如下：

1. 选择"数据库" | "CtoC"节点，右键点击选择"任务" | "备份"选项。

2. 在"选择页" | "常规"中选择"备份类型"为"完整"。在"名称"中输入你要的备份集名称。在"备份到"里可以添加一个外部存储设备备份名"CtoCFull. bak"，将备份的内容保存到此处。

3. 选择"选择页" | "选项"中的"覆盖所有现有备份集"。

代码如下：

```
ALTER DATABASE CtoC
SET RECOVERY SIMPLE；
```

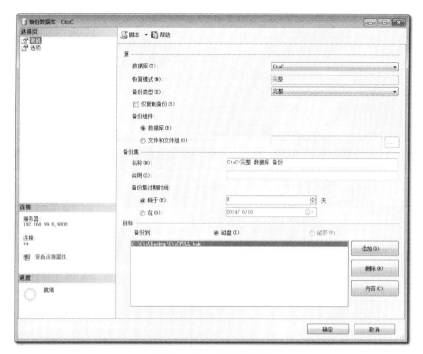

图 10 – 20　备份数据库

GO

BACKUP DATABASE CtoC

TO DISK ＝´F：\ CtoCBackup \ CtoCFull. bak´

WITH INIT

在完整备份完成后，进行差异备份。只需在"备份类型"中选择"差异"，在"备份到"中添加"CtoCDiff. bak"，其他操作和完整备份相同。代码如下：

BACKUP DATABASE CtoC

TO DISK ＝´F：\ CtoCBackup \ CtoCDiff. bak´

WITH DIFFERENTIAL ，INIT

GO

（二）数据库恢复

在使用"简单备份策略"即完整备份结合差异备份后，可以在需要时进行数据还原，还原时先进行完整备份还原，然后进行差异备份还原，如图 10 – 21 所示。具体操作如下：

1. 选择"数据库" | "CtoC"节点，右键点击选择"任务" | "还原" | "数据库"选项。

2. 在"选择页" | "常规"中选择"目标数据库"为"CtoC"，"源数据库"为"CtoC"后，在"选择用于还原的备份集"中选中完整和差异备份的数据库还原。

代码如下：

```
RESTORE DATABASE CtoC FROM DISK = ´F：\ CtoCBackup \ CtoCFULL.
BAK´, DISK = F：\ CtoCBackup \ CtoCDIFF. bak´WITH FILE = 1, NORECOVERY
GO
RESTORE DATABASE CtoC FROM DISK = ´F：\ CtoCBackup \ CtoC-
FULL. BAK´, DISK = ´F：\ CtoCBackup \ CtoCDIFF. bak´WITH FILE = 2
```

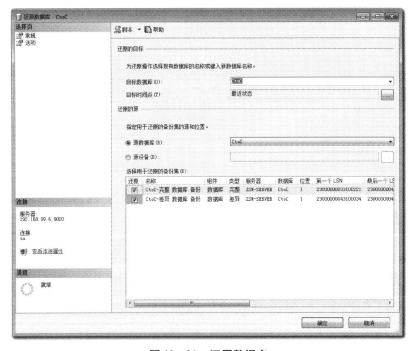

图 10 - 21　还原数据库

备份数据库，通常在夜间并且需要经常进行，通过人工完成不现实。因此，可以通过任务计划来完成。SQL Server 内建一个任务计划软件 SQL Server Agent server，通过使用该软件可以定时自动运行备份恢复策略。

可信计算技术介绍

☞ 【学习目的与要求】

了解可信计算的概念、可信计算研究方面的关键技术以及国内外发展状况、发展趋势。

一、概述

可信计算其实是一个十分广义的概念，指的是一个可信赖的执行环境。可信计算技术通过在计算机中嵌入可信平台模块硬件设备，提供秘密信息硬件保护存储功能；通过在计算机运行过程中各个执行阶段（BIOS、操作系统装载程序、操作系统等）加入完整性测量机制，建立系统的信任链传递机制；通过在操作系统中加入底层软件，提供给上层应用程序调用可信计算服务的接口；通过构建可信网络协议和设计可信网络设备实现网络中终端的可信接入问题。由此可见，可信计算技术从计算机系统的各个层面进行了安全增强，提供了比以往任何安全技术更加完善的安全防护功能，可信计算这个概念的应用范畴已经包含从硬件到软件，从操作系统到应用程序，从单个芯片到整个网络，从设计过程到运行环境等各个方面。随着网络的发展、计算的普及、计算环境的多元化，可信计算已经被提到空前的高度，引起了整个军事领域、学术界和产业界的高度关注。

二、"可信计算"（Trusted Computing）概念的提出

1999 年，由 Intel、惠普、康柏、微软、IBM 等业界大公司牵头，成立了可信计算平台联盟（TCPA），并提出了"可信计算"（Trusted Computing）的概念，其主要思路是提高现有 PC 终端体系结构的安全性，并将其推广为工业

规范，利用可信计算技术来构建通用的终端硬件平台。"可信计算"的概念由 TCPA 提出，但对其并没有一个明确的定义，而且联盟内部的各大厂商对"可信计算"的理解也不尽相同。其主要思路是在 PC 机硬件平台上引入 TPM 架构，通过其提供的安全特性来提高终端系统的安全性。"可信计算"可以从几个方面来理解：用户的身份认证，这是对使用者的信任；平台软硬件配置的正确性，这体现了使用者对平台运行环境的信任；应用程序的完整性和合法性，体现了应用程序运行的可信；平台之间的可验证性，指网络环境下平台之间的相互信任。2003 年 4 月，TCPA 改组为可信计算组织（Trusted Corrputing Group，TCG），成员也扩大为 200 多个，遍布全球各大洲。其目的是在计算和通信系统中广泛使用基于硬件支持下的可信计算平台，以提高整体的安全性。TCG 将 IBM 的 TPM 技术（Trusted Platform Module，简称为：TPM，即可信平台模块）作为它硬件安全的标准，并于 2003 年颁布了 TCPA/TCG 1.1b 规范，2003 年 11 月 TCG 发布了 1.2 版 TCG/TCPA 规范。TCG 已经发布的规范还包括 TPM 1.2 规范、PC 机实现规范、软件栈规范、PC 客户端 TPM 接口规范、可信服务器规范以及可信网络连接规范等规范。TCG 还发布了基于完整性的网络访问控制公开准则和确保端点完整性的可信网络连接等白皮书。目前 TCG 正在开发可信存储规范、移动设备规范以及外围设备规范。

三、可信计算技术的特征

与传统的安全技术相比，可信计算技术具有以下三个显著的功能特性：

（一）保护存储（Protected Storage）

保护存储一方面通过嵌入的硬件设备保护用户特定的秘密信息（如终端平台身份信息、密钥等），防止通过硬件物理窥探等手段访问密钥等信息；另一方面完成硬件保护下的密钥生成、随机数生成，hash 运算、数字签名以及加解密操作，为用户提供受保护的密码处理过程。

（二）认证启动（Authenticated Boot）

可信计算技术利用完整性测量机制完成计算机终端从加电到操作系统装载运行过程中各个执行阶段（BIOS、操作系统装载程序、操作系统等）的认证。当低级别的节点认证到高一级的节点是可信的时，低级别节点就会把系统的运行控制权转交给高一级节点，这种信任链传递机制，可以保证终端始终处于可信的运行环境中。

（三）证明（Attestation）

证明是保证信息正确性的过程。在网络通信中，计算机终端基于数字证书机制可以向要通信的对方证明终端当前处于一个可信的状态，同时说明本机的配置情况。如果通信双方都能证明彼此信息的有效性，则可以继续进行通信，否则服务中断。

基于以上三个功能特性，可信计算技术可以对主机实施有效的安全防护，保护计算机及网络系统的安全运行，从而向用户提供一个可信的执行环境。

四、可信计算关键技术

根据目前 TCG 已经发布的规范，可信计算涉及的关键技术和热点技术在硬件层主要是 TPM 的设计技术；在 BIOS 层主要包括 CRTM（Core Root of Trust for Measurement，简称 CRTM，即度量信任根核）、MA \ MP 驱动的设计技术；在操作系统上主要是可信软件栈的设计技术以及应用层的可信网络连接技术。通过这些关键技术的设计，最终建立可信计算机的信任链传递机制。

（一）信任链传递技术

关于信任链传递技术工作原理，TCG 认为如果从一个初始的"信任根"出发，在计算机终端平台计算环境的每一次转换时，如果这种信任状态可以通过传递的方式保持下去不被破坏，那么平台上的计算环境始终是可信的，在可信环境下的各种操作也不会破坏平台的可信，平台本身的完整性得到保证，终端安全也就得到了保证，这就是信任链的传递机制。可信计算机的信任根是由度量信任根核（CRTM，BIOS 的一部分）和 TPM 共同组成的。对平台的信任是基于 TPM 和 CRTM 的可信性，信任传递是信任根给第二组函数的可信性描述，基于这一描述，访问实体来确定对这组函数的信任程度，如果访问实体认为这组函数的可信等级是可以接受的，信任边界就从信任根扩展到包含这组函数。这一过程可以循环进行，第二组函数可以给出第三组的可信性描述，这样就将信任扩展到整个平台，并进一步扩展到网络上的其他平台。信任传递用来提供平台特征的一个可信性描述。

在平台复位时的 CRTM 获得可信构建块（由 TPM、CRTM 与 TPM 的连接、TPM 与主板的连接构成）的控制权，在传输控制权之前，可信构建块必须对它将要传输给控制权的实体进行度量，这种度量就是对安全计算机完整性的一种度量。

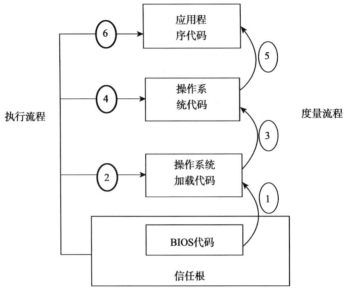

图 11-1 信任传递过程

图 11-1 是应用于从一个信任根开始系统引导的信任传递过程。在每次扩展可信边界时，执行控制权移交之前都要进行目标代码的度量。通过构建信任链传递机制，使得各个环境的安全性得以保证，从而整个平台的安全性得以保证。

（二）信任传递流程

在平台初始化过程中，平台的执行从 CRTM 开始，CRTM 是平台初始化代码中不变的部分，对所有度量的信任基于这个组件的完整性，CRTM 的执行日志将会被记录到 TPM 的平台配置寄存器中来验证其完整性。首先 CRTM 记录其自身版本标识，然后将对其传递给控制权的代码进行度量，最后对物理绑定在主板上的固件、ACPI flash 数据、BIS 代码的完整性进行度量，如果度量未通过则平台复位；如果度量通过 BIOS 将进行主板配置信息的度量，主板配置信息包括硬件组件以及它们的配置，此时对 ESCD、CMOS、其他 NVRAM 数据以及用户口令进行度量；如果度量通过将由 BIOS 对可选 ROM 代码进行度量，这些可选 ROM 物理包含在主板上，并与附加卡相对应，任何应用程序对可选 ROM 代码作出的修改都必须重新度量，否则平台复位，可选 ROM 都被度量并执行以后，由可选 ROM 对平台安全性相关的配置和数据进行度量；如果度量通过，可选 ROM 将控制权交还给 BIOS，BIOS 将对每个初始程序加载代码进行度量；BIOS 完成初始化以及平台硬件测试后将信任传递给操作系统，在这个阶段平台将传递信任根，BIOS 会将信任链传递给 MBR，然后 MBR 保存信任链并将信任传递给操作系统，将 TPM 的控制权移交给操作系统后，操作系统会加载可信计算软件栈来访问 TPM，同时关闭 BIOS 对 TPM 的支持，这样就完成了开机启动过程中整个信任链的传递。

（三）TPM 设计技术

TPM 是一个密码芯片硬件装置，它储存了独特的平台信息和加密钥匙，并包括了一个用于加密算法的随机数发生器。它为安全可信计算提供硬件保护，能够提供以下主要安全功能：

1. 受保护的密码处理过程：硬件保护下的密钥生成、随机数生成、hash 和数字签名操作以及加解密操作。

2. 受保护的存储：提供安全封闭式空间来存储信息，对敏感数据进行硬件保护存储。

3. 平台认证：TPM 包含一个密码学上唯一的值，这个值只在平台所有者的控制下被用来生成平台别名 ID 以提供对可信平台身份的认证。

4. 平台可信状态：具有对平台可信状态证明的通信能力。

5. 存储和报告数据完整性测量结果。

6. 初始化和管理功能。

TPM 的实现可以在硬件或软件中完成。

（四）可信软件栈设计技术

可信计算软件栈由内核层、系统服务层和用户程序层三部分组成，其中内核层的核心软件是可信设备驱动模块，系统服务层的核心软件是可信设备驱动库模块和可信计算服务模块，而用户层的核心软件则是可信服务提供模块。各层次模块的结构和功能如下：

1. 可信设备驱动模块：直接驱动 TPM 的软件模块。

2. 可信设备驱动库模块：是可信计算服务模块与运行在核心的可信设备驱动模块之间的中间模块，其提供的用户模式接口用来完成用户模式和内核模式的转换。该模块向上提供了独立于操作系统的编程接口，可以保证可信计算软件栈中不同的软件实现实体正确的和任意的可信设备操作。

3. 可信计算服务模块：对一个平台上的所有可信服务提供模块一组通用的服务。

4. 可信服务提供模块：是可信计算软件栈提供给应用程序的最高层 API

函数，可以向应用程序提供 C 语言编程接口，负责在应用程序中运行研 M 提供的可信运算功能。可信计算软件栈框架最下层是 TPM 的硬件装置，它经由 TPM 设备驱动库来访问。应用程序可以通过加密 AFI（MS. CAP19）标准接口或者是通过直接执行可信软件栈的通信接口来使用 TFM。可信计算软件栈为 TPM 提供支持函数。一些超出了 TPM 硬件范围的函数和服务通过主 CPU 和系统内存进行传输。可信计算软件栈提供必要的软件结构来支持从 TPM 中将安全功能下载到主 CPU 和系统内存资源中。

（五）可信网络连接技术

可信网络连接包括可信协议、可信构件及可信连接接口。

1. 可信协议：可信协议部署在当前网络协议的不同层次，用来实现网络环境中终端平台间的相互通信。

2. 可信构件：可信构件包括防病毒构件、防火墙构件、系统补丁管理构件和系统完整性测量构件，其分布在终端系统和服务器中，负责收集系统硬件和软件的配置信息，并通过终端可信代理软件将这些信息提供给服务器。

3. 可信连接接口：包括终端安全代理软件之间、终端主机、网络设备及策略服务器之间的接口等，用于完成可信信息的交换。可信网络连接的框架如图 11 - 2 所示，客户端访问请求端点向服务器端发出访问请求，服务器端根据设定的访问策略决定是否允许客户端接入网络，并且由策略执行端的网络设备执行允许客户端接入网络或拒绝客户端接入网络的决定。

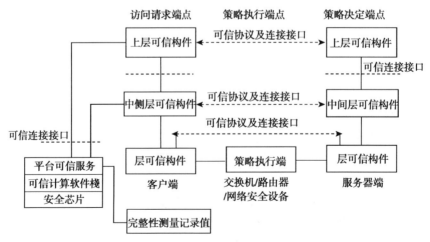

图 11 - 2 可信网络连接的框架

随着可信计算技术的日益成熟，TCG 的一些规范已经逐步推广为工业标准，未来几年内不包含可信计算技术的计算机产品将没有市场，可信计算也将成为计算机领域研究的新热点，其中关键技术的攻克将给计算机带来较强的安全防护能力。因此，我们需要在可信计算的各个领域展开研究，尤其是在国际上刚刚起步的可信网络连接技术、可信 BIOS 的设计技术等领域的研究都有很大的发展空间的情况下，掌握 TPM 设计方面的核心设计技术，并抓住可信计算发展的良好契机，大力推动我国自主的可信计算标准制定工作，以求对国际可信计算发展方向起到引领作用。对此，我们的学习目的与要求是，了解信息系统面临的安全风险，了解信息安全风险国际与国内的相关评估标准，以及在技术和管理两方面对信息安全管理的思路。

五、有关可信计算的国内外现状及发展趋势

(一) 国外现状

许多国外大公司推出了符合可信计算规范的 TPM、可信 PC 等。如 Atmel、Broadcom、Infmeon、National Semiconductor 等公司都已经设计出符合 M1.2 规范、面向 PC 和其他嵌入式系统的 TPM，VeriSign、Wave Systems、Phoenix Technologies 等公司为其提供软件和应用程序，这些软件可利用 TPM 来帮助管理文件、私人信息、密钥传递、智能签名等。针对可信计算 (Trusted Computing) 几大公司都推出了自己的计划，如 IBM、Intel 将安全加进芯片中，如 mM 的 ThinkPad，Intel 的 "LaGrande" 技术；微软将安全技术加进操作系统中，如微软早先的 Palladium (幸运女神) 计划和今天的 NGSCB (NextGeneration Secure Computing Base，下一代安全计算基础)，以及微软下一代 Windows 操作系统——代号 "Vista"，它在可信计算方面进行了增强。Vista 是第一个彻底地在核心层设计安全和可信计算的操作系统；BIOS 厂商 Phoenix 的 CME (Core Management Environment，核心管理环境) 将安全保护驻留在 PC 硬件驱动上的一个受保护域中。国内外关于可信网络互联技术的研究工作刚刚起步。在病毒日趋泛滥、网络攻击事件不断发生的情况下，网络信息安全产品正在从 "孤立的产品形式" 向 "集中管理形式" 逐步过渡，各种安全技术逐步融合，从架构体系的角度出发，基于可信计算技术研究的可信网络协议、可信网络设备及相关软件已经引起国内外网络安全厂商的高度重视，各安全厂商都分别推出了各自的可信网络架构技术。代表性的有可信计算组织 TCG 的 TNC 技术、思科的 NAC 技术和微软的 NAP 技术。

（二）国内现状

目前国内一些计算机研究机构，如北京计算机技术及应用研究所（即航天二院 706 所）在"十一五"期间也开展了可信计算技术和 TCG 规范的初步研究。北京大学贝尔联合实验室也开始致力于研究 Internet 环境下的软件可信性保障技术，其研究的内容包括：如何定义可信计算、如何定位可信保障、如何提供可信保障等。武汉大学以及武汉瑞达科技有限公司等单位联合推出安全计算机。同 TCG 的思路比较相似，瑞达提出的技术框架也是通过在主板上增加安全控制芯片来增强平台的安全性。联想是率先加入 TCG 的国内厂家，2005 年 4 月 11 日，联想集团在京发布了国内第一款在国家密码管理局立项、并由企业自主研发成功的安全芯片"恒智"。这款芯片的技术特性主要有：通过完整性度量建立自身免疫系统、唯一主机平台身份识别、硬件级的密钥保护。兆日科技于 2005 年初发布了一款完全遵照 TCG 标准制作的 TPMmM）。此模块已获得国家密码管理委员会的认证，其编号为 SSX35。清华同方、方正以及长城推出的"安全 PC"都采用了兆日科技的 SSX35 安全芯片和解决方案。

（三）发展趋势

TCG 的成立，标志着可信计算从学术界进入产业界，可信计算的一些规范也在逐渐地推广为工业标准。越来越多的研究机构、国际化的大公司都积极参与到可信计算组织内，从芯片、处理器、主板、存储设备、输入输出设备到网络各方面都在不断地增强系统的安全功能，使得可信计算技术日益成熟，由最初概念上的研究发展到现在许多可信计算产品的出现。根据权威市场预测机构预测，可信计算市场需求量将猛增，到 2007 年底，可信计算台式机和可信计算笔记本的出货量将达到台式机和笔记本总出货量的 50% 以上。为了满足国内迅速增长的可信计算市场需求，使国产可信计算产品占据国内可信计算市场的主导地位，我国的标准化组织也在积极地推动我国自主的可信计算标准的建立，目标是将国产可信计算机在国家重要的政治、经济部门及国防、军队中得到应用和推广，提高国产可信计算产品的市场竞争力，更好地保障我国信息安全。

第四部分　信息安全管理实务

学习单元 12

信息安全管理体系概述

☞ 【学习目的与要求】

通过本单元的学习，了解什么是信息安全管理体系及建立信息安全管理体系的意义。

伴随着我国各行业信息系统建设的持续发展，信息化基础设施不断完善，网络技术应用全面提升，核心业务系统功能不断增强。然而许多企业还存在着信息安全管理体系不健全、信息安全技术水平落后、信息安全运维能力薄弱等不足，加强信息安全管理体系构建已成为许多企业面临的紧要问题。信息安全技术已在本书前面部分涉及，本学习单元主要叙述构建信息安全管理体系的相关问题。

一、什么是信息安全管理体系

信息安全管理体系 ISMS（Information Security Management Systems）是组织在整体或特定范围内建立信息安全方针和目标，以及完成这些目标所用方法的体系。它是基于业务风险方法，来建立、实施、运行、监视、评审、保持和改进组织的信息安全系统，其目的是保障组织的信息安全。它是直接管理活动的结果，表示为方针、原则、目标、方法、过程、核查表（Checklists）等要素的集合，是涉及人、程序和信息技术（Information Technology）的系统。

二、建立信息安全管理体系的意义

任何组织，不论它在信息技术方面如何努力以及采纳如何新的信息安全技术，实际上它在信息安全管理方面都还存在漏洞，例如：

1. 缺少信息安全管理论坛，安全导向不明确，管理支持不明显；

2. 缺少跨部门的信息安全协调机制；

3. 保护特定资产以及完成特定安全过程的职责还不明确；

4. 雇员信息安全意识薄弱，缺少防范意识，外来人员很容易直接进入生产和工作场所；

5. 组织信息系统管理制度不够健全；

6. 组织信息系统主机房安全存在隐患，如：防火设施存在问题，与危险品仓库同处一幢办公楼等；

7. 组织信息系统备份设备仍有欠缺；

8. 组织信息系统安全防范技术投入欠缺；

9. 软件知识产权保护欠缺；

10. 计算机房、办公场所等物理防范措施欠缺；

11. 档案、记录等缺少可靠贮存场所；

12. 缺少发生意外时的保证生产经营连续性的措施和计划等。

以上信息管理方面的漏洞以及经常见诸报端的种种信息安全事件表明，任何组织都急需建立信息安全管理体系，以保障其技术和商业机密，保障信息的完整性和可用性，最终保持其生产、经营活动的连续性。

组织可以参照信息安全管理模型，按照先进的信息安全管理标准 ISO 27001 标准建立组织完整的信息安全管理体系并实施与保持，达到动态的、系统的、全员参与的、制度化的、以预防为主的信息安全管理方式，用最低的成本，使信息风险的发生概率和结果降低到可接受水平，并采取措施保证业务不会因风险的发生而中断。

组织建立、实施与保持信息安全管理体系将会：

1. 强化员工的信息安全意识，规范组织信息安全行为；

2. 对组织的关键信息资产进行全面系统的保护，维持竞争优势；

3. 在信息系统受到侵袭时，确保业务持续开展并将损失降到最低程度；

4. 使组织的生意伙伴和客户对组织充满信心。

学习单元 13

信 息 安 全 管 理 体 系 构 建

☞ 【学习目的与要求】

通过本单元的学习，了解如何构建信息安全管理体系。

一、构建信息安全管理体系的步骤

构建信息安全管理体系（ISMS）不是一蹴而就的，也不是每个企业都使用一个统一的模板，不同的组织在建立与完善信息安全管理体系时，可根据自己的特点和具体情况，采取不同的步骤和方法。但总体来说，建立信息安全管理体系一般要经过以下几个主要步骤：

（一）信息安全管理体系策划与准备

策划与准备阶段主要是做好建立信息安全管理体系的各种前期工作。内容包括教育培训、拟定计划、安全管理发展情况调研，以及人力资源的配置与管理。

（二）确定信息安全管理体系适用的范围

信息安全管理体系适用的范围就是需要重点进行管理的安全领域。组织根据自己的实际情况，既可以在整个组织范围内，也可以在个别部门或领域内实施。在本阶段的工作中，应将组织划分成不同的信息安全控制领域，这样做易于组织对有不同需求的领域进行适当的信息安全管理。在定义适用范围时，应重点考虑组织的适用环境、适用人员、现有 IT 技术、现有信息资产等。

（三）现状调查与风险评估

依据有关信息安全技术与管理标准，对信息系统及由其处理、传输和存储的信息的机密性、完整性和可用性等安全属性进行调研和评价，评估信息资产面临的威胁以及其导致安全事件发生的可能性，并结合安全事件所涉及的信息资产价值来判断一旦发生安全事件对组织造成的影响。

（四）建立信息安全管理框架

建立信息安全管理体系要规划和建立一个合理的信息安全管理框架，要从整体和全局的视角，从信息系统的所有层面进行整体安全建设，从信息系统本身出发，根据业务性质、组织特征、信息资产状况和技术条件，建立信息资产清单，进行风险分析、需求分析和选择安全控制，准备适用性声明等，从而建立安全体系并提出安全解决方案。

（五）信息安全管理体系文件编写

建立并保持一个文件化的信息安全管理体系是 ISO/IEC 27001：2005 标准的总体要求，编写信息安全管理体系文件是建立信息安全管理体系的基础工作，也是一个组织实现风险控制、评价和改进信息安全管理体系、实现持续改进不可少的依据。在信息安全管理体系建立的文件中应该包含有：安全方针文档、适用范围文档、风险评估文档、实施与控制文档、适用性声明文档。

（六）信息安全管理体系的运行与改进

信息安全管理体系文件编制完成以后，组织应按照文件的控制要求进行审核与批准并发布实施，至此，信息安全管理体系将进入运行阶段。在此期间，组织应加强运作力度，充分发挥体系本身的各项功能，及时发现体系策划中存在的问题，找出问题根源，采取纠正措施，并按照更改控制程序的要求对体系予以更改，以达到进一步完善信息安全管理体系的目的。

（七）信息安全管理体系审核

体系审核是为获得审核证据，对体系进行客观的评价，以确定满足审核准则的程度所进行的系统的、独立的并形成文件的检查过程。体系审核包括内部审核和外部审核（第三方审核）。内部审核一般以组织名义进行，可作为组织自我合格检查的基础；外部审核由外部独立的组织进行，可以提供符合要求 ISO27001 的认证或注册。

二、信息安全管理体系认证步骤

如果考虑认证过程，其详细的步骤如下：

1. 现场诊断；

2. 确定信息安全管理体系的方针、目标；

3. 明确信息安全管理体系的范围，根据组织的特性、地理位置、资产和技术来确定界限；

4. 对管理层进行信息安全管理体系基本知识培训；

5. 信息安全体系内部审核员培训；

6. 建立信息安全管理组织机构；

7. 实施信息资产评估和分类，识别资产所受到的威胁、薄弱环节和对组织的影响，并确定风险程度；

8. 根据组织的信息安全方针和需要的保证程度，通过风险评估来确定应实施管理的风险，确定风险控制手段；

9. 制定信息安全管理手册和各类必要的控制程序；

10. 制定适用性声明；

11. 制定商业可持续性发展计划；

12. 审核文件、发布实施；

13. 体系运行，有效地实施选定的控制目标和控制方式；

14. 内部审核；

15. 外部第一阶段认证审核；

16. 外部第二阶段认证审核；

17. 颁发证书；

18. 体系持续运行或年度监督审核；

19. 复评审核（证书 3 年有效）。

学习单元 14

某银行业信息安全管理体系建设实例

☞ 【学习目的与要求】

通过对本实例的学习，了解如何构建信息安全管理体系。

由于银行业信息的重要性和特殊性，各银行对信息安全的重视程度不断提高，银行业信息安全建设已逐渐成为银行业信息化发展的基础和保障。银行业信息安全管理体系（Information Security Management System，简称 ISMS）的内容及其应用已成为我国银行业科技工作的重中之重。

第一节　某银行业信息安全管理体系建设流程

一、信息安全管理体系的建立

ISO/IEC 27001：2005 标准用于为建立、实施、运行、监视、评审、保持和改进 ISMS 提供模型。该标准采用了 PDCA 循环模型，该模型可应用于所有的 ISMS 过程。图 14 - 1 说明了 ISMS 如何把相关方的信息安全要求和期望作为输入，并通过必要的行动和过程，产生满足这些要求和期望的信息安全结果。

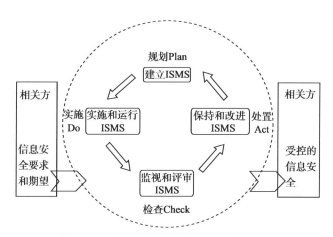

图 14 - 1　应用于 ISMS 的 PDCA 循环模型

（一）定义 ISMS 的范围和边界

银行可根据自身业务的特点、组织结构、位置、资产和技术，确定 ISMS 的范围和边界，包括对此范围例外的对象作出详细和合理的说明。

1. 定义责任范围。可以通过调研组织的管理结构、部门设置和岗位责任等，界定 ISMS 的责任边界。同时要考虑到以下内容：受影响的不止内部相关部门，还可能有外部相关方；负责 ISMS 的领导应基本上与受影响范围的负责人一致，如果信息系统的责任部门不止一个，那么应该由更高一层的领导来负责协调；必须能够在定义的范围内实现 ISMS 的 PDCA 循环。

2. 定义物理范围。物理边界的定义包括识别应属于 ISMS 范围的组织内的建筑物、场所或设施等。同时还要考虑到移动访问、远程设施、签署的第三方服务、无线网络等。

3. 完成范围概要文件。描述 ISMS 范围和边界的文件应包含业务特性、关键业务过程列表、组织结构文件、场所和楼层位置图、网络拓扑、设备部署、处理的信息资产、对 ISMS 范围进行删减的合理性说明等。

（二）确定 ISMS 方针

信息安全方针是组织总体方针的一部分，是保护敏感、重要或有价值的信息应该遵守的基本原则。

1. 制定 ISMS 方针的过程如下：根据业务要求，建立 ISMS 的目标；考虑业务要求、法律、法规和政策要求的安全义务；在组织的战略性风险管理环境下，建立和保持 ISMS；建立风险评价的准则；阐明高层领导的责任，以确保满足信息安全管理的需要；获得管理者的批准。

2. 准备 ISMS 方针文件。ISMS 方针文件应易于理解，并及时传达给 ISMS 范围内的所有用户。

（三）进行业务分析

在定义了 ISMS 范围和方针后，需要进行业务分析，以确定组织的安全要求。

1. 定义基本安全要求。包括如下内容：确认组织的信息安全目标，并识别所确认的目标对未来信息处理要求的影响；识别 ISMS 范围内的主要业务、流程和功能；识别当前应用系统、通信网络、活动场所和 IT 资源等；识别关键信息资产及其在保密性、完整性和可用性方面的保护；识别所有基本要求（例如法律、法规、政策、标准、业务要求、行业标准、供应商协议、保险条件等）。

2. 建立信息资产清单。信息资产清单的建立可以用不同的方法完成。比如可以按照资产分类的方法识别并进行统计，即遵循信息分类方案，然后统计 ISMS 范围内的所有资产，插入资产列表；也可以把业务流程分解成组件，并由此识别出与之联系的关键资产，按照这个过程产生资产列表。在实际工作中，可以将两种方法结合使用。

（四）信息安全风险管理

信息安全风险管理是实施 ISMS 过程中重要的一部分，整个体系的设计和实施都把风险评估的结果作为依据之一。

1. 确定风险评估方法。风险评估有不同的方法，在选择时需要注意：识别适合 ISMS、已识别的业务信息安全和法律法规要求的风险评估方法；制定接受风险的准则，识别可接受的风险级别；选择的风险评估方法应确保风险评估产生可比较的和可再现的结果。

2. 信息安全风险评估。信息安全风险评估具体步骤至少应该包括以下六个方面：识别 ISMS 范围内的资产及其责任人；识别资产所面临的威胁；识别可能被威胁利用的脆弱点；识别目前的控制措施；评估由主要威胁和脆弱性导致安全失误的可能性；识别丧失保密性、完整性和可用性可能对资产造成的影响。

按照确定的风险评估方法进行风险评估时，应确定清晰的范围，该范围应与 ISMS 的范围保持一致。风险评估的参与人员不但要包括信息安全方面的专家，也应该包括业务方面的专家，如条件允许，还可聘请外部专家。

GB/T 20984 – 2007《信息安全技术 信息安全风险评估规范》是目前国内唯一关于信息安全风险评估的国家标准，其中给出了风险评估实施流程，如图 14 – 2。

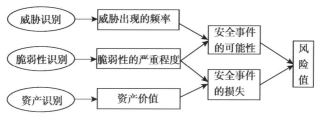

图 14 – 2　风险评估实施流程图

3. 信息安全风险处置。对于识别出的安全风险应予以处理，可以采用以下方式：风险减缓，即采用适当的控制措施来降低风险；风险接受，在明显满足组织方针策略和接受风险准则的条件下，有意识地、客观地接受风险；风险规避，在可能的情况下，避免某些特殊风险；风险转移，将相关业务风险转移到其他地方，如保险公司或供应商等。

在选择风险控制措施时应考虑到组织的目标、法律法规、政策和标准的要求和约束、信息系统运行的要求和约束、成本效益等。

（五）体系设计

1. 设计安全组织机构。信息安全组织机构一般包括信息安全领导小组、信息安全工作组、信息联系人、专家与外部顾问等。

2. 设计信息安全培训。为了能够有效执行安全控制措施，员工应具备必要的基本技能和实践实施技能；应具备安全管理机制的设计和运作的知识；应理解安全控制措施和目标。

3. 设计风险控制措施的实施。针对控制目标和控制措施，应该制定相应的实施计划，实施计划应包括：负责控制措施的实施人员和责任；被实施的控制措施的优先级；处理风险的对策；实施控制措施的任务或活动；实施控制措施的时间要求；控制措施实施完成后，应报告的人员；实施资源（人力、资源要求、费用等）。

4. 设计监视和测量。为保持信息安全的级别，应正确应用已被识别的信息安全控制措施，及时检测并解决安全事件，定期监视 ISMS 的执行情况。从信息安全角度看，应包括检查技术方面的控制措施和管理方面的控制措施是否符合要求。

监视是一个持续的过程，因此，设计时应考虑监视过程的建立以及设计实际监视的需要和活动。测量过程应与组织的 ISMS 周期紧密结合，测量程序应能不断改进与组织或项目的安全相关的过程和结果。管理者应参与整个测量过程，实施测量过程时管理者应确认测量的要求、提供所需要的信息、提供测量工作的相关保障。设计测量程序时必须考虑测量范围、测量要点、测量执行、测量周期、测量报告等。

5. 设计内部 ISMS 审核。应按照计划的时间间隔进行内部 ISMS 审核，以确定 ISMS 的控制目标、控制措施、过程和程序是否符合标准和相关法律法规的要求；是否符合已经确定的信息安全要求；是否得到有效的实施和保持；是否按照预期执行。

应该在考虑拟审核的过程与区域的状况和重要性以及以往的审核结果的情况下制定审核方案。方案应规定审核的准则、范围、频次和方法。审核员的选择和审核的实施应确保审核过程的客观性和公正性。审核员不应该审核自己的工作。

6. 设计 ISMS 管理评审。管理者应按计划的时间间隔（至少每年一次）评审组织的 ISMS，以确保其具有持续的适宜性、充分性和有效性。评审应包括评估 ISMS 改进的机会和变更的需要，包括信息安全方针和信息安全目标。评审的结果应清晰地形成文件，记录应加以保存。

二、信息安全管理体系的实施

ISMS 的实施包括以下内容：

1. 为管理信息安全风险确定适当的管理措施、资源、职责和优先顺序。

2. 实施风险处理计划以达到确定的控制目标，包括资金安排、角色和职责的分配。

3. 实施风险控制措施，以满足控制目标。

4. 确定测量所选择的控制措施或控制措施集的有效性，并指明如何用来评估控制措施的有效性，以产生可比较和可再现的结果。

5. 实施管理培训和意识教育计划。

6. 管理 ISMS 的运行。

7. 管理 ISMS 的资源。

8. 实施能够迅速检测安全事件和响应安全事故的程序和其他控制措施。

实施 ISMS 需要一段时间，而且此过程很可能有变更。成功实施 ISMS 必须具有处理变更的能力，并且能够针对变更作出适当的调整，如果产生很大影响应报告给管理者。典型的变更包括组织内的变更、技术环境的变更、法律法规和政策的变更。重要的不是在实施流程中作较大的变更，而是要知道许多变更都可能影响初始决定的范围和目标以及所选的控制目标。

三、信息安全管理体系的监视和评审

（一）监视和评审 ISMS 的目的

监视和评审 ISMS 的目的主要包括以下几点：迅速检测过程运行结果中的错误；迅速识别试图和正在发生的安全违规和事故；管理者确定分配给人员的安全活动或通过信息技术实施的安全活动是否被如期执行；通过使用指标，帮助检测安全时间并预防安全事故；确定解决安全违规的措施是否有效。

（二）监视和评审 ISMS 的内容

1. 在考虑安全审核结果、事故、有效性测量结果、所有相关方的建议和反馈的基础上，进行 ISMS 有效性的定期评审，包括满足 ISMS 的方针和目标以及安全控制措施的评审。

2. 测量控制措施的有效性，验证安全要求是否被满足。

3. 按照预定的时间间隔进行风险评估的评审，以及对残余风险和已确定的可接受的风险级别进行评审。

4. 按计划的时间间隔对 ISMS 进行内部审核。

5. 定期对 ISMS 进行管理评审，以确保 ISMS 范围全面，ISMS 过程的改进得到识别。

6. 考虑监视和评审活动的结果，以更新安全计划。

7. 记录可能影响 ISMS 有效性或执行情况的措施和事件。

四、信息安全管理体系的保持和改进

应通过使用信息安全方针、安全目标、审核结果、监视事件的分析、纠正和预防措施以及管理评审，来保持和改进 ISMS 的有效性。

1. 实施已知的 ISMS 改进措施。

2. 采取合适的纠正和预防措施。纠正措施是指，应采取措施消除与 ISMS 要求不符合的原因，以防再发生；预防措施是指，应确定措施消除潜在不符合的原因，防止其发生，预防措施应与潜在问题的影响度相适应。

3. 与所有相关方确定沟通措施和改进措施，其详细程度应与环境相适应，并在需要时，商定如何进行。

4. 确保改进达到了预期目标。

第二节　某银行业信息安全管理体系手册

以下是某银行按照 ISO/IEC 27001：2005 标准建设的信息安全管理体系手册。

信息科技部信息安全管理体系手册 A 版

目　录

1. 目的和适用范围 ……………………………………………………………………

2. 引用标准 ……………………………………………………………………………

3. 术语和定义 …………………………………………………………………………

　3.1　定义 ………………………………………………………………………………

　3.2　缩写 ………………………………………………………………………………

4. 信息安全管理体系 …………………………………………………………………

　4.1　总要求 ……………………………………………………………………………

　4.2　建立和管理 ISMS ………………………………………………………………

　　4.2.1　建立 ISMS ……………………………………………………………………

　　4.2.2　ISMS 实施及运作 ……………………………………………………………

　　4.2.3　ISMS 的监督检查与评审 ……………………………………………………

　　4.2.4　ISMS 保持与改进 ……………………………………………………………

　　4.2.5　文件控制 ………………………………………………………………………

　　4.2.6　记录控制 ………………………………………………………………………

5. 管理职责 ……………………………………………………………………………

　5.1　管理承诺 …………………………………………………………………………

　5.2　资源管理 …………………………………………………………………………

　　5.2.1　资源提供 ………………………………………………………………………

　　5.2.2　培训、意识和能力 ……………………………………………………………

6 内部 ISMS 审核 ……………………………………………………………………

　6.1　内部审核程序 ……………………………………………………………………

6.2 内部审核需保留以下记录 ···

7 ISMS **管理评审**···

7.1 总 则 ···

7.2 管理评审的输入 ···

7.3 管理评审的输出 ···

8 ISMS **持续改进**···

8.1 持续改进 ··

8.2 纠正措施 ··

8.3 预防措施 ··

修订历史记录

版本	日期	修订者	修订描述
1.0			

1. 目的和适用范围

目的

为建立、健全 FX 银行信息科技部信息安全管理体系（简称 ISMS），确定信息安全方针和目标，对信息安全风险进行有效管理，确保信息科技部全体员工理解并遵照执行信息安全管理体系文件、持续改进 ISMS 有效性，特制定本手册。

范围

本手册适用于 FX 银行信息科技部（信息科技部位于 FX 银行第八层）安全管理活动。

2. 引用标准

ISO/IEC 27001：2005《信息技术—安全技术—信息安全管理体系—要

求》。

ISO/IEC 27002：2005《信息技术—安全技术—信息安全管理实施细则》。

3. 术语和定义

3.1 定义

本手册中使用术语的定义采用 ISO/IEC 27001：2005《信息技术—安全技术—信息安全管理体系—要求》中的定义。

3.2 缩写

ISMS：Information Security Management Systems 信息安全管理体系。

SoA：Statement of Applicability 适用性说明。

PDCA：Plan、DO、Check、Act。

4. 信息安全管理体系

4.1 总要求

FX 银行信息科技部根据 ISO/IEC 27001：2005 标准在整体业务活动和所面临风险的环境下建立、实施、运行、监视、评审、保持和改进文件化的信息安全管理体系。ISMS 所涉及的过程基于以下 PDCA 模式：

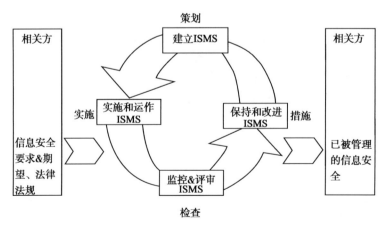

4.2　建立和管理 ISMS

4.2.1　建立 ISMS

4.2.1.1　ISMS 的范围和周界

1）FX 银行主要从事个人服务、企业服务、卡服务等，信息科技部为金融服务提供 IT 基础架构的支持服务，确保整体金融业务过程的有序开展。

2）FX 银行总行信息科技部所有物理区域及人员。

4.2.1.2　根据业务、组织、位置、资产和技术等方面的特性，FX 银行信息科技部在确定 ISMS 方针时，应考虑以下方面的要求：

1）包括设定目标的框架和建立信息安全工作的总方向和原则。

2）考虑业务和法律法规的要求及合同中的安全义务。

3）FX 银行信息科技部在战略性风险管理环境下，建立和保持 ISMS。

4）建立风险评估的准则。

5）信息安全方针设定完成后，应获得管理者的批准。

4.2.1.3　信息安全管理体系方针

增强科技风险意识，提升风险管理水平；

满足监管机构要求，持续履行社会责任。

为满足适用法律法规及相关方需求，使得生产和经营更有效地运行，使得客户信息保存传输更为安全，FX 银行信息科技部依据 ISO/IEC 27001：2005 标准，建立了信息安全管理体系，以保证 FX 银行信息科技部及行内所有有关信息的保密性、完成性、可用性，实现业务可持续发展的目的。FX 银行信息科技部承诺：

1）FX 银行信息科技部建立并完善信息安全管理体系。

2）识别并满足适用法律法规和相关方信息安全要求，充分履行社会责任。

3）对 ISMS 进行测量、监视、评审活动，定期按照事先设定的风险评估准则，对 FX 银行信息科技部进行风险评估、ISMS 评审、采取纠正预防措施，保证体系的持续有效。

4）采用先进有效的设施和技术，处理、传递、存储和保护各类信息，实现信息共享。

5）对 FX 银行信息科技部全体员工，进行持续的信息安全教育和培训，不断增强员工的信息安全意识和能力。

6）制定并保持完善的业务连续性计划，实现可持续发展。

上述方针由 FX 银行信息科技部最高管理者发布，并定期评审其适用性、充分性，在必要时予以修订。

4.2.1.4 风险评估的系统方法

FX 银行信息科技部建立信息安全风险评估控制程序并组织实施。风险评估控制程序包括可接受风险准则和可接受水平，所选择的评估方法应确保风险评估能产生可比较的和可重复的结果。具体的风险评估过程执行《信息安全风险评估控制程序》。

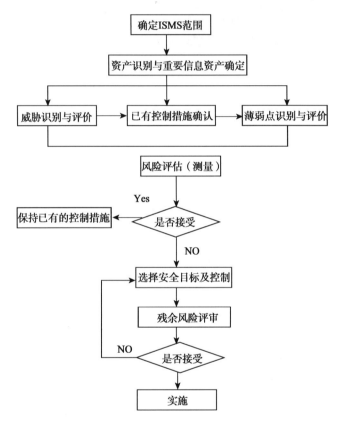

4.2.1.5 风险识别

在已确定的 ISMS 范围内，对所有的信息资产进行列表识别。信息资产包括软件\系统、数据\文档、硬件\设施、人力资源及服务。对每一项信息资产，根据重要信息资产判断依据确定是否为重要信息资产，形成《重要信息资产清单》。

4.2.1.6 评估风险

1）针对每一项重要信息资产，参考《信息安全威胁列表》及以往的安全事故（事件）记录、信息资产所处的环境等因素，识别出所有重要信息资产所面临的威胁。

2）针对每一项威胁，考虑现有的控制措施，参考《信息安全薄弱点列表》识别出被该威胁可能利用的薄弱点。

3）综合考虑以上两点，按照《威胁发生可能性等级表》中的判定准则对每一个威胁发生的可能性进行赋值。

4）根据《威胁影响程度判断准则》，判断一个威胁发生后可能对信息资产在保密性（C）、完整性（I）和可用性（A）方面的损害，进而联系其对信息科技部业务造成的影响，来给威胁影响赋值取 C、I、A 的最大值为威胁影响程度的赋值。

5）风险大小计算要考虑威胁产生安全故障的可能性及其所造成影响程度两者的结合，根据《风险矩阵计算表》来得到风险等级。

6）对于信息安全风险，在考虑控制措施与费用平衡的原则下制定《风险接受准则》，按照该准则确定何种等级的风险为不可接受风险。

4.2.1.7　风险处理方法的识别与评价

FX 银行信息科技部根据风险评估的结果，形成《风险处理计划》，该计划应明确风险处理责任人、方法及时间。

对于信息安全风险，应考虑控制措施与费用的平衡原则，选用以下适当的措施：

a）采用适当的内部控制措施；

b）接受某些风险（不可能将所有风险降低为零）；

c）回避某些风险（如物理隔离）；

d）转移某些风险（如将风险转移给保险者、供方、分包商）。

4.2.1.8　选择控制目标与控制措施

a）信息安全管理委员会根据信息安全方针、业务发展要求及风险评估的结果，制定信息安全目标，将目标进行分解落实到责任人。信息安全目标应获得信息安全最高管理者的批准。

b）控制目标及控制措施的选择原则来源于 ISO/IEC 27001：2005 标准附录 A，具体控制措施可以参考 ISO 27002：2005《信息技术—安全技术—信息安全管理实施细则》。FX 银行信息科技部根据信息安全管理的需要，可以选择标准之外的其他控制措施。

4.2.1.9　适用性声明 SoA

信息科技部负责编制《信息安全按适用性声明》（SoA）。该声明包括以下方面的内容：

a）所选择控制目标与控制措施的概要描述；

b）当前已经实施的控制；

c）对 ISO/IEC 27001：2005 附录 A 中未选用的控制目标及控制措施理由的说明。该声明的详细内容见《信息安全适用性声明》。

4.2.2　ISMS 实施及运作

4.2.2.1　为确保 ISMS 有效实施，对已识别的风险进行有效处理，开展以下活动：

1）形成《风险处理计划》，以确定适当的管理措施、职责及安全控制措施的优先级；

2）为实现已确定的安全目标、实施《风险处理计划》，明确各岗位的信息安全职责；

3）实施所选择的控制措施，以实现控制目标；

4）进行信息安全培训，提高全员信息安全意识和能力；

5）对信息安全体系的运作进行管理；

6）对信息安全所需资源进行管理；

7）实施控制程序，对信息安全事故（或征兆）进行迅速反应。

4.2.2.2　信息安全组织机构

FX 银行信息科技部明确人员职责（包括信息安全职责）并形成文件。

1）信息科技部组织相关职能人员，成立信息安全委员会，形成 FX 银行信息科技部信息安全管理最高机构。

2）各 ISMS 负责人员根据 FX 银行信息科技部的职责明确，形成书面文件。

4.2.2.3　信息安全职责和权限

1）FX 银行信息科技部总经理为最高管理者，最高管理者指定：苗××为信息安全管理者代表，无论该成员在其他方面的职责如何，对信息安全负有以下职责：

a）建立并实施信息安全管理体系必要的程序并维持其有效运行；

b）对信息安全管理体系的运行情况和必要的改善措施向信息安全管理委员会或最高管理者报告（总经理）；

c）针对体系运行期间保证定期的监视体系运行情况、评审体系的有效性，持续改进文件化的 ISMS；

d）管理者代表监督全体员工对信息安全体系文件的执行状况。

4.2.2.4　检测安全事态、响应安全事件及其他控制措施

a）根据 SoA 中规定的安全目标、控制措施（包括安全运行的各种控制程序）要求实施信息安全控制措施。

b）迅速检测过程运行结果中的错误。

c）实施实时监控，对识别试图的和得逞的安全违规和事件进行果断处理。

d）通过使用指标，帮助检查安全事态并预防安全事件。

e）确定解决安全违规的措施是否有效。

4.2.3　ISMS 的监督检查与评审

4.2.3.1　FX 银行信息科技部通过实施定期的安全检查、内部审核、定期的技术审查等控制措施并报告结果以实现：

a）及时发现信息安全体系的事故和隐患；

b）定期检查信息处理设施，及时了解信息处理系统遭受的各类攻击；

c）使管理者掌握信息安全活动是否有效，并根据优先级别确定所要采取的措施；

d）对于历史事件进行记录并留存档案，积累在信息安全事态事故等方面的经验，总结信息安全事态事件出现的征兆，防患于未然。

4.2.3.2　根据以上活动的结果以及来自相关方的建议和反馈，由最高管理者主持，定期（每年至少一次）对 ISMS 的有效性进行评审，其中包括对信息安全范围、方针、目标及控制措施有效性的评审。管理评审的具体要求，见本手册第七章。

4.2.3.3　信息科技部应组织有关区域负责人按照《信息安全风险评估管理程序》的要求对风险处理后的残余风险进行定期评审，以验证残余风险是否达到可接受的水平，对以下方面变更情况应及时进行风险评估：

a）组织机构发生重大变更；

b）信息处理技术发生重大变更；

c）FX 银行信息科技部业务目标及流程发生重大变更；

d）发现信息资产面临重大威胁；

e）外部环境，如法律法规或信息安全标准发生重大变更。

4.2.3.4　保持上述活动和措施的记录

以上活动的详细程序规定于以下文件中：《记录控制程序》、《信息安全风险评估控制程序》、《内部审核控制程序》《部门职位说明书》。

4.2.4　ISMS 保持与改进

FX 银行信息科技部开展以下活动，以确保 ISMS 的持续改进：

a）实施每年管理评审、内部审核、安全检查等活动以确定需改的项目；

b）按照《内部审核控制程序》、《纠正预防措施程序》、《预防措施控制程序》的要求采取适当的纠正和预防措施；吸取其他商业银行及外资企业安全事故的经验；

c）对信息安全目标及分解进行管理，确保改进达到预期效果（信息安全目标及指标的分解）；

d）为确保信息安全管理体系持续有效，各区域负责人及内审小组通过适当的手段保持在 FX 银行信息科技部内部对信息安全措施的执行情况与结果进行有效沟通。包括获取外部信息安全专家的建议、电信运营商等组织的联系及识别信息安全要求等。如管理评审会议、内部审核报告、信息科技部内文件体系、内部网络和邮件系统、法律法规评估报告等。

以上详细程序规定于以下文件中：《法律法规获取和识别控制程序》。

注：上述活动形成"会议纪要和报告"。

4.2.5　文件控制

FX 银行信息科技部制定信息安全管理体系所要求文件的管理程序，以保证信息安全管理体系文件得到以下所需的控制：

a）文件的作成、发行、修订、废弃等事项得到相应授权的查阅、批准，确保文件是合适的、可行的；

b）文件的标识和修订状态清晰、易于识别，确保使用的文书是当前的有效版本；

c）为了文书的有效性，要定期确认记载内容是否过时，根据需要决定保持或修改并再次得到相应的批准；

d）确保信息安全的外部标准、相应法律、法规得到明确的标识和管理。

以上规定的详细内容见：《文件控制程序》、《法律法规获取和识别控制程序》。

4.2.6　记录控制

4.2.6.1　信息安全管理体系所要求的记录是体系符合标准要求和有效运行的证据。FX 银行信息科技部负责制定并维持易读、易识别、可方便检索又考虑法律、法规要求的记录管理规定。该规定应指定记录的标识、存储、保护、检索、保管、废弃等事项。

4.2.6.2　信息安全体系的记录包括 4.2 中所列出的所有过程的结果及与 ISMS 相关的安全事故。FX 银行信息科技部应根据记录管理规定的要求采取适当的方式妥善保管信息安全体系中所要求的记录。

4.2.6.3　该程序详细规定见《记录控制程序》。

5. 管理职责

5.1　管理承诺

信息安全最高管理者为确保建立、维持并持续改善信息安全管理体系，特做出以下承诺：

a）制定信息安全方针；

b）确保信息安全目标和计划得以制定；

c）建立信息安全的角色和职责；

d）通过适当的沟通方式，向全体员工传达满足信息安全目标、符合信息安全方针以及法律、法规要求和持续改进的重要性；

e）提供适当的资源以满足信息安全管理体系的需求；

f）决定接受风险的准则，对可接受风险的水平进行决策；

g）确定信息安全内部审核的执行；

h）实施信息安全的管理评审。

5.2　资源管理

5.2.1　资源提供

FX 银行信息科技部应确定并提供所需的资源，以满足以下需求：

a）建立、实施、运行、监视、评审、保持和改进 ISMS（信息安全管理体系）；

b）确保信息安全管理程序支持业务流程的要求；

c）识别和满足法律法规要求，以及合同中的安全义务；

d) 切实实施已有的控制措施，保持适当的安全；

e) 必要时进行评审，并对评审结果做出适当的反应；

f) 在需要时，改进信息安全体系的有效性。

5.2.2 培训、意识和能力

FX 银行应定期对信息科技部员工的能力进行培训，并注意其意识及能力的提升，确保所有分配有 ISMS 职责的人员具有执行所要求任务的能力，提升方式应具备以下几点：

a) 确定从事 ISMS 工作人员的岗位职责及所必要的能力；

b) 提供培训或采取其他措施（如聘用有能力的人员）以满足这些需求；

c) 评价所采取的措施的有效性；

d) 保持教育、培训、技能、经历和资格的记录（记录应建立并加以保持，以提供符合 ISMS 要求和有效运行的证据）。

FX 银行信息科技部也要确保所有相关人员意识到其信息安全活动的适当性和重要性，以及如何为达到 ISMS 目标做出贡献。

6. 内部 ISMS 审核

FX 银行信息科技部应按照计划的时间间隔进行内部审核，管理者代表负责制定内审计划并组织实施，以判定 ISMS 规定的安全目标、控制措施、过程和程序是否：

a) 符合 ISO/IEC 27001：2005 标准和有关法律法规要求；

b) 符合已识别的信息安全要求；

c) 有效实施和保持；

d) 完成预期的目标。

6.1 内部审核程序

6.1.1 信息安全管理者代表制定信息安全管理体系年度审核计划，该计划应覆盖整个 ISMS 体系并得到信息安全管理体系最高管理者（FX 银行信息科技部总经理）的批准。

6.1.2 内部审核以本手册、相应的规程、作业指导书为基准。选定的内审员应是了解行内业务流程、熟悉安全体系标准并经过培训取得信息安全内审员资格的本部员工。内审员资格需取得信息安全管理者代表的批准。

6.1.3 进行内审时，管理者代表要有计划地进行以下的事项：

a）审核员的选定和教育及培训；

b）制定审核计划，指定审核员（审核员应与被审核对象无直接责任关系）；

c）准备必要的相关文件。

6.1.4　审核中发现的不符合事项，要向责任区域负责人报告，由责任区域负责人明确纠正措施的实施计划。

6.1.5　要对该纠正措施的实施计划，进行适宜的跟踪，确认其是否有效实施。

6.1.6　以上的工作完成后，须经管理者代表确认后，审核流程才可关闭。

6.1.7　在发现信息安全重大不符合或有征兆时，或者需管理者代表判断时，可调整年度审核计划。

6.1.8　对审核的结果进行适当的汇总整理，并以其作为管理评审的输入材料。

6.2　内部审核需保留以下记录

a）被审核对象范围；

b）审核日期；

c）审核员；

d）被审核方；

e）依据的文件；

f）具体审核事项及其审查结果；

g）不符合内容和程度（严重或轻微及观察事项）；

h）不符合事项的纠正措施和实施期限；

i）纠正措施的实施状况及其效果，其他必要事项、审核结束的确凿证据。

以上程序详见《内部审核控制程序》。

7. ISMS 管理评审

7.1　总则

信息安全最高管理者为确认信息安全管理体系的适宜性、充分性和有效性，每半年需对信息安全管理体系进行一次评审。该管理评审应包括对信息安全管理体系是否需改进或变更的评价。管理评审的结果应形成书面记录，该记录按4.3.3的要求进行保存。

7.2　管理评审的输入

在管理评审时，管理者代表应组织相关人员提供以下资料，供最高管理者和信息安全委员会进行评审：

a) ISMS 体系内、外部审核的结果；

b) 相关方的反馈（投诉、抱怨、建议）；

c) 可以用来改进 ISMS 业绩和有效性的新技术、产品或程序；

d) 信息安全目标达成情况，纠正和预防措施的实施情况；

e) 信息安全事故或征兆，以往风险评估时未充分考虑到的薄弱点或威胁；

f) 上次管理评审时决定事项的实施情况；

g) 可能影响信息安全管理体系变更的事项（标准、法律法规、相关方要求）；

h) 对信息安全管理体系改善的建议。

7.3　管理评审的输出

信息安全管理最高管理者对以下事项做出必要的指示：

a) 信息安全管理体系有效性的改善事项。

b) 信息安全方针适宜性评价。

c) 必要时，对影响信息安全的控制流程进行变更，以应对包括以下变化的内外部事件对信息安全体系的影响：

1) 业务发展要求；

2) 信息安全要求；

3) 业务流程；

4) 法律法规要求；

5) 风险准则/可接受风险准则。

d) 对资源的需求。

以上内容详见《管理评审控制程序》。

8. ISMS 持续改进

8.1　持续改进

信息科技部通过制定信息安全方针、安全目标、实施内外部审核、纠正和预防措施以及管理评审等活动，持续改善信息安全体系的有效性。

8.2　纠正措施

8.2.1　发生不符合事项的责任区域负责人在查明原因的基础上制定并实施相应的纠正措施，以消除不符合的原因，防止不符合事项再次发生。

8.2.2　纠正措施的要求在《纠正措施控制程序》和其他控制、检查程序中有明确的规定。这些规定应包括以下内容：

a）识别不符合 ISMS 的事项（指明不符合事项的判断依据）；

b）调查不符合产生的原因；

c）确定并实施纠正措施；

d）评价纠正措施的有效性；

e）留下记录，作为管理评审输入数据。

8.3　预防措施

8.3.1　信息科技部应定期（每半年一次）组织有关人员分析信息安全方面的相关信息，如内外审核报告、监视记录、相关方安全专家的建议、新反病毒技术等，以确定信息安全预防措施，消除不符合的潜在原因。预防措施应与潜在问题的影响程度相适应。

8.3.2　预防措施的要求在《预防措施控制程序》中作了详细规定。该程序包括了以下方面的要求：

a）识别潜在不符合事项及其原因；

b）确定并实施所需采取的预防措施；

c）记录所采取措施的结果；

d）评价所采取预防措施的有效性；

e）识别已变更的风险并确保对潜在的重大风险给予足够的关注；

f）应基于风险评估的结果，确定预防措施的优先级别。

8.3.3　信息科技部应对预防措施的实施加以控制，以保证预防措施的有效性。

8.3.4　每次管理评审前，信息科技部应对上次管理评审后所实施的所有预防措施进行汇集整理，以提交管理评审。

第五部分　网络舆情处置概述

学习单元 15

网络舆情处置方案

☞ 【学习目的与要求】

了解网络舆情的重要性，了解网络舆情的处置方法和相关流程，以及从技术和管理两方面学习网络舆情的采集、研判和处置思路。

第一节　引言

随着互联网的发展，网络正在成为反映社情民意的主要渠道，在舆情传播中起着重要的作用。网络环境下舆情信息的主要来源有：新闻评论、BBS、聊天室、博客、RSS、网上调查、网上访谈、QQ 群、MSN、微博等。与报纸、无线广播和电视等传统的传播媒体相比，网络媒体具有进入门槛低、信息规模大、信息发布与传播迅速、参与群体庞大、实时交互性强等综合性特点。

网络舆情是广大民众关于民声、民愿、民意的汇集，党和政府应充分认识到网络舆论的重要性。十六届四中全会通过的《中共中央关于加强党的执政能力建设的决定》提出：重视对社会热点问题的引导，积极开展舆论监督，完善新闻发布制度和重大突发事件新闻报道快速反应机制。高度重视互联网等新型传媒对社会舆论的影响，加快建立法律规范、行政监管、行业自律、技术保障相结合的管理体制，加强互联网宣传队伍建设，形成网络正面舆论的强势。

表15-1 2011年度网络舆情排行榜

序号	事件	天涯社区	凯迪论坛	强国论坛	新浪微博	腾讯微博	合计
1	7·23 动车追尾	7288	1849	1348	2 823 515	6 842 000	9 676 000
2	佛山小悦悦事件	351 532	2114	1563	4 501 634	288 171	5 145 014
3	日本9.0级地震	131 616	4908	851	3 804 683	3 546 262	7 488 320
4	郭美美事件	5799	2348	2973	3 832 538	3 500 651	7 344 309
5	深圳大运会	1640	796	643	2 006 881	5 135 881	7 145 841
6	利比亚政局	7468	10 003	26 708	3 384 789	3 185 887	6 614 855
7	药家鑫事件	35 476	4651	11 688	1 862 120	2 112 162	4 026 097
8	乔布斯去世	7552	171	951	2 864 872	588 667	3 462 213
9	上海地铁追尾	2883	228	330	1 629 631	568 649	2 201 721
10	各地房产限购	3633	2054	3273	1 534 204	647 099	2 190 263
11	抢盐风波	38 961	870	704	691 650	1 204 947	1 937 132
12	免费午餐计划	3867	844	381	969 750	381 358	1 356 200
13	李娜法网夺冠	2071	261	1054	285 161	974 071	1 262 618
14	神舟八号发射升空	1057	30	394	52 562	833 042	887 085
15	钱云会案件	295 747	1054	3025	512 894	12 238	824 958
16	故宫失窃系列事件	3071	39	2541	476 694	178 956	661 301
17	上海染色馒头事件	990	601	592	239 955	340 967	583 105
18	刘志军贪腐案	865	808	256	381 473	180 368	563 770
19	双汇瘦肉精	1530	79	677	177 170	377 005	556 461
20	微博打拐	213	202	309	292 877	131 615	425 216

第二节 网络舆情的定义

在学习网络舆情的概念之前，我们先来了解一下什么是舆情。在国内，最早对舆情进行系统性定义的是天津社会科学院舆情研究所王来华研究员，其研究认为"舆情是指在一定的社会空间内，围绕中介性社会事项的发生、发展和变化，作为主体的民众对作为客体的国家管理者产生和持有的社会政治态度"。简单来说，舆情就是民众的意愿，是社会各阶层民众对社会存在和发展所持有的情绪、看法、意见和态度。因此，舆情也可以说就是社情民意。舆情信息是人们思想活动的反映。它不仅反映社会现实及其变化发展过程本身，更重要的是它还反映社会现实在人们思想上产生的影响。舆情信息具有群体性，它反映的是一定群体的思想活动，而不是个体的心理情绪，只有一定范围或一定数量的公众所表现出来的情绪、意见、要求和思想，才构成舆情；舆情信息还具有阶段性，它并不是固定不变的，而是有一个产生、发展和逐步削弱的过程。

网络舆情，是指网民借助互联网，对社会公共事务特别是社会热点、焦点问题所表现出的有一定影响力、带倾向性的意见或言论。也可以说，网络舆情是社会舆情在互联网上的一种特殊反映，是人们对政治、经济、文化和社会等领域情况和问题的思想观点在网络上的集中反映。网络舆情通过互联网来表达和传播各种不同的情绪、态度和意见，其来源于现实。网络舆情信息则是民众在互联网上发布和传播的能够反映民众舆情的文字、图像、音频和视频等，大多以文字形式为主，主要传播途径有：电子邮件、新闻组、即时通讯、电子公告板、博客、维客、播客和手机等。

网络舆情能够产生、传播和变动，也需要有必要的构成要素。通过对网络舆情及相关概念的分析得知，网络舆情主要包括以下构成要素：①网民；②公共事务（包括国家公共事务、政府公共事务和社会公共事务）；③网络舆情的时空因素；④情绪、意愿、态度和意见；⑤网络舆情的强度；⑥网络舆情的质和量。

第三节　网络舆情的特点

互联网的开放性、自由性、多样性和虚拟性等多种特性，决定了网络舆情具有以下特点：

一、开发性

互联网是对所有用户开放的，每个人都可以随时随地的通过 BBS、博客等媒介发布信息，互联网使人们的活动空间得以扩展。人们可以在互联网中随意表达自己的想法，表达自己的情绪，进而形成舆情，也可以自由查看别人发布的信息，因此网络舆情可以比较客观地反映现实社会中的矛盾，可以比较真实地体现社会不同群体的情绪。由于互联网操作的方便性，用户可以通过转帖、复制等方式将网络舆情信息进行重新传播，使网络舆情影响得以无限扩大。各种形式的舆论经过网络的传播，往往能引起大量互联网受众的关注，成为舆情焦点。

二、突发性

网络舆情可以在非常短的时间内形成并加以蔓延。主要表现在：

1. 当一个社会热点事件发生并被某个人或者某部分人发布到网络中后，广大网民就可以根据自己的态度发表自己的意见，进而将这些个体意见发展成为公共意见；

2. 网络内外的人们可以在网络中或生活中互相交流意见、互相影响，进而快速形成强大的舆情声势。

三、丰富性

互联网是开放的，所以网络舆情的主题内容不受限制，任何人都有发布、选择舆情事件的自由，只要是合法的内容就可以被广泛传播。主要表现有：

1. 从话题主体上看，社会中各个阶层、各个地方和各个领域的人都可以成为互联网用户；

2. 从话题内容上看，它可以包含从天文到地理，从古代到现代，从生活琐事到高科技，从群众生活到政府职能等，涉及了人们生活中的各个方面；

3. 从话题来源上看，网络舆情可以被任意传播，任何人都可以发表评论。

四、互动性

随着互联网的普及，网民发布信息的网络平台已日益丰富，人们可以进行互动的机会、场合也越来越多。在对某一问题或事件发表意见、进行评论的过程中，常常有许多网民参与讨论，网民之间经常形成互动场面，赞成方的观点和反对方的观点往往同时出现，他们相互探讨、争论，各种观点相互交汇、碰撞，甚至出现意见交锋。

五、偏差性

互联网是虚拟的，因此在反映现实中的事件时，很容易具有偏差性。网民的个人原因，也是产生这种特性的重要因素。偏差性主要表现有：

1. 一些公司、机构为了能够提升自己的声誉，会采取在网络上发布竞争对手的负面信息的手段，从而使得互联网不可避免地存在不符事实的报道；

2. 由于评论发布者缺乏理性、对社会问题认识片面、发布评论时心情状态不同等因素，使其在网络中会发布具宣泄性、片面性或不符现实的言论。

六、落地性

网上虚拟世界与现实世界并非是界限分明，截然分开的。虽然网上舆情产生在虚拟空间中，但它的作用却是现实的，网上舆情会从网上走到网下，在现实社会生活中落地，对社会舆论和现实生活产生影响，有时这种影响非常强大。

第四节　网络舆情的形成

从网络舆情形成的结构特征来看，网络舆情的形成是一个"线性过程"，网络舆情形成的每个阶段是环环相扣的，如图 15 – 1 所示。

图 15 – 1　网络舆情形成的线性过程

网络舆情的形成模式可分为渐进模式和突发模式：

一、渐进模式

一般情况下，网络舆情的形成会呈现出一个渐进的过程。在社会矛盾的形成和积累之下，指向某种矛盾的舆情在暗暗地滋生和积累，它会经历从无到有、由弱到强、由隐匿到公开的过程，最终可能会以某一公共事件为导火索而在网络上爆发出来。

二、突发模式

网络舆情形成的突发模式可以用"刺激—反应"机制来反映，其刺激物就是突发事件，网络上民众的舆情就是反应物。突发事件一旦发生，便会在网络上迅速传播，激起公众的强烈反应。此时，舆情的表达集中而且剧烈。

网络舆情的形成动因有外部动因和内部动因：

1. 外部动因。外部动因包括社会环境作用力和网络空间的舆情空间作用力。

2. 内部动因。内部动因包括利益需求和心理作用力。其中，公众自身的利益需求是舆情形成的动力源头。

第五节　网络舆情的传播渠道

一、重点网站

重点新闻网站和知名商业网站是网上信息发布和交流的重要平台。重大事件、突发性事件、敏感性事件，重大的决策部署、群众关注的热点难点等，都是新闻网站和商业网站关注的重点。这些网站登载的网络新闻，是事实性与意见性信息的集合，网络新闻报道的热点往往反映了社会的焦点，一些网络新闻评论更是与网络舆论产生直接互动，引起国内外网民的极大关注和积极评论。

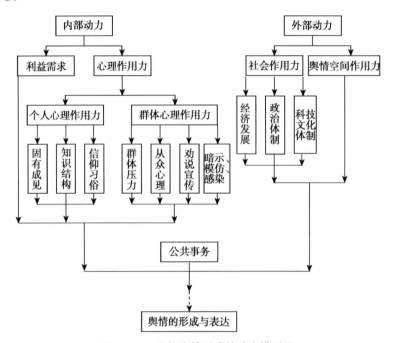

图 15 - 2　网络舆情形成的动力模型图

二、新闻跟帖

新闻跟帖是在新闻报道后开设的供网民发表意见的 BBS（留言板），常常是一事一设，讨论的主题明确。它集中反映了网民对某一新闻事件最直接、最真实的意见和看法。收集网上舆情，要重视新闻跟帖，从中撷取典型性观点。

三、网上论坛

网上论坛是网上言论最活跃、最容易反映社情民意的地方。网上论坛多数由相对固定的网民群体组成，虽然这些论坛中的帖文话题分散，但从各个侧面反映了网民的思想动态与意见倾向。重大事件的发生，往往成为论坛讨论的焦点。从论坛收集网上舆情，一是要关注网民在一段时间内的热点话题，这些话题通常跟老百姓关系比较密切；二是要注意收集网民针对群众关注的焦点、难点问题提出的一些新思路、新办法；三是要善于捕捉敏感性的信息，主要是指一些带有倾向性的思想观点，以及境内外敌对势力和别有用心的人对我国进行攻击的言论。现在，新华网的发展论坛、人民网的强国论坛、红网的红辣椒评论、千龙网的千龙评论等深受网民欢迎，应该成为我们重点关注的对象。

四、网络社区

在互联网上，具有共同兴趣的网民集中在某个网络交流空间，就形成了网络社区。网络社区的具体形式，包括以主题为中心的 BBS 讨论，以个人为中心的博客、以兴趣事物（图片、图书）或事件（旅行、交友）为中心的专题网站、以 QQ 等即时通信工具或聊天室为平台的讨论组。

五、个人网站

个人网站，是指由一个或者少数个体联合创办的网站。大多数个人网站的受众覆盖规模不大，受众接触频次不高，通常以文字、娱乐、学术等非主流资讯为主体内容。个人网站让网民充分拥有了自己的话语权，通过单纯的个体，反映着具体民意和舆论。

六、博客

博客（BLOG）又名"网络日志"，是近年来兴起的一种可以发布新闻、评论的个人网络空间。通过博客，网民可以向公众发布个人采集到的新闻，转载其他来源的新闻及评论，发表自己的观点，还可以跨越时空与他人进行交流。关注一些比较活跃的博客和公众人物的博客，可以收集到一些有价值的舆情。

七、播客

播客又被称作"有声博客"，是录制的自助广播或网络广播，是数字广播技术的一种。个人可以利用播客将自己制作的"广播节目"上传到网上与广大网友分享，任何人都可以免费下载播客提供的节目。

八、维客

维客（Wiki）是一种多人协作的写作工具，维客站点允许多人同时任意地浏览、创建、修改网站上的页面。比如有人撰写的词条，后来者觉得有不妥或者错讹之处，无须登录就可立即修改其中的内容。维客已经成为人们传播知识、交流观点的一个重要载体。同一维客网站的写作者自然构成了一个小的社群，在这种社群的交流中，也会出现舆情的交流和传播。

九、电子邮件

电子邮件是现代社会人们主要的通信工具之一，每天都有大量的消息通过电子邮件来传送。但是也有一些别有用心的人，利用电子邮件的群发功能传播一些无良信息、虚假信息。这些邮件信息中，很多都反映了某种舆情。

十、即时通讯

即时通讯具有实时性、跨平台、低成本、高效率等优势，是互联网上最普及的交流方式。即时通讯拥有群组通信、联络隐蔽等特点，具有强大的群际传播能力和社会组织动员能力。目前国内用户使用较多的即时通讯软件是QQ、MSN，其中QQ的注册用户数已超过4亿。

十一、手机媒体

手机可以实现在移动中随时随地传播和获得信息，已经成为人们传递信息的主要渠道之一。目前，我国已拥有手机用户4亿多，短信发送量每年超过3000多亿条。手机通信使得舆情的传播更具快捷、私密及难以监控的特点，我们必须高度重视。

十二、新闻聚合

新闻聚合（RSS）是一种用于共享新闻和其他网页内容的数据交换规范。网民借助新闻聚合，可以自由订阅指定新闻，也就是说可以自定义喜欢的内容。目前，新闻聚合广泛用于博客、维客和网上新闻频道，国际上多数知名新闻社网站都提供新闻聚合订阅服务。

十三、网上调查

网上调查是某些网站针对某一社会问题或事件，设计调查题目或问卷，以调查网民的意见、态度、倾向的活动。调查常常采用简单问答式，或者

"投票式"，即给定几个预设答案，由网民进行单选或复选，以表明其态度。网上调查是网民意见分布和主观评价的直接反映，在很大程度上反映了网上舆情的基本走向，具有重要的参考价值。

十四、网上访谈

网上访谈现在正日益被各大门户网站和新闻网站所重视，访谈的内容一般也是网民比较关注的话题。在这些访谈中，一是可以通过网民的提问来反映网民关注的重点，二是可以通过嘉宾回答来进行舆论引导。

十五、网上签名

网上签名是针对某一事件或问题号召网民响应和参与的活动，它可以由网民自发组织，也可以由网站组织。网上签名的价值取向非常鲜明，只表达一种态度。它所表现出来的是网民态度的主流取向，是网上舆情的一种直接表现。

第六节　网络舆情关注的主要热点

一、关系国家、民族利益的事件

台湾问题、中美关系、中日关系等与国家、民族利益紧密相关的问题，一直是网上的热点。台湾问题关系中华民族的根本利益，因此始终是网络舆论关注的热点。美国是当今世界唯一的超级大国，中美关系具有全局性影响和全球性意义，是我国网民兴趣浓厚的持久话题。由于日本侵华战争给中华民族带来的深重灾难，以及日本长期以来对历史问题的态度与立场，中日关系一直是一个十分敏感的问题。

二、自然灾害等突发事件

近年来，各种自然灾害、安全生产事故等突发事件频频发生。由于政府在处理突发事件方面采取了更为"公开、透明"的政策，媒体在灾难报道方面更为开放，对于突发事件的评论也成为网络舆论的一个热点。网民在表达自己态度的同时，也在反思其背后的原因。此外，群体性事件和某些司法个案，也容易成为网上热点。

三、关系国计民生的政策、法规的出台

政策、法规涉及的社会阶层越广泛、与人们的利益关系越密切，其成为

网上舆情热点的可能性就越大。一些政策的出台，如果与群众改革预期存在落差，或者缺乏必要铺垫和广泛宣传，则容易导致舆情波动。

四、反映社会主要矛盾的事件

一些负面的社会事件，反映了社会利益关系之间的矛盾和冲突，往往会成为诱发网上热议的重要原因。在这些事件中，互联网有时难免成为人们情绪宣泄的出口。

五、与困难群体相关的事件

关心与困难群体有关的话题，表明人们对社会问题的关注。同情弱者，是中国网民常见的一种思维定势。与困难群体相关的事件容易成为网上热点，有其深厚的社会根源和心理基础。与此同时，近年来，也有某些别有用心的人故意炒作这类事件，我们对此应有清醒的认识。

六、反映社会道德困惑的事件

我国处于转型期，人们的价值观与道德观也在经历激烈的震荡，许多人面临着道德的困惑。于是，与之相关的新闻事件也容易引发激烈的网络讨论，它们往往会成为全社会进行道德问题思考与讨论的契机。

第七节　网络舆情的处置方案

网络舆情是社会舆情在互联网空间的映射，已成为各阶层利益表达、情感宣泄、思想碰撞的渠道，互联网也成为政府治国理政、了解社情民意的新平台。由于互联网具有虚拟性、隐蔽性、发散性、渗透性和随意性等特点，如果对其引导不善，负面的网络舆情将对社会公共安全形成较大威胁。加强对网络舆论的及时监测、有效引导，积极化解网络舆论危机，有利于维护社会稳定，营造良好的网络舆论环境。

一、网络舆情突发事件处置原则

1. 及时主动，准确把握。网络舆情事件发生后，力争在第一时间作出反应，发布准确、权威的信息，稳定公众情绪，最大限度地避免或减少公众猜测和新闻媒体的不准确报道，掌控舆论的主导权和话语权。

2. 强化引导，注重效果。提高正确引导舆论的意识和工作水平，使网络舆情的新闻发布有利于国家大局，有利于维护人民群众的切身利益，有利于社会稳定和人心安定，有利于突发事件的妥善处置。

3. 讲究方法，提高效能。坚持网络舆情突发事件处置与宣传工作同步启动、同时落实，积极引导和运用好外来媒体，处置舆情突发事件的各级部门密切配合新闻发布工作，确保在最短的时间以最快的速度，发布最新消息，正确引导舆论。

4. 严格制度，明确职责。加强组织协调和归口管理，健全制度，明确责任，严明纪律，严格奖惩。按照分工协作、归口处置、统一对外的原则，网络舆情的新闻宣传及舆论引导工作，由专门部门归口管理。对具有影响的诱发特别重大网络舆情的事件的新闻发布工作，由专门部门负责组织、协调，并及时上报上级有关部门。

二、成立专门的组织机构

1. 成立网络舆情领导机构。成立网络舆情应急领导小组，让其作为网络舆情应急指挥的非常设领导机构。

2. 明确网络舆情领导小组工作职责。组织有关部门人员集中办公，统一对外口径，确定发布内容，通过各种方式，有针对性地解疑释惑、澄清事实、批驳谣言、引导舆论。

3. 领导小组下设办公室，负责网络舆情的搜集、整理、分析和管理工作。

三、建立有效的运行机制

1. 网络舆情监测。将网络舆情监测作为一项日常工作不间断进行，随时掌握网络舆论的导向、特点和趋势。一旦发现不利于社会稳定的负面舆情或重大的虚假舆情，及时反馈到有关部门，从而为有关部门提供社会舆情方面的决策支持。当发生群体性突发事件时，组织对网络舆情进行 24 小时不间断监控，及时、全面掌握与该事件密切相关的各种信息，给决策者在较短时间内做出正确决策提供有力支撑。

2. 网络舆情预警机制。针对各种类型的危机事件，制定比较详尽的判断标准和预警方案，以防患于未然，一旦危机出现便可有章可循、对症下药。密切关注事态发展，保证在第一时间获知事态的发展，加强监测力度。及时传递和沟通信息，即与舆论危机涉及的相关部门保持紧密沟通，并建立和运用这种信息沟通机制。

3. 网络舆情应对。针对网上出现的虚假不实报道，由相关部门及时采取措施，与刊登不实消息的相关网络媒体进行沟通，使其积极主动消除不利影响。针对突发事件产生的网络舆情，及时汇集、整理、分析，及时与相关部门协商解决对策，及时做好与相关网络媒体沟通工作，在第一时间发出声音，有效引导舆论，最大限度缩小突发事件产生的不良影响。根据网络舆情反映事件的程度，必要时及时组织新闻发布会，由领导小组指定专人对外发布权威消息，向公众澄清事实，积极加强正面引导，消除不利影响。

四、做好后期处置工作

1. 善后工作。网络舆情应急处置结束后，相关部门需要继续关注网络上相关事件的舆情趋势，以防虚假报道死灰复燃。

2. 总结评估。网络舆情应急处置结束后，应急领导小组组织有关部门（必要时可邀请相关专家），对应急处置工作进行全面总结和评估。对参与应急处置工作的单位和个人进行责任考评，表彰先进，追究因工作不力、玩忽职守造成严重后果的相关领导和个人的责任。针对应急处置工作中的成功经验以及暴露出来的问题，进一步修改、完善有关工作方案。

五、完善应急保障

1. 通信保障。建立网络舆情应急处置工作队伍，各部门必须要有专人负责，确保网络舆情工作队伍之间的联络畅通、及时。

2. 人力和技术保障。组织网络舆情工作队伍，不间断地对重点网站、重点论坛进行监控。同时建立和完善计算机信息安全系统等技术方面的保障。

3. 培训保障。定期对网络舆情队伍开展培训，不断提高网络舆情应急处置工作人员政治敏锐性和业务能力。

学习单元 16

网络舆情处置措施

【学习目的与要求】

通过对本章的学习，了解网络舆情的收集整理、分析研判、评估及分析报告撰写等处置措施。

第一节　网络舆情的收集整理

网络舆情信息的收集，也就是进行舆情的搜寻、调查和采集。应该组织专人或委托专门机构，建立健全舆论信息收集渠道。搜集获得的原始舆情信息和样本通常是繁杂无序且真假混合的，因此需要进行整理。整理的过程就是信息和信息样本的组织过程，整理的目的就是使信息从无序变为有序，成为便于分析评估的形式。

一、抓住关键渠道，收集网络舆情信息

1. 对于中央重大政策和改革措施的出台所引发的舆情，以主流媒体、政府重点新闻网站为主要挖掘渠道。

2. 对于与社会民众切身利益相关性较强的政策、做法所引发的舆情，以权力部门的相应网站为主要挖掘渠道。

3. 对于国内外要闻、重大事件的跟踪报道、热点评论等，以新闻网站为主要挖掘渠道。

4. 对于社会热点问题以及突发事件，以虚拟社区的热门版块和 BBS 跟帖为主要挖掘渠道。

5. 对于小道消息、谣传、各种议论的集散地蕴含着的具有倾向性、苗头性并通过转载扩大影响的舆情信息，以个人网页为主要挖掘渠道。

6. 对社会思潮以及理论动态舆情，以学术类理论网站和社科类言论网站为主要挖掘渠道。

二、网络信息采集技术

传统的网络信息采集是以搜索引擎和聚焦网络爬虫技术为代表的，以及以此为基础所建立的大部分信息采集系统。搜索引擎（search engine）是指根据一定的策略运用特定的计算机程序搜集互联网上的信息，在对信息进行组织和处理后，将处理后的信息显示给用户，为用户提供检索服务。其工作原理可分为以下三个步骤：

第一步，抓取网页。搜索引擎按照事先设定的网页抓取程序，依照网页中的超链接，连续地抓取网页。从理论上说，由于互联网中超链接的普遍应用，搜索引擎从一定范围的网页出发，便可以通过抓取程序搜集到绝大多数的网页；

第二步，处理网页。搜索引擎抓到网页后形成网页快照，然后完成一系列包括提取关键字在内的预处理工作，建立索引文件；

第三步，提供检索服务。用户可以在相关界面和程序中使用关键字进行检索，搜索引擎从索引数据库中找到与之匹配的信息，然后将网页和摘要信息显示出来。

互联网的迅猛发展，使得万维网成了一个巨大信息的载体，传统的搜索引擎显示出其局限性，如有限的搜索引擎服务器与无线的网络数据资源之间的矛盾不断加深，对包含图片、音视频等不同数据的密集信息不能很好地发现和获取等。为解决上述问题，定向抓取网页资源的聚焦爬虫应运而生。聚焦爬虫是一个自动下载网页的程序，它根据既定的抓取目标，选择性地访问相关的链接，获取相关信息。

信息采集系统一般会结合多种技术和算法，相比通用的搜索引擎，其采集的目的性更强，采集范围更小，它采用网页中的链接获取算法，增加了无效的数据过滤程序。如在信息采集中，Email 和电话等关键信息是比较分散的，需要用提取算法把这些信息提取出来放在正确的位置，而 Email、电话等数据符合一定的规范，一般可以用一些算法提取出来，也可以用正则表达式技术来获取，这样就大大提高了舆情采集的工作效率和准确度。

在突发公共危机事件中，舆情采集部门可以根据自身需要，采用主流的搜索引擎，或者通过统一的舆情采集平台，开发更符合自身需要的舆情采集系统，通过它来快速获取大量有用的网页资料，从而及时发现互联网上网民有倾向性的态度和意愿，进而积极引导，主动决策。

第二节　网络舆情的分析研判

对调查获取后的舆情，应该组织专人或委托专门机构对其进行分析和评估。舆情分析的重点是舆情发展的未来态势，包括舆论发展的方向、强烈程度，以及其对社会政治、经济、文化等的影响，尤其是对社会稳定是否存在着潜在危险。舆情研判的标准是看舆情的发展是否符合舆论引导的目的。

一、网络舆情的分析

1. 及时捕捉网上热点。及时发现新出现的网上热点，是做好网上热点舆情汇集与分析工作的基础。要善于将小事件放到大背景下观察，提前预测，增强对有关热点的预见性。重要热点的出现，往往有一定的征兆。这就要求在小热点演变成大热点之前、新热点拖成老热点之前、简单热点衍化成复杂热点之前，发现其苗头和倾向，做好预测工作。

2. 随时监控网上热点。要对各个领域中的热点进行"全天候"收集、整理和分析，随时掌握网上舆论动向，并对其进行跟踪和深度分析。要加强对一个时期的舆论敏感区、热点高发区的监控，密切关注那些可能引起社会不稳定的信息源。要重视对电子公告板和各类网络论坛的监控，密切关注带倾向性的言论。要注意把握网上议题的性质，正确区分哪些是热点问题，哪些不是热点问题。

3. 认真研判网上热点。要善于把握热点问题产生的根源，相关信息传播渠道、影响范围和发展趋向以及其对社会政治经济生活、人民群众思想行为的影响。要注意把握热点舆情的性质，分清它所代表的是多数人还是少数人的意见和观点。要把握热点舆情的全貌，采用横向综合的方法，把多个方面反映出的情况综合起来。要分析网上热点与社会舆情的互动情况，分析网上舆情对社会现实生活的影响。要善于提出引导网上舆论和社会舆论的对策和建议，对如何应对和处置热点问题，特别是如何有效开展网上舆论引导及时开展对策和建议的研究。

二、网络舆情的研判

网络舆情的研判是对网络媒体上舆情的定性与定量给出的价值和趋向进行判断的过程。网络舆情的研判工作是一项系统工程，主要由两部分组成：一是对网络舆情进行日常性和持续性跟踪与搜集，并在此基础上建立网络舆情信息库，这一部分具有长期性、稳定性、系统性的特点。二是针对某一突发事件或某一特定任务进行有针对性的研判工作，一旦该任务完成舆情活动便随之结束，这一部分具有针对性、临时性、专题性的特点。

从构成要素看，网络舆情的研判机制主要由网络管理工作人员、网络舆情信息和研判的渠道与方法等部分组成。首先应该选拔网络管理人员与组建网络舆情工作队伍。明确网络舆情的分析与研判是综合的逻辑思维过程，是对已获得材料的再创造。由于网上信息量十分巨大，必须利用现代科技手段对网络舆情予以分析与研判，网络舆情分析流程是通过对网络信息进行科学采集、上报、归并、整理、汇总、分析和预警信息发布等，得出精准的研判结论。

在对网络舆情研判的分析中，应遵循以下几种网络舆情研判方式。

1. 网络舆情预测性研判。根据一定时期网络舆情发生的特点和规律，有针对性地进行监控，如在重大事件以及相关事件爆发初期，及时进行监控与跟踪，从而有效避免网络舆情重大事件的发生、发展。从源头上进行规范是减少网络舆情事件发生的有效手段。

2. 网络舆情提示性研判。通过日通报、周研判、月分析和重大警情专题研判等形式，加强对网络舆情信息的层级研判。同时，网络管理部门可联合相关部门加强对机关团体、企事业单位、学校、重点建设工程等部门的网上舆情信息的监控，并有针对性地进行，注重和加强研判实效。

3. 网络舆情动态性研判。根据网络的规律和特点，对网络上的重大事件进行动态性的实时跟踪、及时研究和判断，如在处理网络舆情事件时，及时准确地把握网络舆情事件的动态性发展，使得事件得以圆满处置，从而使得对网络舆情事件的监控有的放矢。

4. 网络舆情反思性研判。根据网络舆情研判进行总结，在网络舆情事件发生之后或在其发展过程中的某个阶段，网络管理部门组织人员召开评析会，交流网络舆情研判决策的成败，这样既能收到事半功倍的效果，又能提升网络舆情队伍的整体素质。在第一时间占领舆论引导的制高点，把握主动权，该解释的要解释，该处理的要处理，只有及时回应才能掌握网络的话语权，才能引导网络舆论朝着积极的方向发展。

三、网络信息过滤与分析技术

在突发公共危机事件的网络舆情采集中，对互联网信息的预处理是不可缺少的一步，对采集到的舆情进行初步的加工和处理，可以为其后舆情关键信息的抽取奠定基础，其中，最常采用的便是基于统计与规则相结合的信息过滤与分析技术。信息过滤可以被看做是一种分类方式，在舆情的采集过程中要注意的是，它与在舆情分析阶段所涉及的内容分析不同，该环节主要基于行业、情感予以倾向性分类。如在危机事件发生后，有些部门关注的是党政舆情，有些组织更在意企业舆情，还有部分专业机构关注某一具体领域和区域内的舆情；此外，舆情还可以根据网友的态度和倾向分为褒义、贬义或是中性的，这样基于情感或语义倾向进行分类可以更好地从客观出发分析舆情。

基于统计的信息过滤一般忽略舆情本身的语言特征，它将其作为一般的特征集合，使用加权特征项构成向量来表示文本，文本特征用词频信息加权的方法表示。除了这种基于统计信息的预处理方法，对于危机事件中具有很强领域性和倾向性的网络舆情来说，引入基于规则的过滤技术是对以上方法的一个很好的补充。如 Web 核心算法，其目标是根据特定人群的兴趣建立用户兴趣模板，然后根据该模板对需要过滤的数据库中的信息流逐级分析标记，分出关联网页与无关网页。用户通常无法准确描述出自己的兴趣，Web 过滤的核心工作就是通过对关联网页的集合进行集中分析处理，构建出一个模板函数。目前 Web 过滤的应用系统中较知名的工具有 Optent、NetNanny、Biz-Guard 等，它们主要应用于过滤色情信息、垃圾邮件等方面，其核心手段是关键字过滤。

第三节　网络舆情的评估指标

舆情评估是一项需要综合考虑多方面因素和变量的系统工程。从下表的指标体系可见，对某一特定的网络舆情信息进行安全评估，主要应从四个维度出发。对应的第一级指标，"传播扩散"维度强调某网络舆情信息在时空上的流量和分布特征的变化，该指标可以反映该舆情信息是在海量的舆情信息中湮没，还是有可能带来舆情泛滥；"民众关注"维度强调网民通过论坛、新闻和博客这三个主要的舆情传播通道以及其他的通道对与该舆情信息有关的内容进行发布、阅读、评论、转载等，以此来发表自己的态度、观点和看法等，从而体现民众对该舆情信息的关注程度，它决定了舆情的重要性；"内容敏感"维度强调某网络舆情信息内容敏感的综合程度，它往往是由评估者来判定的，即对于安全评估者来说，该舆情信息的内容敏感程度有多大；"态度倾向"维度强调民众对某网络舆情信息的态度倾向，因为舆情从本质上来说，就是社会民众对某个现实和现象的主观反映，因此，对于态度倾向性的挖掘是评估舆情态势不可或缺的一个维度。

表 16 - 1   网络舆情安全评估指标体系

第一级指标	二级指标	第三级指标
传播扩散	流量变化	流通量变化值
	网络地理区域分布	网络地理区域分布扩散程度
民众关注	论坛通道舆情信息活性	累计发布帖子数量
		发帖量变化率
		累计点击数量
		点击量变化率
		累计跟帖数量
		跟帖量变化率
		累计转载数量
		转载量变化率
	新闻通道舆情信息活性	累计发布新闻数量
		发布新闻数量变化率
		累计浏览数量
		浏览量变化率
		累计评论数量
		评论量变化率
		累计转载数量
		转载量变化率
民众关注	博客/微博客/社交类网站通道舆情信息活性	累计发布文章数量
		发布文章数量变化率
		累计阅读数量
		阅读量变化率
		累计评论数量
		评论量变化率
		累计转载数量
		转载量变化率
		交际广泛度
	其他通道舆情信息活性	其他通道舆情信息活性值
内容敏感	舆情信息内容敏感性	舆情信息内容敏感程度
态度倾向	舆情信息态度倾向性	舆情信息态度倾向程度

一、网络舆情信息传播扩散指标

传播扩散指标是影响网络舆情信息安全的重要指标之一，它用来刻画某一具体的舆情事件或细化主题的相关信息在一定的统计时期内通过互联网呈现的传播扩散状况。该指标包括舆情信息流量变化和舆情信息网络地理区域分布这两项二级指标。

（一）网络舆情信息流量变化

网络舆情信息流量变化是指在一定的统计时期内，某一舆情信息通过互联网不同的数据源通道形成的报道数、帖子数、博文数等相关信息总量的变化值，它总是通过 Web 页面数的变化来呈现的。具体来说，从网络媒体的层面来看，如果一个新闻事件的影响和冲击越大，政府新闻网站、重大门户网站与其他内容网站就这一新闻事件所做的"新闻专题"和"相关新闻"页面通常也就越多；如果民众对某一事件、话题感兴趣，也会通过论坛、博客通道进行发帖、回复和转载等，其帖子和博文数量就会增加。可以说，通过各种网络传播通道所形成的某一舆情信息都表现为可以搜索到的 Web 页面，通过对 Web 页面数进行科学的查询、搜索和统计，就可以在一定程度上反映该信息在网络上的传播、扩散情况。该指标的定量描述是由三级指标中的网络舆情信息流通量变化值来计算的，即在一定的时期内统计某一网络舆情信息的 Web 页面总数的变化。

（二）网络舆情信息网络地理区域分布

网络舆情信息流通量变化值仅仅反映了在时间维度上舆情信息数量的变化值，因此，还需要对其空间分布特征进行描述，用以体现在一段统计时间内某一舆情信息的流通量在各地理区域上的分布，并以此来判定信息流通量最大区域及其在该时间段内的扩散趋势及分布范围，它往往是通过 IP 地址、ID 等因素来获取、查询和定位的。该指标的定性描述是由第三级指标的网络地理区域分布扩散程度来体现的。

二、网络舆情信息民众关注指标

民众关注指标是影响网络舆情信息安全的另一重要指标，它用来刻画在一段统计时期内，民众对国家各方面舆情信息的关注情况。这一指标旨在从海量的舆情信息中捕捉和发现民众关注的热点所在，通过密切关注该舆情信息的爆发和演化规律，确保舆论安全。鉴于民众对不同的舆情传播通道关注的方式有一定的差异性，可将该指标依据传播数据源划分为论坛通道舆情信息活性、新闻通道舆情信息活性、博客通道舆情信息活性和其他通道舆情信息活性这四项二级指标。

（一）论坛通道舆情信息活性

通过传统媒介很难实现对某一舆情信息从个体意见发展到其在人群中逐渐流行的传播过程的采集、发现与监测，但是论坛给广大的社会民众提供了新的互动环境和交流空间，且更有主题性、目的性和真实性。根据数据显示，中国目前约拥有130万个论坛，数量为全球第一。中科院《2007中国互联网舆情分析报告》通过对强国论坛、凯迪社区、天涯社区的发帖量、回帖量、点击量、转载量分析得出：网络舆情有较大的传染性，社会民众对重要舆情主题下的热点问题的关注程度、价值取向呈现惊人的相似，并且趋同于社会舆论的发展。因此，分析挖掘论坛通道下舆情信息的活性（即民众关注的活跃程度），对于把握民众关注焦点所在具有非常重要的现实意义。论坛通道舆情信息活性由累计发布帖子数量、发帖量变化率、累计点击数量、点击量变化率、累计跟帖数量、跟帖量变化率、累计转载数量和转载量变化率八项三级指标组成。

1. 累计发布帖子数量：用以刻画在一定的统计时期内某一舆情信息在某一论坛的总发文数，它是体现舆情信息活性非常重要的指标之一，即在一定时期民众对某一舆情信息参与讨论、发布的帖子数量越多，其活性就越强，所受的关注程度就越高。对该指标的计算是通过搜索统计时期内发布的关于该舆情信息的帖子数量来定量采集获得的。

2. 发帖量变化率："累计发帖数量"指标只是从绝对数的角度进行刻画，虽然在一定程度上体现了社会民众对某一具体的网络舆情信息受关注的程度，但是它没有考虑到连续性间，而仅仅孤立地描述了一个统计时期内的发帖数量，因此引入"发帖变化率"这一指标，进行导数范畴的描述，全面地考虑到不同的统计时期内发帖数量的变化，更能说明社会民众对该网络舆情信息关注程度的变化。对该指标的计算是由在两个连续的统计时期内对某舆情信息累计发帖数量的差值除以时间的变化量而获得的。

3. 累计点击数量：指在一定的统计时期内网民就某一舆情信息的全部相关帖子的点击总量。如果民众对某一信息感兴趣，他就会浏览相关信息内容，从而在一定程度上反映了民众关注的程度，对该指标的计算是通过在统计时期内搜索该舆情信息累计点击数量定量采集获得的。

4. 点击量变化率：该指标的计算是由在两个连续的统计时期内对累计点

击某舆情信息的所有相关帖子数量的差值除以时间的变化量获得。

5. 累计跟帖数量：指在一定的统计时期内网民就某一舆情信息的全部相关帖子的跟帖总量。回复帖子体现了民众参与了某一话题（帖子）的讨论，对某话题（帖子）回帖数量越多、讨论越激烈，其活性就越强。对该指标的计算是通过在统计时期内搜索该舆情信息累计跟帖数量定量采集获得的。

6. 跟帖量变化率：该指标的计算是由在两个连续的统计时期内对某舆情信息累计跟帖的数量差值除以时间的变化量而定量获得的。

7. 累计转载数量：指在一定的统计时期内网民就某一舆情信息的相关主帖进行转载的总量。一般来说，只有民众对某一话题或事件特别关注、特别有共鸣，他才会进行转载，因此该指标能体现该舆情信息的活性。对该指标的计算是通过在统计时期内搜索该舆情信息累计转载数量定量采集获得的。

8. 转载量变化率：该指标的计算是由在两个连续的统计时期内对某舆情信息累计转载的数量差值除以时间的变化量获得的。

（二）新闻通道舆情信息活性

网络新闻通道舆情信息是指一切利用互联网发布的有传播价值的新信息。根据统计数据显示，目前我国网络新闻用户已经超过网民的八成，使用率达到81.5%，用户规模达到2.06亿人，民众关注度非常高。通过网络新闻报道和评论，社会民众能极其快速地获取一系列重大新闻事件、重大社会突发事件、社会热点问题等相关信息，新闻报道的全面性、客观性和真实性在很大程度上塑造并左右着民众的舆情态势走向。新闻通道舆情信息活性由累计发布新闻数量、发布新闻数量变化率、累计浏览数量、浏览量变化率、累计评论数量、评论量变化率、累计转载数量、转载量变化率八项三级指标组成。这八项指标的获取和计算方式同论坛通道下的八个指标。

（三）博客通道舆情信息活性

博客作为舆情信息传播和交流的新兴通道，已经被越来越多的社会民众所运用。根据统计数据显示，目前我国拥有博客的网民比例达到42.3%，用户规模已经突破1亿人关口，达到1.07亿人。很多门户网站都提供了博客功能。博客通道舆情信息活性由累计发布博文数量、发布博文数量变化率、累计阅读数量、阅读量变化率、累计评论数量、评论量变化率、累计转载数量、转载量变化率、交际广泛度九项三级指标组成。其中，前八项指标的获取和计算方式同论坛和新闻通道下的八个指标。交际广泛度这一指标反映了与其他用户的关系。它是根据博客、微博客、社交类网站中跟随的人数、被跟随的人数、朋友数达到的不同等级进行计算而得。

（四）其他通道舆情信息活性

除了论坛、新闻、博文这三类主流的网络舆情信息传播通道，舆情信息通道还包括即时通信软件（QQ、MSN）、电子邮件、手机短信平台等。但是，由于对这几个通道的舆情信息挖掘研究还很少，其在技术上还非常不完善，本文不做赘述。该指标是由其他通道舆情信息活性值这项三级指标组成，其评判结果是通过专家问卷调查确定的，可分为很高、较高、一般、低四档。

三、网络舆情信息内容敏感指标

网络舆情信息内容敏感指标是对某一特定的网络舆情信息内容可能造成的危害程度的描述，它是与评估者的着眼点密切相关的。判断和识别可能给国家舆论安全带来灾难性后果的敏感舆情信息是影响网络舆情信息安全的重要环节，比如涉及中央、政府高层的负面舆情信息的内容敏感度就很高。该指标是由网络舆情信息内容敏感性这项二级指标构成，并对应网络舆情信息内容敏感程度这项三级指标。网络舆情信息内容敏感度是主观性判断指标，需要转化为定量指标来评估，其评判结果可以通过专家调查确定，可分为非常敏感、比较敏感、无所谓、不敏感四档。

四、网络舆情信息态度倾向指标

舆情的本质就是反映民众对现实或社会问题的态度、意见、看法、要求等。态度倾向指标用以刻画针对某一特定的网络舆情信息，民众所持有的观点、态度（即民意）的倾向，它是影响网络舆情信息安全的又一重要指标。该指标由舆情信息态度倾向性这一项二级指标组成，并对应舆情信息态度倾向程度这项三级指标。

第四节　网络舆情的评估方法

一、内容分析法

内容分析法是情报学中一种对文献内容作客观系统的定量分析的专门方法，其目的是明确文献中本质性的事实和趋势，揭示文献所含有的隐形情报内容，对事物发展作情报预测。基本的做法是把媒介文字、非量化的有交流价值的信息转化为定量的数据，建立有意义的类目分解交流内容，并以此分析信息的某些特征。

二、比较分析法

运用比较方法对网络公共事件进行分析，意味着突破地域和时间的制约，从而可以对同一地区的不同事件进行比较，对不同地区的事件进行比较，对不同时期的同类事件进行比较。通过对已成型的舆情评估案例的分析，对比目前需要评估的舆情，比较二者间的异同之处。

三、抽样分析法

科学抽样是进行舆情事件分析的重要前期环节，结合互联网传播的特点，科学的抽样规范与否直接影响舆情分析结论的可靠性。媒体信息从体裁上分为报道与评论，从地区上分为全国性媒体、地方性媒体与境外媒体，从体制上分为体制内媒体与商业化媒体，从文章来源上分为原创与转载。样本的选取应该以评论为主，另外重大涉外舆情事件还要关注境外媒体。

第五节　网络舆情的分析报告

最后，对网络舆情分析资料进行归纳总结，写出舆情评估报告。舆情评估报告不比新闻稿，它的时效性并不是十分突出，可能当报告出来时，事件早已平息，不再热门。这也是舆情报告的独特之处，它是在人们的热情褪去后，给人们带来更深层次的理性的思考。舆情报告的信息来源较广，包含了许多途径，比如网络、报刊、电视新闻等主流媒体，使得舆情报告的覆盖面非常广，包括政府管理类事件、突发安全事故、社会道德类舆情事件等。

舆情报告的基本要求为：[1]

一、舆情报告必须符合客观真实、实事求是的要求

舆情报告必须符合客观实际，它所引用的材料、数据必须是真实可靠的，切不可采用那些不确定的、来源渠道非正式的信息。

二、舆情报告要做到与相关资料和观点相统一

舆情报告是以舆情为依据的，即报告中所有观点、结论都以大量的资料为根据。在撰写过程中，要善于用资料说明观点，用观点概括资料，二者相互统一。切忌资料与观点相分离。

---

〔1〕　网络舆情报告范文详见《网络舆情分析报告》，参见网站 http：//www.doc88.com/p-270338470740.html.

三、舆情报告的语言要简明、准确、易懂

舆情报告的受众十分广大，它不像市场分析报告那样专业性强，而属于大众读物。为了让广大群众都能看懂、读懂舆情报告，它的语言必须要简明、准确、易懂，尽量地少出现一些专业术语。

第六节　网络舆情的监控系统介绍

网络舆情监控系统是利用搜索引擎技术和网络信息挖掘技术，通过对网页内容自动采集处理、敏感词过滤、智能聚类和分类、主题检测、专题聚焦、统计分析，满足用户对相关网络舆情监督管理需要的计算机软件系统。

舆情监控系统通过对热点问题和重点领域比较集中的网站信息，如网页、论坛、BBS 等，进行 24 小时监控，随时下载最新的消息和意见。在下载完成后对数据格式进行转换并对元数据进行标引，进行初步的过滤和预处理。要对热点问题和重要领域实施监控，前提是必须通过人际交互建立舆情监控的知识库，并用其来指导智能分析的过程。通过基于向量空间的特征分析技术对热点问题进行智能分析，将抓取的内容进行分类、聚类和摘要分析，对信息完成初步的再组织。然后在监控知识库的指导下进行基于舆情的语义分析，最终形成舆情简报、舆情专报、分析报告、移动快报，为决策层全面掌握舆情动态，做出正确舆论引导，提供分析依据。

网络舆情监控系统的主要功能有：

一、热点识别能力

可以根据转载量、评论数量、回复量、危机程度等参数，识别出给定时间段内的热门话题。

二、倾向性分析与统计

对信息阐述的观点及其主旨进行倾向性分析，以提供参考分析依据。可根据信息的转载量、评论的回复信息时间密集度来判别信息的发展倾向。

三、主题跟踪

主题跟踪主要是指针对热点话题进行信息跟踪，并对其进行倾向性与趋势分析。跟踪的具体内容包括信息来源、转载量、转载地址、地域分布、信息发布者等相关信息元素。主题跟踪建立在倾向性与趋势分析的基础上。

四、信息自动摘要功能

能够根据文档内容自动抽取文档摘要信息，这些摘要能够准确代表文章的主题和中心思想。用户无需查看全部文章内容，通过该智能摘要即可快速了解文章大意与核心内容，提高用户信息利用效率。

五、趋势分析

通过图表展示监控词汇和时间的分布关系并进行趋势分析，以提供阶段性的分析。

六、报警系统

报警系统主要是针对舆情分析引擎系统的热点信息与突发事件进行监听分析，然后根据信息资料库与报警监控信息库进行分析，以确保信息的舆论健康发展。

七、统计报告

根据舆情分析引擎处理后的结果库生成报告供用户浏览，提供信息检索功能，根据指定条件对热点话题、倾向性进行查询，并浏览信息的具体内容，以提供决策支持。

参考文献

［1］吕韩飞主编：《信息安全管理实务》，清华大学出版社 2011 年版。

［2］吴世忠等：《信息安全保障基础》，航空工业出版社 2009 年版。

［3］陈忠文主编：《信息安全标准与法律法规》，武汉大学出版社 2009 年版。

［4］安继芳、李海建编：《网络安全应用技术》，人民邮电出版社 2007 年版。

［5］梵音天："深入 WEP 和 WPA 的密码原理"，http：//www. wlanbbs. com，2011 年 4 月 27 日访问。

［6］［美］Christian Barnes 等：《无线网络安全防护》、刘堃、林生、龚克等译，机械工业出版社 2003 年版。

标准出版物

［1］ISO/IEC TR 13335 IT 安全管理指南。

［2］ISO/IEC 17799：2005 信息技术—安全技术—信息安全管理实用规则。

［3］ISO/IEC 27001：2005 信息技术—安全技术—信息安全管理体系要求。